Frank Herrmann

Kurzvorträge BWL/VWL

Frank Herrmann

Kurzvorträge BWL/VWL

Gezielt das lernen, was in den Prüfungen verlangt wird

GABLER

Bibliografische Information der Deutschen Nationalbibliothek
Die Deutsche Nationalbibliothek verzeichnet diese Publikation in der Deutschen Nationalbibliografie; detaillierte bibliografische Daten sind im Internet über <http://dnb.d-nb.de> abrufbar.

1. Auflage 2010

Lektorat: Andreas Funk | Irene Buttkus

Gable Verlag ist eine Marke von Springer Fachmedien.
Springer Fachmedien ist Teil der Fachverlagsgruppe Springer Science+Business Media.
www.gabler.de

Umschlaggestaltung: KünkelLopka Medienentwicklung, Heidelberg
Gedruckt auf säurefreiem und chlorfrei gebleichtem Papier
Printed in Germany

ISBN 978-3-8349-2264-9

Vorwort

Der mündliche Kurzvortrag in BWL und VWL ist ein Bestandteil vieler Prüfungen in wirtschaftswissenschaftlichen Studiengängen und einer jeden mündlichen Steuerberaterprüfung. Mancher Prüfungskandidat, der das schriftliche Examen erfolgreich hinter sich gebracht hat, scheitert in der mündlichen Prüfung. Ursache hierfür ist häufig der Kurzvortrag, der nicht selten die Grundlage über die Einschätzung des Kandidaten durch die Prüfer ist. Daher erfordert der Kurzvortrag eine intensive Vorbereitung. Hierbei soll das vorliegende Buch eine Hilfe sein.

Für Prüfungsteilnehmer in wirtschaftswissenschaftlichen Studiengängen und für angehende Steuerberater ist eine eigene Ausarbeitung und Zusammenfassung der wichtigen betriebs- und volkswirtschaftlichen Themen wegen der knappen Vorbereitungszeit oft nicht möglich. Das vorliegende Buch soll den nachfolgenden Prüfungskandidaten diese Arbeit möglichst ersparen.

Des Weiteren soll das Buch Prüfungskandidaten helfen, sich mit einem gelungenen Kurzvortrag die „Eintrittskarte" in eine erfolgreiche mündliche Prüfung zu verschaffen. Hierfür wurden Kurzvorträge über die wichtigsten Prüfungsthemen erstellt. Dabei ist nicht nur der jeweilige Prüfungsstoff umfassend dargestellt, sondern auch lernfreundlich aufbereitet. Die Themenauswahl orientiert sich an Prüfungsthemen in wirtschaftswissenschaftlichen Studiengängen und mündlichen Steuerberaterprüfungen der letzten drei Jahre in sämtlichen Bundesländern. Diese Auflage basiert auf dem aktuellen Rechtsstand.

Steuer- und Unternehmensberater, die für die tägliche Beratungspraxis die betriebswirtschaftlichen Grundlagen vertiefen wollen, haben mit diesem Buch ebenfalls eine gute fachliche und zudem noch knappe Grundlage. Das Buch ist auch geeignet, die volkswirtschaftliche Situation in Deutschland und weltweit besser zu verstehen und die Zusammenhänge zu durchschauen.

Stuttgart, im Juli 2010 — Dr. Frank Herrmann

Inhaltsverzeichnis

Abbildungsverzeichnis

1 Die mündliche Prüfung

1.1 Der mündliche Kurzvortrag

Kurzvortragsthemen können inhaltlich so gestellt sein, dass es unmöglich ist, ein Thema innerhalb von zehn Minuten umfassend darzustellen. Wenn die wesentlichen Aspekte eines Themas herausgearbeitet werden können, ist dies aber auch nicht erforderlich. Beim Vortrag sollte der Vortragende innerhalb einer bestimmten Zeit die Schwerpunkte setzten und nicht sein gesamtes Wissen vortragen. Wenn ein Thema nur wenige Schwerpunkte bietet, müssen Ihre Ausführungen jedoch detaillierter sein. Daher sollten Sie üben, ein Thema klar zu gliedern mit einem Anfangsteil und einem Schlussteil. Zur Übung erscheint es zweckmäßig einen bestimmten Zeitrahmen für die Gliederung und die Vorbereitung des Vortrages vorzugegeben. In der mündlichen Steuerberaterprüfung bekommen die Prüfungsteilnehmer beispielsweise eine halbe Stunde Zeit für die Vorbereitung eines ca. 10-minütigen Kurzvortrages, den sie aus 3 Kurzvortagsthemen auswählen können. Dieser Zeitrahmen erscheint auch für die Übung von Kurzvorträgen der Studenten der Wirtschaftswissenschaften als angemessen. Die Übung solcher Kurzvorträge kann natürlich auch der allgemeinen Vorbereitung auf mündliche Prüfungen von Studenten der Wirtschaftswissenschaften dienen.

Eine Standardgliederung, mit der jedes Thema zu bewältigen wäre, gibt es nicht. Da sich die Zuhörer nur eine überschaubare Zahl von Gliederungspunkten merken können, ist eine Gliederung mit wenigen Punkten zuhörerfreundlich. Eine Gliederung in Stichworten erscheint sinnvoll, denn ausformulierte Sätze kosten zu viel Zeit und verleiten zum Ablesen. Beim Einleitungs- und beim Schlusssatz darf eine Ausnahme gemacht werden. Ein guter Einleitungssatz nimmt die Anspannung und verschafft Sicherheit. Darüber hinaus hinterlässt er bei den Zuhörern einen positiven letzten Eindruck. Ein Schlusssatz sollte den Vortrag abrunden, z.B. indem eine eingangs aufgeworfene Frage beantwortet wird, Alternativgestaltungen vorgeschlagen werden oder auf aktuelle Entwicklungen hingewiesen wird. Mit einem Hinweis auf aktuelle Entwicklungen kann der Prüfungsteilnehmer zeigen, dass er sich auf dem Laufenden hält.

Zu einer guten Vorbereitung auf einen Kurzvortrag gehört auch, dass der Prüfungsteilnehmer den Vortrag selbst übt. Dadurch lässt sich das Zeitgefühl entwickeln, die Sprechgeschwindigkeit dosieren und die Gestik und Mimik schulen. Eine Kritik von Freunden, Arbeits- oder Studienkollegen kann hier sehr hilfreich sein. Eine weitere Möglichkeit besteht darin die Vorträge auf Video aufzuzeichnen. Dadurch kann sich der Vortragende selbst einen unmittelbaren Eindruck von dem eigenen Auftreten verschaffen.

In der mündlichen Prüfung - und insbesondere mit dem Kurzvortrag - soll der Prüfungsteilnehmer zeigen, dass er fachlich kompetent und überzeugend auftreten kann. Daher sollte er den Redevortrag auch im Rahmen der Vorbereitungszeit vor seinem „geistigen Auge" ablaufen lassen. Die Formulierung in kurzen und leicht verständlichen Sätzen ist für den Sprechenden einfacher und für die Zuhörer angenehmer. Die Gedanken sollen der Reihe nach formuliert werden. Die Sprechgeschwindigkeit sollte dabei ruhig und langsam sein und zu den Zuhörern sollte abwechselnd Blickkontakt gehalten werden. Mit einem freundlichen Gesichtsausdruck und mit moderaten Gesten lässt sich der positive Gesamteindruck unterstreichen.

Zu Beginn des Vortrags sollte die Prüfungskommission angesprochen werden. Eine einfache Anrede mit „Sehr geehrte Damen und Herren" ist vollkommen ausreichend.

Im Anschluss soll das Thema genannt werden (z.B. „Mein Thema ist/lautet ..." oder „Ich berichte über ..."). Daraufhin werden dann die Grobgliederungspunkte des Vortrages vorgestellt (z.B. „Ich gliedere das Thema wie folgt:..."). Diese Vorgehensweise ermöglicht es den Zuhörern, dem Vortrag leichter zu folgen, da sie die Grobgliederung des Vortrages schon kennen. Anschließend kann dann das Thema entsprechend der genannten Gliederung vorgetragen werden.[1]

Am Ende sollte deutlich gemacht werden, dass der Vortrag zum Schluss kommt (z.B. „Zusammenfassend ist festzustellen ...", „Abschließend ist zu erwähnen ...", „Als letzten Aspekt möchte ich ... anführen ..."). Wenn eine Zusammenfassung zweckmäßig erscheint, so kann diese Zusammenfassung in einem weiteren und abschließenden Gliederungspunkt erfolgen.

Im Schlusssatz kann der Vortragende als höfliche Verabschiedung den Zuhörern für die Aufmerksamkeit danken.

1.2 Der Ablauf der mündlichen Prüfung

In der mündlichen Prüfung werden die Prüfungsteilnehmer in der Regel nicht alleine geprüft. Daher ist es wichtig, jederzeit mitzudenken, auch wenn gerade eine andere Person befragt wird. Wenn eine Frage an Sie weitergeben wird, dann sollten Sie nur die Frage beantworten. Denn eine negative Äußerung zu Ihrem Vorredner ist unkollegial und lässt nur Sie in einem schlechten Licht erscheinen. Wird eine nicht beantwortete Frage an die übrigen Kandidaten freigegeben, versuchen Sie durch Blickkontakt und einen positiven Gesichtsausdruck zum Fragesteller zu signalisieren, dass Sie die Antwort wissen. Auf keinen Fall sollten Sie schweigen, wenn Sie zu einer Frage nichts sagen können oder unsicher sind, da ein Schweigen mit der Note „ungenügend" be-

1 Zur grafischen Veranschaulichung wurden in diesem Buch Übersichtsgrafiken erstellt, die aber nur als Orientierungshilfe dienen sollen.

wertet werden muss. Darüber hinaus verunsichern Sie damit den Prüfer. Ein besseres Vorgehen wäre ein Herantasten an die Frage. Erkundigen Sie sich z.B., ob Sie die Frage so oder so zu verstehen haben oder ob der Prüfer auf dies oder jenes hinaus möchte. Noch besser ist, wenn Sie ein Stichwort nennen können, das Ihnen im Zusammenhang mit der Frage einfällt. Häufig wird der Prüfer Sie dann hierzu weiter befragen und über diesen Umweg zu seiner Frage zurückkommen. Damit signalisieren Sie, dass Sie mitdenken. Oft gelingt es auch, die Antwort im Gespräch mit dem Prüfer zu erarbeiten. Wenn Sie nicht weiterwissen, dann wird Ihnen der Prüfer im Regelfall gerne weiterhelfen. Denn ein Prüfer, der mit seinen Fragen auf Unverständnis stößt, wird sich auch überlegen, ob an seinen Fragen oder der Art seiner Fragestellung etwas verbesserungsfähig ist und ob und wie er Unterstützungshilfe leisten kann.

Wichtig ist, dass Sie bis zuletzt kämpfen und nicht aufgeben. Denn wieso sollte ein Prüfer an Ihren Erfolg glauben, wenn Sie es selbst nicht tun? Wenn Sie sich aber intensiv auf den mündlichen Prüfungsteil vorbereitet haben und sich darüber hinaus immer vergegenwärtigen, dass Sie es bis zu der mündlichen Prüfung geschafft haben, dann sollten Sie genug positives Rüstzeug haben, auch die mündliche Prüfung zu bestehen.

2 Einführung in die Betriebswirtschaftslehre

2.1 Grundbegriffe der Betriebswirtschaftslehre

1. Einleitung

Sehr geehrte Damen und Herren. Das Thema meines Vortrages lautet „Grundbegriffe der Betriebswirtschaftslehre". Die Betriebswirtschaftslehre ist eine anwendungsorientierte Wissenschaft und möchte Handlungsempfehlungen erteilen. Diese Handlungsempfehlungen sollen sich auf das Wirtschaften in Betrieben erstrecken. Das betriebliche Wirtschaften ist eingebunden in ein Gesellschaftssystem, wobei als Extremtypen zwischen Marktwirtschaft und Planwirtschaft unterschieden wird. Den Betrieb bezeichnet man im marktwirtschaftlichen System als Unternehmung.[2] Im Folgenden wird darauf eingegangen was die besonderen Merkmale von Betrieben sind und was es bedeutet zu wirtschaften.

2. Wirtschaftseinheiten

Betriebe und Haushalte stellen Wirtschaftseinheiten dar, die am Wirtschaftsgeschehen beteiligt sind.[3]

Betriebe dienen der Fremdbedarfsdeckung und haben nicht das Ziel, eigene Bedarfe zu decken.[4] Betriebe werden daher als Wirtschaftseinheiten definiert, in denen zur Deckung fremder Bedarfe Güter produziert und abgesetzt werden.

Die Tätigkeit von Betrieben beruht auf dem Wirtschaftlichkeitsprinzip beziehungsweise dem ökonomische Prinzip sowie dem Prinzip des finanziellen Gleichgewichts, nach dem Betriebe langfristig nur dann existieren können, wenn allen Auszahlungen auch entsprechende Einzahlungen gegenüberstehen. Die Betriebe können in öffentliche und private Betriebe unterteilt werden, wobei private Betriebe auch als Unternehmen bezeichnet werden. Öffentliche Betriebe unterliegen dem öffentlichen Recht, sind ge-

---

2 Vgl. Wöhe (2008), S. 34.

3 Vgl. Gutenberg (1955), S. 322 ff., Schierenbeck (2003), S. 15 ff., Thommen/Achleitner (2003), S. 35 ff. und Wöhe (2008), S. 2 ff.

4 Vgl. Wöhe (2008), S. 2.

meinnützig und gehören mehrheitlich Bund, Ländern und Kommunen. Unternehmen sind Betriebe in mehrheitlich privatem Eigentum, die autonom und in der Regel gemäß dem erwerbswirtschaftlichen Prinzip handeln.

Haushalte sind Wirtschaftseinheiten, in denen zur Deckung eigener Bedarfe Güter konsumiert werden. Haushalte bieten den Betrieben als Gegenleistung für die konsumierten Güter ihre Arbeitskraft an und können in private und öffentliche Haushalte unterteilt werden. Dabei umfassen private Haushalte die Ein- und die Mehrpersonenhaushalte und die öffentlichen Haushalte den Bund, die Länder und die Kommunen.

3. Wirtschaften

Unter Wirtschaften versteht man das planvolle Verfügen über knappe Güter zur Bedürfnisbefriedigung entsprechend dem ökonomischen Prinzip.[5] Bedürfnisse sind der Wunsch nach Beseitigung von als negativ empfundenen Mangelzuständen. Aus einem Bedürfnis entsteht durch Auswahl von Mitteln zur Bedürfnisbefriedigung ein konkreter Bedarf. Derartige Mittel werden als Güter bezeichnet.

Dem Wirtschaften liegt das sogenannte ökonomische Wirtschaftlichkeitsprinzip zugrunde. Das ökonomische Wirtschaftlichkeitsprinzip lässt sich aus dem allgemeinen menschlichen Vernunfts- oder Rationalprinzip ableiten. Gemäß diesem Prinzip soll ein bestimmtes Ziel mit dem Einsatz möglichst geringer Mittel erreicht werden. Dabei werden das Maximumprinzip, das Minimumprinzip und das Optimumprinzip unterschieden:[6]

- Beim Maximumprinzip soll mit einem gegebenen Input ein möglichst großer Output erzielt werden.
- Beim Minimumprinzip soll ein gegebener Output durch einen möglichst geringen Input erzielt werden.
- Beim Optimumprinzip ist weder Input noch Output gegeben. Das Verhältnis von Erfolg und Mitteleinsatz soll möglichst optimal gestaltet werden.

4. Güter

Güter bezeichnen die Mittel, die in den betrieblichen Transformationsprozess ein- und aus ihm wieder hervorgehen. Sie lassen sich in freie Güter (z.B. Luft) und knappe bzw. Wirtschaftsgüter (z.B. Nahrung, Rohstoffe) einteilen. Man erhält knappe Güter in der Regel nur durch Erbringen einer Gegenleistung, die zumeist in Form der Bezahlung mit Geld erfolgt. Knappe Güter sind Gegenstand des Wirtschaftens. Daher werden sie auch als Wirtschaftsgüter bezeichnet. Sie lassen sich nach der Gegenständlichkeit in

---

5 Vgl. Wöhe, (2008), S. 2.
6 Vgl. Schierenbeck (2003), S. 3 und Wöhe (2008), S. 1 f.

materielle und immaterielle Güter, nach dem Anspruchsgegenstand in Real- und Nominalgüter, nach der Stellung im Transformationsprozess in Input- und Outputgüter, nach der Nutzungsdauer in Gebrauchs- und Verbrauchsgüter und nach dem Verwendungszweck in Investitions- und Konsumgüter unterscheiden.[7]

5. Märkte

Märkte bestehen aus der Gesamtheit von Wirtschaftseinheiten, die Güter anbieten und nachfragen, die sich gegenseitig ersetzen können.[8] Nach ihrer Stellung zum Betrieb lassen sich Märkte in Beschaffungsmärkte, Arbeitsmärkte, Geld- und Kapitalmärkte sowie in Absatzmärkte unterteilen. Nach der Marktstellung der anbietenden und der nachfragenden Wirtschaftseinheiten können darüber hinaus verschiedene Marktformen, wie beispielsweise Angebotsmonopole, unterschieden werden.

Den Gütern auf den Märkten werden bestimmte Werte in Form von Preisen zugewiesen. Wenn der Wert der gesamten Outputgüter eines Betriebes während eines Zeitraums größer ist als der Wert der gesamten Inputgüter während dieses Zeitraums, ergibt sich eine Wertschöpfung und es wird ein Gewinn erwirtschaftet. Der daraus resultierende Mehrwert wird über die Mehrwert- beziehungsweise Umsatzsteuer besteuert.[9]

6. Anspruchsgruppen

Die Anspruchsgruppen eines Betriebes werden auch als Stakeholder bezeichnet. Sie stellen Wirtschaftseinheiten dar, die in Beziehung zu dem Betrieb stehen und damit das Handeln des Betriebes beeinflussen und von den Handlungen des Betriebes beeinflusst werden.[10] Dabei werden interne und externe Anspruchsgruppen unterschieden. Als interne Anspruchsgruppen werden die Eigentümer, das Management und die Mitarbeiter bezeichnet, während als externe Anspruchsgruppen die Fremdkapitalgeber, die Lieferanten, die Kunden, die Konkurrenten, der Staat und die Gesellschaft bezeichnet werden. Die verschiedenen Anspruchsgruppen verfolgen typischerweise unterschiedliche Interessen.[11]

Ich bedanke mich für Ihre Aufmerksamkeit.

---

7 Vgl. Schierenbeck (2003), S. 2 und Thommen/Achleitner (2003), S. 33 ff.
8 Vgl. Vahs/Schäfer-Kunz (2007), S. 16.
9 Vgl. Jung (2004), S. 7 f. und Schierenbeck (2003), S. 18 f.
10 Vgl. Rüegg-Stürm (2002), S. 33.
11 Vgl. Ulrich/Fluri (1995), S. 79.

2.2 Unterteilung und Entwicklung der Betriebswirtschaftslehre

1. Einleitung

Sehr geehrte Damen und Herren. Das Thema meines Vortrages lautet „Unterteilung und Entwicklung der Betriebswirtschaftslehre". Die Betriebswirtschaftslehre ist eine junge Wissenschaft, die zu Beginn des 20. Jahrhunderts zu einer methodischen und fachlichen Fundierung kam und die Eugen Schmalenbach, Professor der Betriebswirtschaftslehre der Universität Köln, ihren Namen verdankt. Das Ziel der Betriebswirtschaftslehre besteht darin unternehmerische Sachverhalte zu erklären (Erklärungsaufgabe) und Handlungsempfehlungen zu geben (Gestaltungsaufgabe).

Im 2. Punkt wird zunächst beschrieben wie die Betriebswirtschaftslehre unterteilt werden kann. Im 3. Punkt erfolgt dann eine Beschreibung der Entwicklung der Betriebswirtschaftslehre.

2. Unterteilung der Betriebswirtschaftslehre

Die Betriebswirtschaftslehre lässt sich in die Allgemeine und in die Spezielle Betriebswirtschaftslehre unterteilen.[12]

2.1. Allgemeine Betriebswirtschaftslehre

Der Gegenstand der Allgemeinen Betriebswirtschaftslehre sind Sachverhalte und Probleme, die für alle Betriebe gleich sind, und zwar unabhängig von dem Wirtschaftszweig, dem sie angehören. Daher befasst sie sich mit konstitutiven Entscheidungen von Betrieben, wie beispielsweise mit der Standortwahl, und mit verschiedenen betrieblichen Funktionen, wie z.B. dem Controlling, der Organisation, der Produktion, dem Marketing oder dem Rechnungswesen.

2.2. Spezielle Betriebswirtschaftslehre

Die Spezielle Betriebswirtschaftslehre behandelt spezifische Probleme und Fragestellungen von Betrieben, die einzelnen Wirtschaftszweigen angehören. Die Spezielle Betriebswirtschaftslehre kann zum einen nach der Zugehörigkeit der Wirtschaftseinheiten zu bestimmten Wirtschaftszweigen als institutionelle Betriebswirtschaftslehre und nach den wirtschaftlich relevanten Funktionen, die in den Wirtschaftseinheiten zu beobachten sind, als funktionelle Betriebswirtschaftslehre gegliedert werden.

12 Vgl. Wöhe (2008), S. 49 f.

Bei der institutionellen Gliederung der Betriebswirtschaftslehre werden die Bereiche Industrie, Handel, Bank, Versicherung, Landwirtschaft, Handwerk sowie Wirtschaftsprüfung und Treuhandwesen unterschieden.

Die funktionelle Gliederung der Betriebswirtschaftslehre differenziert zunächst die realen und die informationswirtschaftlichen betrieblichen Funktionen.

Die als real bezeichneten Funktionen haben die Leistungserstellung (Leistungsbereich) und dessen finanzwirtschaftliche Koordination zum Gegenstand. Dies sind die Wertschöpfungsfunktionen wie Beschaffung, Materialwirtschaft, Produktion und Fertigung, Absatz und Marketing, Personalwirtschaft, Finanzwirtschaft und Investitionstheorie.

Inhalt des zweiten Bereichs, des informationswirtschaftlichen Bereichs (Rechnungswesen), ist die modellhafte Erfassung des realen Bereichs und die Weiterverarbeitung dieser Daten. Dabei wird die Kosten- und Leistungsrechnung (interne Rechnungswesen) und die Bilanz- und Erfolgsrechnung (externe Rechnungswesen) unterschieden.

Die Unternehmensführung hat eine übergeordnete Funktion, mit der Aufgabe, den realen Bereich mit Hilfe der informationswirtschaftlichen Steuerungsinstrumente zielentsprechend zu gestalten.

3. Entwicklung der Betriebswirtschaftslehre

Schriften mit betriebswirtschaftlichen Erörterungen wurden bereits bei den Babyloniern, Griechen und Römern nachgewiesen. Eine systematische Bearbeitung dieses Stoffgebietes erfolgte aber erst seit dem 18. Jahrhundert.

Bis zum Beginn des Zweiten Weltkriegs stand vor allem die Kostenrechnung im Mittelpunkt der betriebswirtschaftlich orientierten Schriften, obwohl sich einige Autoren bereits mit den Fragen der Bilanztheorie und der Finanzierungspolitik auseinandersetzten.

Die Publikationen von E. Schmalenbach zur dynamischen Bilanz, von R. Schmidt zur organischen Bilanz, von Le Coutre zur statischen Bilanz und von E. Kosiol zur pagatorischen Bilanz gehören zu den klassischen bilanztheoretischen Veröffentlichungen.

E. Gutenberg legte mit seinem Werk „Grundlagen der Betriebswirtschaftslehre" die wesentlichen Grundlagen der heutigen, modernen Betriebswirtschaftslehre. Das Werk ist nach dem Zweiten Weltkrieg in drei Bänden erschienen. In den Bänden werden die Bereiche der Produktion, des Absatzes und der Finanzen als ein geschlossenes System vorgestellt.[13]

Ich bedanke mich für Ihre Aufmerksamkeit.

---

13 Bei Schneider und Wöhe finden sich ausführliche und übersichtliche Darstellungen der Geschichte der Betriebswirtschaftslehre, Vgl. Schneider (1987), S. 81 ff. und Wöhe (2008), S. 21 ff.

2.3 Ziele von Betrieben

1. Einleitung

Sehr geehrte Damen und Herren. Das Thema meines Vortrages lautet „Ziele von Betrieben". Die Ziele von Betrieben leiten sich in der Regel aus einem übergeordneten Zielsystem ab. Das Zielsystem kann in die Teilbereiche Unternehmensvision, Unternehmensidentität und Unternehmensgrundsätze untergliedert werden. Das Zielsystem wird zur internen und externen Kommunikation häufig in einem sogenannten Unternehmensleitbild formuliert und kommuniziert.

Im 2. Punkt des Vortrags wird das übergeordnete Zielsystem erläutert. Die aus dem übergeordneten Zielsystem abgeleiteten Handlungsziele werden dann im 3. Punkt des Vortrags beschrieben. Dabei werden Erfolgsziele, Finanzziele, Produkt- und Marktziele, soziale Ziele, Macht- und Prestigeziele sowie ökologische Ziele unterschieden.

2. Übergeordnetes Zielsystem

Zunächst wird das übergeordnete Zielsystem mit den Teilbereichen Unternehmensvision, Unternehmensidentität und Unternehmensgrundsätze dargestellt.[14]

2.1. Unternehmensvision

Die Unternehmensvision ist eine generelle unternehmerische Leitidee, die Antworten auf die grundlegenden Fragen gibt, was erreicht werden soll und mit welchem Zweck es erreicht werden soll. Sie gibt damit eine Orientierung, wohin sich ein Unternehmen und seine Geschäftsfelder zukünftig entwickeln sollen. Die Unternehmensvision formuliert somit realistische und glaubwürdige Aussagen hinsichtlich einer anzustrebenden und im Prinzip auch erreichbaren Zukunft. Unternehmensvisionen sollen die Leistungsbereitschaft der Mitarbeiter fördern und ihrer Arbeit einen Sinn geben.

2.2. Unternehmensidentität

Durch die Festlegung der Unternehmensidentität beziehungsweise der Corporate Identity wird die Unternehmenspersönlichkeit und damit das Bild beziehungsweise das Image des Unternehmens bestimmt, das intern gegenüber den Mitarbeitern und extern gegenüber der Öffentlichkeit vermittelt werden soll. Da Kaufentscheidungen häufig aufgrund des Unternehmensimages getroffen werden, hat die Unternehmensidentität eine große Bedeutung. Durch den sogenannten Identitäts-Mix aus Erscheinungsbild (Corporate Design), Verhalten (Corporate Behaviour) und Kommunikation

14 Im Folgenden vgl. Meffert (2000), S. 69 ff. und Thommen/Achleitner (2003), S. 834 ff.

(Corporate Communication) wird die Unternehmensidentität geschaffen und vermittelt.[15]

Das Corporate Design bestimmt das visuelle Erscheinungsbild des Unternehmens. Das Corporate Design kann Vorgaben für das Logo des Unternehmens, die typographische Gestaltung von Geschäftspapieren, den Internetauftritt, die Gestaltung von Produkten und deren Verpackungen, die zu verwendenden Farben, die Architektur (Corporate Architecture) und die Arbeitskleidung (Corporate Fashion) umfassen.

Das Corporate Behaviour soll das Verhalten der Mitarbeiter und die Unternehmenskultur bestimmen. Führungskräfte müssen dabei die gewünschten Verhaltensmuster aktiv vorleben oder Mitarbeiter mit bestimmten Persönlichkeitsmerkmalen einstellen und befördern. Insgesamt ist das Verhalten der Mitarbeiter wesentlich schwieriger zu beeinflussen, als das Erscheinungsbild des Unternehmens.

Die Corporate Communication soll durch die Öffentlichkeitsarbeit ein positives Unternehmensimage bestimmen. Sie umfasst insbesondere Instrumente der Öffentlichkeitsarbeit (Public Relations), die in persönliche und nicht persönliche sowie in interne und externe Instrumente unterteilt werden:[16]

- Instrumente der persönlichen, internen Öffentlichkeitsarbeit sind beispielsweise Betriebs- oder Hauptversammlungen,
- Instrumente der nicht persönlichen, internen Öffentlichkeitsarbeit sind beispielsweise Mitarbeiterzeitungen oder Intranetseiten,
- Instrumente der persönlichen, externen Öffentlichkeitsarbeit sind beispielsweise Pressekonferenzen, Betriebsbesichtigungen, Tage der offenen Tür oder sonstige Veranstaltungen und
- Instrumente der nicht persönlichen, externen Öffentlichkeitsarbeit sind beispielsweise Unternehmenspublikationen oder Internetseiten.

2.3. Unternehmensgrundsätze

Die Unternehmensgrundsätze beschreiben Grundwerte und Grundsätze des Handelns und können unterteilt werden in die Unternehmensverfassung und in die allgemeinen Unternehmensgrundsätze. Die Unternehmensverfassung leitet sich primär aus staatlichen Rechtsnormen ab. Die allgemeinen Unternehmensgrundsätze definieren das Verhalten der Mitarbeiter des Unternehmens, um die langfristigen Ziele des Unternehmens zu erreichen.

[15] Vgl. Meffert (2000), S. 705 ff.
[16] Vgl. Meffert (2000), S. 724 ff.

3. Handlungsziele

Aus dem übergeordneten Zielsystem werden Handlungsziele abgeleitet, die in Ober-, Zwischen- und Unterziele eingeteilt werden können. Oberziele für das gesamte Unternehmen können Rentabilitäts- und Marktziele sein, die in Ziele für die Unternehmensbereiche oder Funktionsbereiche herunter gebrochen werden können.[17]

Betriebe verfolgen oftmals mehrere Handlungsziele, die sich in monetäre, also in Geldeinheiten messbare Ziele und in nichtmonetäre Ziele, unterteilen. Handlungsziele der Betriebe lassen sich in die Kategorien: Erfolgsziele, Finanzziele, Produkt- und Marktziele, Soziale Ziele, Macht- und Prestigeziele und Ökologische Ziele zusammenfassen.[18]

3.1. Erfolgsziele

Ein sehr wichtiges Erfolgsziel vieler Unternehmen stellt die Steigerung des Gewinns und der Rentabilität dar. Die Rentabilität lässt sich in Gesamtkapital-, Eigenkapital- und Umsatzrentabilität einteilen.

3.2. Finanzziele

Finanzziele sind z.B. die Sicherstellung der Zahlungsfähigkeit des Unternehmens, die Optimierung der Kapitalstruktur, die Erhöhung der Kreditwürdigkeit und die Steigerung des Unternehmenswertes.

3.3. Produkt- und Marktziele

Wichtige Produkt- und Marktziele sind die Optimierung des bestehenden und des zukünftigen Produktprogramms, die Erhöhung von Umsatzerlösen und die Erhöhung von Marktanteilen. Darüber hinaus kann auch die Etablierung in neuen Märkten, wie beispielsweise die Etablierung in bestimmten ausländischen Märkten, Ziel eines Unternehmens sein.

3.4. Soziale Ziele

Die sozialen Ziele eines Unternehmens sind die Arbeitszufriedenheit der Mitarbeiter, eine gute Personalentwicklung, Sicherung der Arbeitsplätze der Mitarbeiter sowie deren Einkommen und Pensionen.

---

17 Vgl. Meffert (2000) S. 71 ff.
18 Vgl. Ulrich/Fluri (1995), S. 97 f.

Abbildung 1: Handlungsziele von Unternehmen

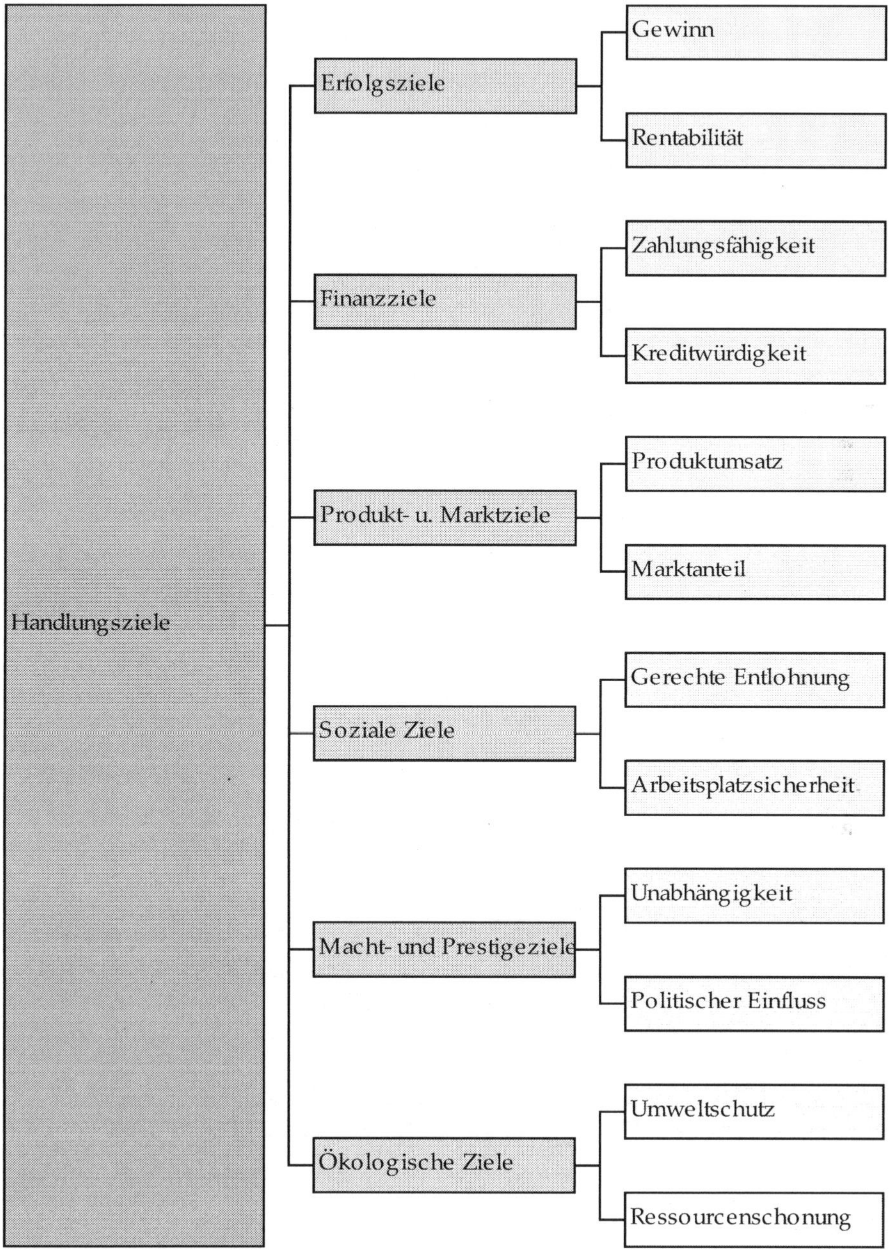

3.5. Macht- und Prestigeziele

Die Macht- und Prestigeziele des Unternehmens sind die Wahrung der Unabhängigkeit des Unternehmens, des politischen und gesellschaftlichen Einflusses, des Unternehmensimages und der Fortführung einer Unternehmenstradition.

3.6. Ökologische Ziele

Die ökologischen Ziele des Unternehmens wie Umweltschutz, Ressourcenschonung oder Recyclingfähigkeit der angebotenen Produkte ergeben sich aus dem zunehmenden ökologischen Bewusstseins der Bevölkerung.

Ich bedanke mich für Ihre Aufmerksamkeit.

2.4 Wirtschaftsordnungen

1. Einleitung

Sehr geehrte Damen und Herren. Das Thema meines Vortrages lautet „Wirtschaftsordnungen". Es gibt zwei Grundtypen von Wirtschaftsordnungen, die jeweils durch eine ganz bestimmte politische Systemidee geprägt sind: die Zentralverwaltungswirtschaft und die Marktwirtschaft.[19] In Abhängigkeit von der politischen Ordnung zeigen sich in der Realität in der Regel Mischformen zwischen den beiden Grundtypen.

In den Gliederungspunkten 2 und 3 werden zunächst die beiden Grundtypen mit ihren Systemideen und mit den Problematiken der Umsetzung beschrieben. Im 4. Punkt wird dann das wirtschaftspolitische Modell der sozialen Marktwirtschaft vorgestellt. Die soziale Marktwirtschaft gilt als Grundlage der deutschen Wirtschafts- und Sozialordnung und stellt eine Mischform der beiden Grundtypen dar.

2. Zentralverwaltungswirtschaft

2.1. Idee des Sozialismus

Die Zentralverwaltungswirtschaft beruht auf der Systemidee des Sozialismus und stellt eine Wirtschaftsordnung dar, in der von einer zentralen Stelle des Staates aufgrund eines Planes die Produktion und der Konsum gelenkt und gestaltet werden. Sie wird auch als zentralgeleitete Wirtschaft oder Planwirtschaft bezeichnet.

[19] Vgl. Bartling/Luzius (2008), S. 37 ff. sowie Frantzke (1999), S. 54 ff.

Karl Marx (1818-1883) und Friedrich Engels (1820-1895) glaubten, dass die ökonomische Freiheit des Individuums nicht zu einer allgemeinen Wohlfahrtssteigerung führt, sondern dazu, dass die Menschen sich gegenseitig ausbeuten und dadurch letztlich die Volkswirtschaft zusammenbricht. Aus diesem Grund forderten sie ein Eingreifen des Staates, um die Freiheit des einzelnen Individuums zu begrenzen.

2.2. Problematik der Zentralverwaltungswirtschaft

Das grundlegende Problem der Zentralverwaltungswirtschaft liegt in der Komplexität des erforderlichen Planungs- und Kontrollsystems, die von der zentralen Planungsinstanz kaum zu bewältigen ist. Zeitnahe Reaktionen auf Nachfrageänderungen oder die schnelle Integration von neuen Technologien in den Produktionsprozess sind nicht möglich. Zudem fehlt ein wirksames Leistungsanreizsystem. Varianten des Modells, wie z.B. das Modell der Volksrepublik China werden zunehmend durch marktwirtschaftliche Systeme ersetzt.

3. Marktwirtschaft

3.1. Idee des Liberalismus

Die Marktwirtschaft beruht auf der Systemidee des Liberalismus, der den Wirtschaftssubjekten Vertragsfreiheit und Privateigentum garantiert. Der Liberalismus beschreibt eine Wirtschaftsordnung, in der die Produktion und Verteilung aller Güter und Dienstleistungen über Angebot und Nachfrage, d.h. über Marktprozesse frei gehandelt und getauscht werden.

Zu den Hauptvertretern eines Wirtschaftsliberalismus zählen der englische Philosoph und Nationalökonom Adam Smith (1723-1790) und David Ricardo (1772-1823). Nationalökonom Adam Smith ging davon aus, dass sich der durch die einzelnen Individuen motivierte freie Wettbewerb wie durch eine unsichtbare Hand in Gemeinnutz wandelt und so eine optimale Bedürfnisbefriedigung und eine Steigerung der allgemeinen Wohlfahrt erreicht wird. Der Staat soll wirtschaftspolitisch möglichst zurückhaltend agieren. Eine Voraussetzung für eine funktionierende Marktwirtschaft ist das Vorhandensein von Privateigentum, über das der Eigentümer verfügen darf und aus dem ihm die Erträge zustehen.

3.2. Problematik des marktwirtschaftlichen Systems

Das marktwirtschaftliche System führt zu Konzentrationsvorgängen der Wirtschaftseinheiten. Das freie Zusammenspiel von Angebot und Nachfrage kann durch die wirtschaftliche Macht von Monopolisten als alleinigen Anbietern von Produkten beeinflusst werden. Darüber hinaus wird das Fehlen einer sozialen Komponente bemängelt.

Menschen, die nicht in der Lage sind, ihre ganze Arbeitskraft in den Produktionsprozess einzubringen, werden schnell an den Rand von Wirtschaft und Gesellschaft gedrängt.[20]

4. Soziale Marktwirtschaft

4.1. Idee der Verbindung von Sozialismus und Liberalismus

Die Soziale Marktwirtschaft bezeichnet eine Wirtschaftsordnung, die auf der Basis kapitalistischen Wettbewerbs dem Staat die Aufgabe zuweist, sozialpolitische Korrekturen vorzunehmen und auf sozialen Ausgleich hinzuwirken. Das wirtschaftspolitische Modell der Sozialen Marktwirtschaft wurde nach dem Zweiten Weltkrieg vor allem von Ludwig Erhardt (1897-1977) und Alfred Müller-Armack (1901-1978) entwickelt und gilt als Grundlage der deutschen Wirtschafts- und Sozialordnung. Der Aufbau eines Sozialstaates als Ausgleich kapitalistischen Wirtschaftens ist aus Sicht der Sozialen Marktwirtschaft notwendig, weil die sozialen Verwerfungen des ungehemmten Kapitalismus wesentlich mit zu den politischen Erschütterungen und den beiden Weltkriegen in der ersten Hälfte des 20. Jahrhunderts beitrugen.

4.2. Grundgesetzliche Verankerung der liberalen Elemente

Die folgenden im Grundgesetz der Bundesrepublik Deutschland festgehaltenen Rahmenbedingungen zählen zu den liberalen Elementen, welche die Freiheit des Individuums garantieren sollen:[21]

- Freie Entfaltung der Persönlichkeit (Art. 2 Abs. 1 GG): Aus der freien Entfaltung der Persönlichkeit sind die Konsum-, die Wettbewerbs- und die Gewerbefreiheit abzuleiten.
- Koalitionsfreiheit (Art. 9 Abs. 3 GG): Die Koalitionsfreiheit schließt die Zusammenarbeit zwischen Unternehmen ein und ermöglicht den Zusammenschluss in Verbänden und Vereinen.
- Freie Berufs- und Arbeitsplatzwahl (Art. 12 Abs. 1 und 2 GG): Durch die Freie Berufs- und Arbeitsplatzwahl sollen sich die Menschen nach ihren Neigungen für einen bestimmten Beruf entscheiden.
- Recht auf Privateigentum (Art. 14 Abs. 1 GG): Das Recht auf Privateigentum ist die zentrale Voraussetzung für jede wirtschaftliche Tätigkeit, wozu im Allgemeinen der Eigentumserwerb gehört.

---

20 Vgl. Frantzke (1999), S. 61 und Heubes (1992), S. 51.

21 Vgl. Heubes (1992), S. 51.

4.3. Sozialstaatsprinzip

Damit die soziale Gerechtigkeit innerhalb der Sozialen Marktwirtschaft gewährleistet wird, regelt das Grundgesetz, wie eine Einkommensumverteilung zugunsten sozial Schwächerer stattfinden kann. Ein Beispiel stellt die Progression der Einkommensteuer dar. Weitere Instrumente zur Sicherung der sozial Schwachen stellen Kranken-, Renten-, Arbeitslosen- und Pflegeversicherung dar, deren Beiträge von der Höhe des Einkommens der Arbeitnehmer abhängen und die zur Hälfte vom Arbeitgeber getragen werden.

4.4. Marktmechanismus

Der Staat hat die Aufgabe den Marktmechanismus zu erhalten. Durch das Stabilitäts- und Wachstumsgesetz wird der Staat ermächtigt, wirtschaftspolitische Maßnahmen zu ergreifen, wenn damit größere konjunkturelle Schwankungen vermieden werden können.

Ich bedanke mich für Ihre Aufmerksamkeit.

2.5 Gesamtmodelle der Betriebswirtschaftslehre

1. Einleitung

Sehr geehrte Damen und Herren. Das Thema meines Vortrages lautet „Gesamtmodelle der Betriebswirtschaftslehre". Betriebswirtschaftliche Gesamtmodelle vereinfachen die Wirklichkeit, indem sie die Komplexität der realen Gegebenheiten auf das Wesentliche reduzieren. Dadurch soll der Lernende die ökonomischen Sachverhalte in ihrem Gesamtzusammenhang besser verstehen.[22]

Das Gesamtmodell von Wöhe hat in der Betriebswirtschaftslehre große Verbreitung gefunden. Das Modell beschreibt die betrieblichen Entscheidungen und Funktionen, die sich in vier Bereiche unterteilen lassen. Als Teilbereiche der Betriebswirtschaftslehre werden die grundlegenden Entscheidungen, die Unternehmensführung, die betriebliche Leistungserstellung sowie das Rechnungs- und Finanzwesen unterschieden werden.[23] Diese 4 Teilbereiche werden in den nächsten 4 Gliederungspunkten des Vortrages (und des Buches) beschrieben.

---

22 Vgl. Rüegg-Stürm, (2002) S. 6.
23 In Anlehnung an Wöhe (2008), S. 35 und 48 f. und Vahs/Schäfer-Kunz (2007), S. 40.

Abbildung 2: Teilbereiche der Betriebswirtschaftslehre

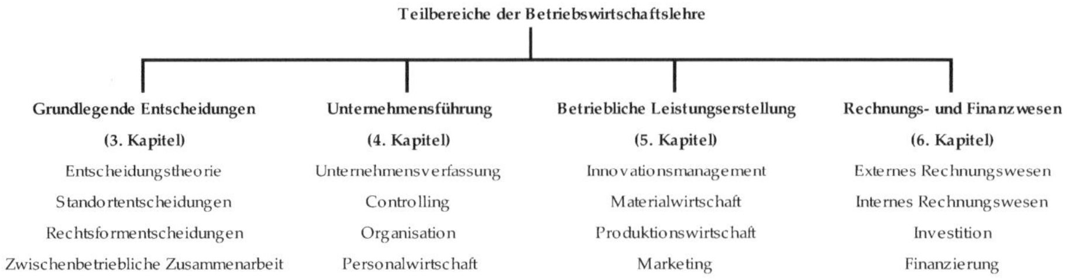

2. Grundlegende Entscheidungen

Unter die grundlegenden Entscheidungen fallen Entscheidungen wie die Wahl des Standortes, die Wahl der Rechtsform und die Wahl von Partnern für eine zwischenbetriebliche Zusammenarbeit. Des Weiteren liefert die Entscheidungstheorie die theoretischen Grundlagen dafür, wie diese Entscheidungen zustande kommen.

3. Unternehmensführung

Der übergeordnete Funktionsbereich der Unternehmensführung umfasst die Gestaltung und Lenkung des Unternehmens im Hinblick auf die verfolgten Unternehmensziele. Viele Unternehmen definieren im Rahmen der Gestaltung ihrer Unternehmensverfassung verbindliche Richtlinien für ihr Handeln. Die Unternehmen benötigen eine integrierende Planung, Steuerung und Informationsversorgung in Form eines Controllings sowie einer zielgerichteten Gestaltung der Personalressourcen und der Organisation, um die betrieblichen Produktionsfaktoren optimal einzusetzen und um flexibel auf Umweltveränderungen reagieren zu können.

4. Betriebliche Leistungserstellung

Der betriebliche Leistungsprozess zur Herstellung der Produkte, lässt sich vereinfachend in die Phasen Beschaffung, Logistik, Produktion und Absatz bzw. das Marketing einteilen. Dabei umfasst der betriebliche Leistungsprozess:

- die Beschaffung der Produktionsfaktoren (Personal, Material, Betriebsmittel), d.h. die Produktionsfaktoren, die für den Ablauf des Leistungsprozesses erforderlich sind,
- die Logistik, d.h. den Materialfluss von den Zulieferern bis zu den Kunden,

- die Produktion, d.h. den Prozess der Umwandlung der Produktionsfaktoren (Input) in Ausbringungsgüter (Output) und
- den Absatz bzw. das Marketing, d.h. die gewinnbringende Absetzung der erstellten Leistungen und Produkte.

5. Rechnungs- und Finanzwesen

Die Aufgabe des Rechnungswesens besteht darin, alle Geldströme des Betriebes zu erfassen und Informationen als Basis für Planungen und Entscheidungen bereit zu stellen. Das Finanzwesen versucht dagegen festzustellen, welche Investitionen durchgeführt werden sollen und wie das Kapital beschafft werden kann, um diese Investitionen und den Geschäftsbetrieb zu finanzieren.

Ich bedanke mich für Ihre Aufmerksamkeit.

3 Grundlegende Entscheidungen

3.1 Entscheidungstheorie

1. Einleitung

Sehr geehrte Damen und Herren. Das Thema meines Vortrages lautet „Entscheidungstheorie“. Eine Entscheidung ist die Wahl zwischen mindestens zwei Alternativen, von denen eine die sogenannte Unterlassungsalternative sein kann. Das Ziel dabei ist, die nutzenmaximale Alternative auszuwählen. Das Ergebnis dieses Wahlprozesses ist die Entscheidung.

Im 2. Punkt wird eine Unterteilung der Entscheidungstheorie in die präskriptive und deskriptive Entscheidungstheorie vorgenommen. Im 3. Punkt wird die grundlegende Vorgehensweise bei Entscheidungen beschrieben. Anschließend werden im 4. Punkt die Elemente des Grundmodells der Entscheidungstheorie dargestellt. Im 5. Gliederungspunkt erfolgt eine Beschreibung der verschiedenen Kriterien für die Auswahl eines Entscheidungsmodells. Im 6. Punkt wird abschließend dargestellt, welche Themengebiete die grundlegenden Entscheidungen eines Unternehmens umfassen.

2. Unterteilung der Entscheidungstheorie

In der Entscheidungstheorie werden Modelle entwickelt, die beschreiben, wie Entscheidungen tatsächlich zu Stande kommen und wie sie zu Stande kommen sollten. Die Entscheidungstheorie kann in die präskriptive und die deskriptive Entscheidungstheorie unterteilt werden.[24]

2.1. Deskriptive Entscheidungstheorie

Die deskriptive Entscheidungstheorie beschreibt, wie Entscheidungen in der Realität tatsächlich getroffen werden und untersucht, warum sie so und nicht anders ausgefallen sind. Um die in einem Entscheidungsträger ablaufenden kognitiven Prozesse zu untersuchen, werden Erkenntnisse aus den Verhaltenswissenschaften genutzt. Das

---

24 Vgl. Bamberg/Coenenberg (1996), S. 6, Laux/Liermann (1997), S. 37 und Schildbach (1993), S. 61 f.

Ziel der deskriptiven Entscheidungstheorie besteht darin, aus den Untersuchungen zukünftige Entscheidungen in einer bestimmten Entscheidungssituation voraussagen zu können.

2.2. Präskriptive Entscheidungstheorie

Die präskriptive oder normative Entscheidungstheorie stellt Vorschriften (Normen) auf, wie in einer Entscheidungssituation vorzugehen ist, wenn eine rationale Entscheidung getroffen werden soll. Eine Entscheidung wird dann rational getroffen, wenn die Entscheidung in der gegebenen Situation die bestmögliche ist, um das verfolgte Ziel mit minimalen Mitteln zu erreichen.

3. Vorgehensweise bei Entscheidungen

Die Entscheidung ist ein Teil des Führungsprozesses, die als letzter Schritt der Planung vor der sich anschließenden Realisierung erfolgt.

Um optimale Entscheidungen zu erreichen, werden verschiedenen Entscheidungsalternativen, die auch als Aktionen bezeichnet werden, bestimmten Größen zur Beurteilung ihrer Vorteilhaftigkeit zugeordnet. Dies geschieht durch die folgenden Schritte:[25]

1. Aufstellung des Aktionenraums, der die möglichen Handlungsalternativen des Unternehmens umfasst.
2. Aufstellung des Zustandsraums zur Beschreibung von Umweltzuständen, die durch das Unternehmen nicht beeinflusst werden können.
3. Aufstellung einer Ergebnismatrix mit den Ergebnissen als unbewertete Resultate der Realisierung von Aktionen bei bestimmten Umweltzuständen.
4. Aufstellung eines Zielsystems zur Bewertung der Ergebnisse.
5. Anwendung einer Nutzenfunktion, um jedem der Ergebnisse einen Nutzenwert zuzuordnen.
6. Aufstellung einer Nutzenmatrix mit den jeweiligen Nutzenwerten.
7. Anwendung einer Entscheidungsfunktion, um jeder Aktion eine Beurteilungsgröße hinsichtlich ihrer Vorteilhaftigkeit zuzuordnen.
8. Entscheidung für eine Aktion anhand der Beurteilungsgröße.

---

[25] In Anlehnung an Berens/Delfmann/Schmitting (2004), S. 50 f.

4. Elemente des Grundmodells der Entscheidungstheorie

Um ein Entscheidungsproblem zu lösen, wird die Entscheidungssituation in einem vereinfachenden Modell, dem sogenannten Grundmodell der Entscheidungstheorie abgebildet. Dieses vereinfachende Modell bildet die Realität strukturähnlich ab, legt bestimmte Prämissen zugrunde und reduziert damit die tatsächlichen Gegebenheiten auf die als relevant erscheinenden Ursache-Wirkungs-Zusammenhänge.[26] Das Grundmodell der Entscheidungstheorie umfasst:

- das Entscheidungsfeld, das wiederum aus Aktionenraum, Zustandsraum und den Elementen der Ergebnisfunktion und Ergebnismatrix besteht,
- das Zielsystem und
- die Nutzenmatrix die sich aus der Anwendung der Nutzenfunktion ergibt.

5. Entscheidungsmodelle

5.1. Beurteilungsgröße und Entscheidungsfunktion

Entscheidungsmodelle haben die Aufgabe, die Entscheidungssituation abzubilden und für jede Aktion eine sogenannte Bewertungsgröße zu ermitteln. Anhand dieser Größe kann sich der Entscheidungsträger für eine Aktion entscheiden. Die Bewertungsgröße einer Aktion wird durch die sogenannte Entscheidungsfunktion auf der Basis der Nutzenwerte einer Aktion ermittelt.[27]

5.2. Unterteilung der Entscheidungsmodelle

Für die Auswahl eines Entscheidungsmodells sind insbesondere der Informationsstand des Entscheidungsträgers, die Anzahl der Zielsetzungen, die Einstellung des Entscheidungsträgers sowie die zeitlichen Interdependenzen der zu treffenden Entscheidungen wichtig.[28]

Abhängig vom Informationsstand des Entscheidungsträgers lassen sich Entscheidungsmodelle bei Sicherheit, bei Unsicherheit und bei Risiko unterscheiden:

- Entscheidungsmodelle bei Sicherheit finden Anwendung, wenn Entscheidungen bei einem bekannten Umweltzustand getroffen werden sollen.
- Entscheidungsmodelle bei Unsicherheit finden Anwendung, wenn bekannt ist, dass ein Umweltzustand aus dem Zustandsraum eintreten wird, dafür aber keine Eintrittswahrscheinlichkeiten angegeben werden können.

26 Vgl. Rehkugler/Schindel (1990), S. 86 ff.
27 Vgl. Bamberg/Coenenberg (1996), S. 34 und Berens/Delfmann/Schmitting (2004), S. 57.
28 Vgl. Bamberg/Coenenberg (1996), S. 36 ff.

- Entscheidungsmodelle bei Risiko finden Anwendung, wenn die Wahrscheinlichkeiten für das Eintreten der verschiedenen Umweltzustände ermittelt werden konnten.

Nach der Anzahl der Zielsetzungen lassen sich Entscheidungsmodelle in Entscheidungsmodelle bei einfacher Zielsetzung und in Entscheidungsmodelle bei mehrfacher Zielsetzung unterscheiden. Bei Entscheidungsmodellen mit nur einer Zielsetzung wird häufig von der Maximierung des Gewinns oder einer daraus abgeleiteten Zielsetzung ausgegangen.[29]

Nach der Risikopräferenz des Entscheidungsträgers lassen sich Entscheidungsmodelle in risikofreudige, risikoneutrale und risikoscheue Entscheidungsmodelle unterscheiden.

Nach der zeitlichen Interdependenz der zu treffenden Entscheidungen erfolgt eine Unterscheidung der Entscheidungsmodelle in statische und dynamische Modelle:

- Statische Entscheidungsmodelle sind dadurch gekennzeichnet, dass Entscheidungen unabhängig von späteren Folgeentscheidungen getroffen werden.
- Dynamische Entscheidungsmodelle bilden Entscheidungssequenzen ab und dienen der Ermittlung einer optimalen Folge von Entscheidungen.

6. Grundlegende Entscheidungen

Grundlegende Entscheidungen sind weit reichende Entscheidungen, die den langfristigen Rahmen für alle betrieblichen Folgeentscheidungen festlegen. Grundlegende Entscheidungen sind zum einen in der Gründungsphase und in der Umsatzphase bei der Anpassung des Unternehmens an veränderte Rahmenbedingungen zu treffen. Da Veränderungen der grundlegenden Entscheidungen mit erheblichen Kosten verbunden sind, werden sie regelmäßig nur nach gründlicher Überlegung seitens der Unternehmensführung korrigiert.[30] Zu den grundlegenden Entscheidungen gehören insbesondere Entscheidungen über die Wahl des Standorts, die Wahl der Rechtsform und die Zusammenarbeit mit anderen Unternehmen.

Ich bedanke mich für Ihre Aufmerksamkeit.

---

[29] Vgl. Laux (1998), S. 50.

[30] Vgl. Vahs/Schäfer-Kunz (2007), S. 87.

3.2 Standortentscheidungen

1. Einleitung

Sehr geehrte Damen und Herren. Das Thema meines Vortrages lautet „Standortentscheidungen". Standortentscheidungen sind Entscheidungen darüber, an wie vielen und an welchen geografischen Orten welche Leistungen eines Unternehmens erstellt und abgesetzt werden.[31] Standortentscheidungen haben für Unternehmen eine sehr große Bedeutung, da sie schwierig zu revidieren sind und da mit der Entscheidung für einen bestimmten Standort die Rahmenbedingungen für zahlreiche Folgeentscheidungen, wie etwa Rechtsform- oder Wachstumsentscheidungen, festgelegt werden.

Zunächst erfolgt im 2. Gliederungspunkt eine Differenzierung in Standortentscheidungen, die in der Gründungsphase getroffen werden und in Standortentscheidungen, die in der Umsatzphase getroffen werden. Unter Punkt 3 erfolgt eine Vorstellung der Ziele von Standortentscheidungen, die in Wachstumsziele, Strukturveränderungsziele und Schrumpfungsziele unterteilt werden. Im 4. Gliederungspunkt werden die Restriktionen von Standortentscheidungen dargestellt. Daran schließt sich im 5. Gliederungspunkt eine Einteilung der Standortentscheidungen nach dem Planungshorizont in strategische und operative Standortentscheidungen. Im 6. Gliederungspunkt erfolgt abschließend eine Beschreibung der Standortfaktoren, die nach der Phase der Leistungserstellung in unternehmens-, produktions- und absatzbezogene Standortfaktoren unterteilt werden können.[32]

2. Unterteilung von Standortentscheidungen

Standortentscheidungen spielen vor allem in der Gründungsphase und in der Umsatzphase eine bedeutende Rolle.[33]

2.1. Standortentscheidungen in der Gründungsphase

In der Gründungsphase eines Unternehmens sind zunächst grundlegende Standortentscheidungen zu treffen. Bei der Wahl des Standortes spielen neben emotionalen Gründen dabei zumeist persönliche Beziehungen zu Kunden, Lieferanten und Geldgebern eine große Rolle.

---

31 Vgl. Hansmann (1974), S. 15 und Vahs/Schäfer-Kunz (2007), S. 96.
32 Vgl. Tesch (1980), S. 364 ff.
33 Vgl. Vahs/Schäfer-Kunz (2007), S. 97.

2.2. Standortentscheidungen in der Umsatzphase

In der sich an die Gründungsphase anschließenden Umsatzphase stellt sich oft heraus, dass der vorhandene Standort den Anforderungen nicht mehr genügt, da die vorhandenen Grundstücke für eine geplante Unternehmenserweiterung nicht ausreichen oder die Produktionskosten an anderen Standorten deutlich geringer sind. Daher sind in dieser Phase weitere Standortentscheidungen zu treffen.

3. Ziele von Standortentscheidungen

Die Ziele von Standortentscheidungen können in Wachstumsziele, Strukturveränderungsziele und Schrumpfungsziele unterteilt werden.[34]

Abbildung 3: Ziele von Standortentscheidungen

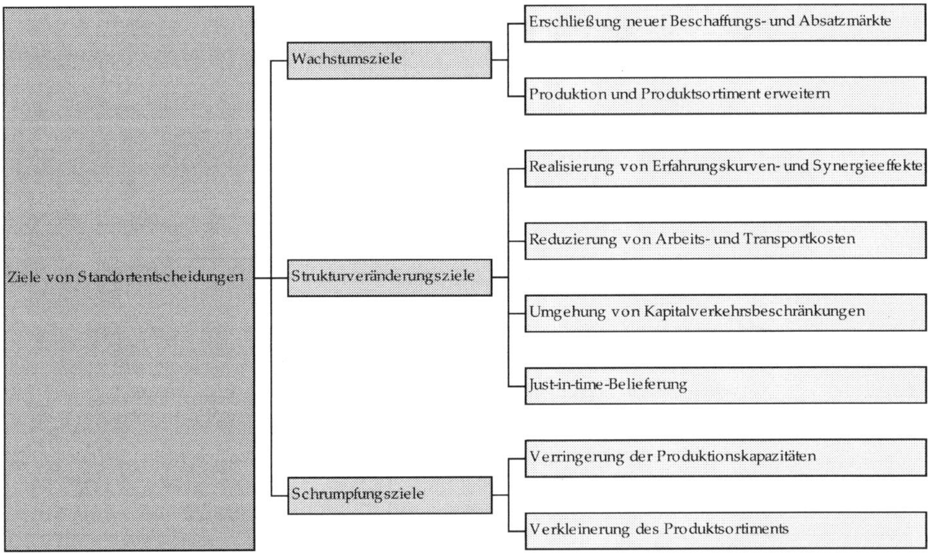

34 Vgl. Bankhofer (2001), S. 87 ff., S. 92 und S. 100, Schierenbeck (2003), S. 42 sowie Steiner (1993), S. 133.

3.1. Wachstumsziele

Im Rahmen des Wachstums von Unternehmen können Standortentscheidungen vorgenommen werden um neue Beschaffungsquellen oder Absatzmärkte zu erschließen, Produktionskapazitäten zu vergrößern oder das Produktsortiment zu erweitern.

3.2. Strukturveränderungsziele

Im Rahmen der Strukturveränderungen von Unternehmen können Standortentscheidungen aufgrund der folgenden Zielsetzungen vorgenommen werden:

- Realisierung von Erfahrungskurven- und Synergieeffekten,
- Reduzierung von Arbeitskosten,
- Reduzierung von Transportkosten,
- Realisierung einer Just-in-time-Belieferung,
- Verbesserung der Verkehrssituation,
- Umgehung von Importbeschränkungen,
- Vermeidung des Einflusses von Wechselkursen auf die Gewinne,
- Erhöhung der Marktnähe,
- Umgehung von rechtlichen Restriktionen,
- Nutzung von Subventionen,
- Reduzierung von Steuern.

3.3. Schrumpfungsziele

Im Rahmen des Schrumpfens von Unternehmen können Standortentscheidungen aufgrund von Verringerungen der Produktionskapazitäten oder Verkleinerungen des Produktsortiments vorgenommen werden.

4. Restriktionen von Standortentscheidungen

Unternehmen sind hinsichtlich der Wahl ihrer Standorte in der Regel nicht frei, sondern von den natürlichen standorttypischen Bedingungen abhängig. Beispielsweise sind Branchen, wie die Land- und Forstwirtschaft oder der Bergbau von den Bodenbeschaffenheiten und den Rohstoffen des jeweiligen Landes abhängig. In Abhängigkeit vom Vorliegen solcher Restriktionen werden die freie Standortwahl und die gebundene Standortwahl unterschieden.[35]

35 Vgl. Bankhofer (2001), S. 108.

5. Planungshorizont von Standortentscheidungen

Standortentscheidungen können nach dem Planungshorizont in die strategische und in die operative Standortplanung eingeteilt werden.

5.1. Strategische Standortplanung

Bei der strategischen Standortplanung wird festgelegt, in welchen Staaten welche Produkte in welchem Umfang angeboten werden sollen. Anschließend wird die internationale Standortstruktur ermittelt. Diese beschreibt die Verteilung der Produkte, der betrieblichen Funktionen und der Produktionsstufen auf Staaten oder Regionen. Als Ergebnis der strategischen Standortplanung entsteht eine Soll-Standortstruktur.[36]

5.2. Operative Standortplanung

Im Rahmen der operativen Standortplanung wird die vorhandene Ist-Standortstruktur mit der Soll-Standortstruktur, die im Rahmen der strategischen Standortplanung ermittelt wurde, verglichen. Aus dem Vergleich werden Wachstums-, Strukturveränderungs- und Schrumpfungsmaßnahmen abgeleitet.[37]

6. Standortfaktoren

Standortfaktoren sind entscheidungsrelevante Kriterien, anhand derer die Eignung eines bestimmten geographischen Ortes für die Errichtung einer Betriebsstätte überprüft werden kann. Die Standortfaktoren für eine Standortentscheidung hängen dabei von der betrieblichen Funktion, der Branche, der Art und der Größe des Unternehmens ab. Nach der Phase der Leistungserstellung lassen sich unternehmens-, produktions- und absatzbezogene Standortfaktoren unterteilen.[38] Diese Standortfaktoren lassen sich durch Standortkennzahlen ermitteln.

6.1. Unternehmensbezogene Standortfaktoren

Die unternehmensbezogenen Standortfaktoren umfassen die für das ganze Unternehmen geltenden Standortfaktoren. Unternehmensbezogene Standortfaktoren sind die gesellschaftliche und politische Situation, die Wirtschaftspolitik, die Steuerpolitik, die standortbezogene Förderpolitik, die rechtliche Situation und die staatliche Verwaltung.

---

36 Vgl. Lüder/Küpper (1983), S. 15, Bankhofer (2001), S. 66 ff., 93 ff. sowie Ihde (1984), S. 94.
37 Vgl. Bankhofer (2001), S. 50, 93 ff., 177 f., 190 ff.
38 Vgl. Tesch (1980), S. 364 ff.

6.2. Produktionsbezogene Standortfaktoren

Die produktionsbezogenen Standortfaktoren betreffen insbesondere die Verfügbarkeit, die Kosten und die Qualität der zur Leistungserstellung notwendigen Faktoren wie das Klima und die Geologie, die Grundstücke und Gebäude, die Produktionseinrichtungen, das Material, die Arbeitskraft, die Verkehrs- und Kommunikationsinfrastruktur, die Dienstleistungen, das Kapital und die Importmöglichkeiten.

6.3. Absatzbezogene Standortfaktoren

Die absatzbezogenen Standortfaktoren umfassen die Faktoren, die für den Absatz der erstellten Leistungen geeignet sind wie z.B. die lokale Nachfrage von privaten Haushalten, die Konkurrenz, die Absatzinfrastruktur und die Exportmöglichkeiten.

Ich bedanke mich für Ihre Aufmerksamkeit.

3.3 Der Kaufmannsbegriff im Handelsrecht

1. Einleitung

Sehr geehrte Prüfungskommission, sehr geehrter Herr Prüfungsvorsitzender. Ich habe mich für das Thema „Der Kaufmannsbegriff im Handelsrecht“ entschieden.

Zunächst wird in Punkt 2 der Begriff des Kaufmanns beschrieben. Anschließend erfolgt eine Darstellung der Kaufleute kraft Gewerbebetrieb, der Kaufleute kraft freiwilliger Eintragung, der Kaufleute kraft Rechtsform und der Kaufleute kraft Rechtsschein in den Gliederungspunkten 3 bis 6. Abschließend werde ich im Punkt 7 auf die wesentlichen Neuregelungen der Kaufmannstatbestände durch das Handelsrechtsreformgesetz vom 22.06.1998 und die Gründe für den Reformbedarf eingehen.

2. Der Begriff des Kaufmanns

Als Kaufmann wird im Sprachgebrauch jeder kaufmännisch Tätige bezeichnet. Da nur Kaufleute den handelsrechtlichen Vorschriften unterliegen ist der Begriff des Kaufmanns von zentraler Bedeutung. Als Kaufmann gilt im Rechtssinne nur, wer selbständig ein Handelsgewerbe betreibt, mit Ausnahme des Formkaufmanns, für den das Bestehen eines Handelsgewerbes keine Voraussetzung ist.

Das HGB unterscheidet wie folgt in:

- Kaufleute kraft Gewerbebetrieb („Istkaufmann“ nach § 1 HGB),
- Kaufleute kraft freiwilliger Eintragung („Kannkaufmann“ nach §§ 2 und 3 HGB),

- Kaufleute kraft Rechtsform („Formkaufmann“ nach § 6 HGB) und
- Kaufleute kraft Rechtsschein („Scheinkaufmann“ und „Fiktivkaufmann nach § 5 HGB).[39]

Abbildung 4: Kaufmannsarten und Rechtsformen[40]

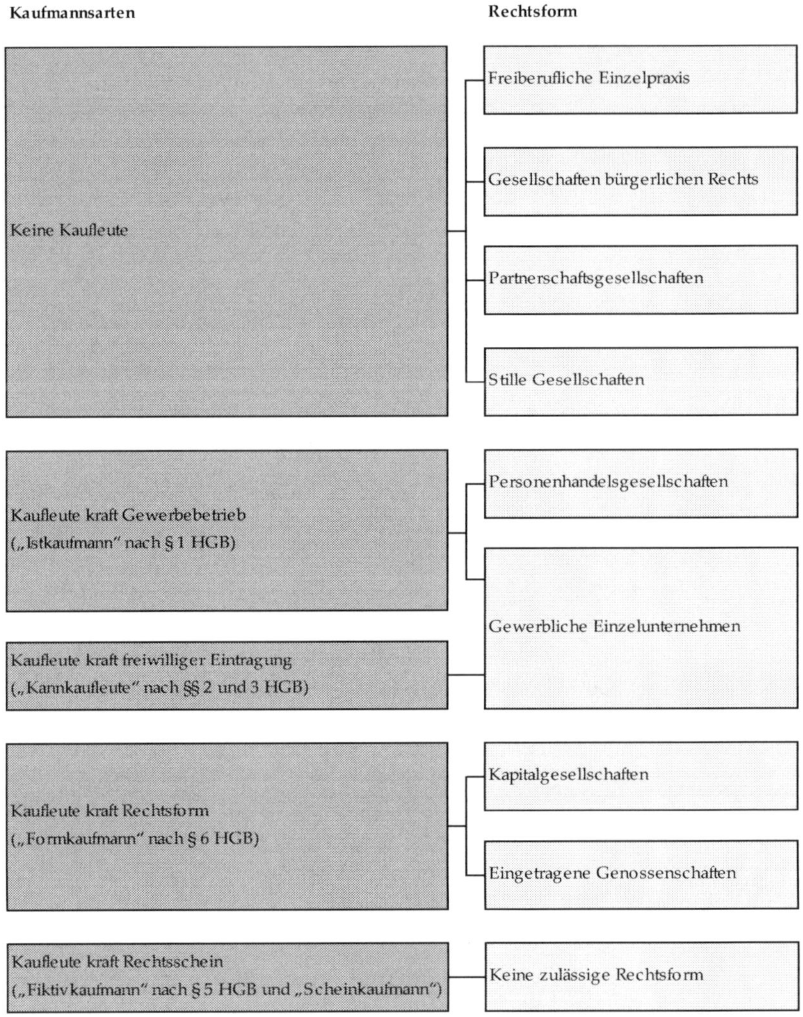

39 Vgl. v. Campenhausen et al. (2008), S. 305.
40 In Anlehnung an Klunzinger (2004), S. 1.

3. Kaufleute kraft Gewerbebetrieb („Istkaufmann" nach § 1 HGB)

Nach § 1 Abs. 1 HGB ist Kaufmann, wer ein Handelsgewerbe betreibt, d.h. die ausgeübte Tätigkeit muss ein Gewerbe darstellen und darüber hinaus Handelsgewerbe sein. Die Kaufmannseigenschaft nach § 1 HGB entsteht in dem Zeitpunkt, in dem mit dem Betrieb des Handelsgewerbes begonnen wird und endet mit der Einstellung der Gewerbetätigkeit. Die Eintragung im Handelsregister ist lediglich deklaratorisch.[41]

Ein Gewerbe ist jede äußerlich erkennbare, selbständige, planmäßige auf gewisse Dauer angelegte (= nachhaltige), zum Zwecke der Gewinnerzielung ausgeübte Tätigkeit, die keinen freien Beruf darstellt. Ein Handelsgewerbe ist nach § 1 Abs. 2 HGB jeder Gewerbebetrieb, es sei denn, dass das Unternehmen keinen nach Art und Umfang in kaufmännischer Weise eingerichteten Geschäftsbetrieb erfordert. Ein Kleingewerbe stellt somit kein Handelsgewerbe nach § 1 Abs. 2 HGB dar.[42]

4. Kaufleute kraft freiwilliger Eintragung („Kannkaufmann" nach §§ 2 und 3 HGB)

4.1. Kleingewerbetreibender (§ 2 HGB)

Wenn das Gewerbe nach Art und Umfang keinen in kaufmännischer Weise eingerichteten Geschäftsbetrieb erfordert, dann liegt ein Kleingewerbe vor und die Istkaufmannseigenschaft ist nicht gegeben. Das Kleingewerbe kann nach § 2 HGB die Kaufmannseigenschaft dadurch erlangen, dass der Unternehmer die Firma des Unternehmens freiwillig in das Handelsregister eintragen lässt. Die Eintragung wirkt konstitutiv. Der Kleingewerbetreibende kann seinen Kaufmannstatus wieder aufgeben, indem er die Eintragung zum Kaufmann wieder löscht.[43]

4.2. Land- und Forstwirte (§ 3 HGB)

Land- und Forstwirte sind nach § 3 Abs. 1 HGB grundsätzlich keine Kaufleute. Es fehlt bei ihnen schon an der Ausübung eines Gewerbes. Dennoch können Sie nach § 3 HGB die Kaufmannseigenschaft erwerben, wenn ihr Unternehmen nach Art und Umfang einen in kaufmännischer Weise eingerichteten Geschäftsbetrieb erfordert. Die Kaufmannseigenschaft entsteht mit Eintragung ins Handelsregister.[44]

5. Kaufleute kraft Rechtsform („Formkaufmann" nach § 6 HGB)

Die Aktiengesellschaft (AG), die Kommanditgesellschaft auf Aktien (KGaA), die GmbH und die eingetragene Genossenschaft (eG) sind kraft ihrer Rechtsform soge-

---

41 Vgl. v. Campenhausen et al. (2008), S. 305 f.
42 Vgl. v. Campenhausen et al. (2008), S. 305 f.
43 Vgl. v. Campenhausen et al. (2008), S. 306.
44 Vgl. v. Campenhausen et al. (2008), S. 306.

nannte Formkaufleute (§ 6 HGB). Sie sind auch dann Kaufmann, wenn sie kein kaufmännisches Gewerbe betreiben (§ 3 AktG, § 13 GmbH, § 17 GenG). Die Kaufmannseigenschaft entsteht erst mit der Eintragung der AG, KGaA und GmbH in das Handelsregister bzw. bei der eG in das Genossenschaftsregister. Der Registereintrag hat konstitutive Wirkung. Bei diesen Gesellschaften hängt die Kaufmannseigenschaft nicht von der Art der Geschäfte, sondern von der Eigenschaft als juristische Person ab.

Die OHG und die KG sind grundsätzlich keine Formkaufleute, denn für ihre Entstehung ist gerade Voraussetzung, dass sie ein kaufmännisches Gewerbe betreiben (§§ 105 und 161 HGB). Wenn sie jedoch kein Handelsgewerbe betreiben, sondern z.B. private Vermögensverwaltung, werden sie Kaufmann kraft Eintragung (§ 105 Abs. 2 HGB). Insofern ist die OHG und die KG dann Formkaufmann.

6. Kaufleute kraft Rechtsschein („Fiktivkaufmann" nach § 5 HGB und „Scheinkaufmann")

6.1. Fiktivkaufmann nach § 5 HGB

Wer ein Gewerbe betreibt und unter seiner Firma in das Handelsregister eingetragen ist, ist Kaufmann nach § 5 HGB, auch wenn er in Wirklichkeit gar kein Handelsgewerbe betreibt. Der Kaufmann kraft bloßer Eintragung wird auch als „Fiktivkaufmann" bezeichnet, da er zwar kein wirklicher Kaufmann i.S.d. §§ 1-3 HGB ist, im privaten Rechts- und Prozessverkehr aber als ein solcher gilt.

6.2. Scheinkaufmann

Ein Scheinkaufmann kraft tatsächlichen Verhaltens ist derjenige, der im kaufmännischen Rechts- und Geschäftsverkehr als Kaufmann auftritt, ohne es tatsächlich zu sein. Der Schein-Kaufmann ist somit kein Kaufmann im eigentlichen Sinn, er wird lediglich nach Rechtsscheingrundsätzen als solcher behandelt. Beim Scheinkaufmann handelt es sich um einen Sonderfall der allgemeinen Anwendung des Grundsatzes von Treu und Glauben in der Rechtsordnung (§§ 242, 157 BGB). Rechtssicherheit und Vertrauensschutz gebieten es, dass unter Umständen auch solche Personen wie Kaufleute behandelt werden, die es in Wirklichkeit nicht sind. Wer im Geschäftsverkehr als Kaufmann auftritt, muss sich daran festhalten lassen.[45]

Wer durch sein Auftreten im Geschäftsverkehr beispielsweise den Anschein erweckt, er sei persönlich haftender Gesellschafter einer Handelsgesellschaft, haftet für Verbindlichkeiten aus Geschäften, die ein Dritter im Vertrauen auf diesen Rechtsschein abschließt.

45 Vgl. v. Campenhausen et al. (2008), S. 307.

7. Schluss

Nach der Regelung in § 1 Abs. 2 HGB a.F. galten bestimmte Arten von Geschäften, wie das sogenannte Grundhandelsgewerbe, gesetzlich als Handelsgewerbe (Musskaufmann). Bei allen anderen Gewerbetreibenden bedurfte es zur Erlangung der Kaufmannseigenschaft der Eintragung der Firma ins Handelsregister (Sollkaufmann). Für sogenannte Minderkaufleute gem. § 4 HGB a.F., deren Unternehmen keinen in kaufmännischer Weise eingerichteten Geschäftsbetrieb erforderte, galten Sonderregelungen.

Die Kaufmannstatbestände des HGB wurden mit Wirkung ab 01.07.1998 durch das Handelsrechtsreformgesetz grundlegend reformiert. Insbesondere die Abgrenzungsschwierigkeiten zwischen Muss- und Sollkaufleuten, die Option der Nichtanwendbarkeit des Handelsrechts von Sollkaufleuten sowie der veraltete Katalog des Grundhandelsgewerbes erforderten ein neues Reformgesetz.

Ich bedanke mich für Ihre Aufmerksamkeit.

3.4 Die Firma des Kaufmanns

1. Einleitung

Sehr geehrte Prüfungskommission, sehr geehrter Herr Prüfungsvorsitzender. Ich habe mich für das Thema „Die Firma des Kaufmanns" entschieden. Ich werde im 2. Punkt zunächst auf den Begriff der Firma eingehen. Anschließend werde ich die Firmengrundsätze, die Haftung bei Firmenfortführung und den Schutz der Firma in den Punkten 3 bis 5 beschreiben. Abschließend erfolgt in Punkt 6 eine Vorstellung der wesentlichen Vereinheitlichungen bei der Firmenbildung durch das Handelsrechtsreformgesetz vom 22.06.1998.

2. Begriff der Firma

Die Firma eines Kaufmanns ist der Name des Kaufmanns, unter dem er seine Handelsgeschäfte betreibt und seine Unterschrift abgibt (§ 17 Abs. 1 HGB). Ein Kaufmann kann unter seiner Firma klagen und verklagt werden (§ 17 Abs. 2 HGB). Nichtkaufleute (z.B. Freiberufler und Kleingewerbetreibende) haben im Gegensatz zu den Kaufleuten keine Firma i.S.d. HGB. Dennoch steht ihnen das Recht auf eine Geschäftsbezeichnung zu.[46]

---

[46] Vgl. Kispert/Reinheldt (2008), S. 89 und v. Campenhausen et al. (2008), S. 308.

3. Firmengrundsätze

Zum Schutz der Konkurrenten, Kunden und Kreditgeber regelt § 18 HGB die grundsätzlichen Anforderungen an die Firma des Kaufmanns. Die Firma muss den Kaufmann kennzeichnen und Unterscheidungskraft besitzen. Daraus lassen sich die Grundsätze der Firmenwahrheit/Firmenklarheit, Firmenbeständigkeit, Firmenausschließlichkeit/Firmenunterscheidbarkeit und der Grundsatz der Firmenöffentlichkeit/Anmeldepflicht ableiten.[47]

3.1. Grundsatz der Firmenwahrheit/Firmenklarheit

Durch die Firma oder deren Teile darf niemand über Art, Umfang oder sonstige Verhältnisse des Handelsgeschäfts irregeführt werden (§ 18 Abs. 2 HGB). Der Grundsatz der Firmenwahrheit verlangt, dass der Firma ein Rechtsformzusatz (z.B. „e. Kfm.", „e. Kffr.", „OHG", „KG") beigefügt wird (§ 19 HGB). Des Weiteren muss die Firma zur Identifizierbarkeit geeignet sein.

3.2. Grundsatz der Firmenbeständigkeit

Wer ein bestehendes Handelsgeschäft durch Kauf oder Erbschaft erwirbt, darf für das Geschäft die bisherige Firma mit oder ohne Beifügung eines das Nachfolgeverhältnis andeutenden Zusatzes fortführen, wenn der bisherige Geschäftsführer oder dessen Erben zustimmen (§ 22 Abs. 1 HGB). Die Firma kann auch fortgeführt werden, wenn ein Gesellschafter ein- oder austritt (§ 24 HGB). Insofern durchbricht der Grundsatz der Firmenbeständigkeit den Grundsatz der Firmenwahrheit.

3.3. Grundsatz der Firmenausschließlichkeit/Firmenunterscheidbarkeit

Der Grundsatz der Firmenausschließlichkeit soll vor Verwechslungen schützen. Die Firma muss sich von allen an demselben Ort bereits bestehenden und in das Handelsregister eingetragenen Firmen deutlich unterscheiden (§ 30 HGB).

3.4. Grundsatz der Firmenöffentlichkeit/Anmeldepflicht

Der Grundsatz der Firmenöffentlichkeit bedeutet, dass der Kaufmann verpflichtet ist, die Firma durch Eintragung ins Handelsregister anzumelden (§ 29 HGB).

4. Haftung bei Firmenfortführung

Rechtsgeschäfte, die der Kaufmann unter seiner Firma abschließt, kommen mangels Rechtsfähigkeit nicht mit der Firma, sondern mit dem Kaufmann selbst zustande. In

---

47 Vgl. Kispert/Reinheldt (2008), S. 90 f. und v. Campenhausen et al. (2008), S. 308 f.

bestimmten Fällen des Inhaberwechsels gehen die Forderungen und Verbindlichkeiten auf den neuen Unternehmensträger oder den Eintretenden über (Haftung bei Firmenfortführung). Des Weiteren gibt es eine begrenzte Nachhaftung des früheren Inhabers.[48]

4.1. Haftung des Erwerbers bei Firmenfortführung (§ 25 HGB)

Nach § 25 HGB haftet derjenige, der ein Handelsgeschäft unter Lebenden erwirbt und unter der bisherigen Firma mit oder ohne Beifügung eines das Nachfolgeverhältnis andeutenden Zusatzes fortführt grundsätzlich neben dem früheren Inhaber als Gesamtschuldner für alle im Betrieb des Geschäfts begründeten Verbindlichkeiten. Eine Voraussetzung für die Haftung ist die Beibehaltung der bisherigen Firma.

Ein Haftungsausschluss des Erwerbers ist nach § 25 Abs. 2 HGB grundsätzlich einem Dritten gegenüber nur wirksam, wenn er in das Handelsregister eingetragen und bekannt gemacht oder dem Dritten mitgeteilt worden ist. Ein Haftungsausschluss ist in der Praxis jedoch selten anzutreffen, da die Kunden das Vertrauen in die Geschäftsführung des Erwerbers verlieren könnten.

4.2. Haftung des Erben bei Geschäftsfortführung (§ 27 HGB)

Für die früheren Geschäftsverbindlichkeiten des Erblassers haftet der Erbe eines Handelsgeschäfts nach § 27 HGB, wenn er das Handelsgeschäft unter der alten Firma fortführt. Die Haftungsregeln bei Erwerb eines Handelsgeschäfts unter Lebenden (§ 25 HGB) gelten insoweit entsprechend. Wenn der Erbe das Geschäft innerhalb von drei Monaten nach Kenntniserlangung von der Erbschaft einstellt (z.B. durch endgültige Aufgabe des Geschäfts), tritt die unbeschränkte Haftung nicht ein.

Eine Haftungsbeschränkung ist zwar möglich, aber eine Haftung mit dem Nachlass kann nicht ausgeschlossen werden.

4.3. Haftung des Eintretenden bei Gründung einer Handelsgesellschaft (§ 28 HGB)

Wenn durch Eintritt einer Person als persönlich haftender Gesellschafter oder als Kommanditist in das Geschäft eines Einzelkaufmanns eine OHG oder eine KG entsteht, so haftet diese fortan für die Verbindlichkeiten des früheren Geschäftsinhabers.

4.4. Haftung des früheren Inhabers

Der frühere Geschäftsinhaber haftet nach § 26 HGB noch fünf Jahre gesamtschuldnerisch mit dem Erwerber für alte Verbindlichkeiten. Die Frist beginnt dabei mit Eintra-

48 Vgl. Kispert/Reinheldt (2008), S. 90 f. und v. Campenhausen et al. (2008), S. 308 f.

gung ins Handelsregister bei Fortführung der Firma (§ 25 Abs. 1 HGB). bzw. ab Kundmachung der Schuldübernahme.

5. Schutz der Firma (§ 37 HGB)

Zum Schutz der Firma stehen dem Registergericht, dem Firmeninhaber und dem Wettbewerber, der gegen einen unzulässigen Firmengebrauch einschreiten will, unterschiedliche Möglichkeiten zur Verfügung:[49]

- Registergericht (§ 37 Abs. 1 HGB): Nach § 37 Abs. 1 HGB kann das Registergericht von Amts wegen gegen den unzulässigen Gebrauch einer Firma durch Erlass einer Verbotsverfügung unter Androhung eines Ordnungsgeldes und Fristsetzung vorgehen.
- Firmeninhaber (§ 37 Abs. 2 HGB, § 15 MarkenG, §§ 1, 3 UWG, § 12 BGB): Nach § 37 Abs. 2 HGB kann der Firmeninhaber die Unterlassung des Gebrauchs der Firma verlangen, wenn er durch den unbefugten Gebrauch seiner Firma eines anderen in seinen Rechten verletzt wird. Eine große Bedeutung kommt auch dem Unterlassungsanspruch nach § 15 MarkenG zu, der geschäftliche Bezeichnungen, u.a. auch die Firma erfasst. Ein Unterlassungsanspruch kann auch auf §§ 1, 3 UWG gestützt werden. Des Weiteren geht ein Schutz durch den zivilrechtlichen Namensbegriff der Firma aus.
- Wettbewerber (§ 37 Abs. 2 HGB, §§ 1, 3 UWG): Wenn Wettbewerber unmittelbar in einem rechtlichen Interesse wirtschaftlicher Art verletzt sind, können sich ihre Unterlassungsansprüche auf § 37 Abs. 2 HGB stützen. Im Falle eines irreführenden oder sonstigen sittenwidrigen Firmengebrauchs können sie sich auf §§ 1, 3 UWG berufen.

6. Schluss

Das Recht der Firmenbildung wurde für alle im Handelsregister eingetragenen Unternehmen mit Wirkung ab 01.07.1998 durch das Handelsrechtsreformgesetz vereinheitlicht und vereinfacht.

Nur die nicht eingetragenen Unternehmen, deren Gewerbebetrieb die kaufmännische Betriebsführung nicht erfordert, müssen nach der Gewerbeordnung weiterhin unter dem vollen Namen des Inhabers auftreten.

Ich bedanke mich für Ihre Aufmerksamkeit.

---

49 Vgl. v. Campenhausen et al. (2008), S. 310.

3.5 Grundüberlegungen zur optimalen Rechtsformwahl

1. Einleitung

Sehr geehrte Prüfungskommission, sehr geehrter Herr Prüfungsvorsitzender. Ich habe mich für das Thema „Grundüberlegungen zur optimalen Rechtsformwahl" entschieden. Ich werde in Gliederungspunkt 2 zunächst kurz auf die Bedeutung und die gesetzlichen Grundlagen der Rechtsformwahl eingehen. Anschließend werde ich die Kriterien der Rechtsformwahl in Punkt 3 sowie die Rechtsformen in Punkt 4 beschreiben. Im Anschluss werden ökonomische Bewertungen von Rechtsformen im 5. Gliederungspunkt vorgestellt. Zum Schluss werde ich im 6. Gliederungspunkt die Betrachtung von Rechtsformen auf grenzüberschreitende, europäische Rechtsformen erweitern.

2. Bedeutung und gesetzliche Grundlagen der Rechtsformwahl

Eine Rechtsform bezeichnet die rechtliche Organisation oder den rechtlichen Rahmen eines Unternehmens. Durch die Rechtsform wird ein Teil der rechtlichen Beziehungen innerhalb des Unternehmens (z.B. zwischen Gesellschaftern) und zwischen Unternehmen und Umwelt (z.B. Publizitätsvorschriften) geregelt.

Die juristischen Grundlagen von Rechtsformen sind im sogenannten Gesellschaftsrecht verankert. Um eine Vielzahl wirtschaftlicher Gestaltungsmöglichkeiten zu berücksichtigen wurde das Gesellschaftsrecht weitestgehend dispositiv geregelt.

Neben dem Bürgerlichen Gesetzbuch (BGB) und dem Handelsgesetzbuch (HGB) kommen bei der Rechtsformwahl zahlreiche Spezialgesetze, wie z.B. das Aktiengesetz (AktG), das GmbH-Gesetz (GmbHG), das Partnerschaftsgesellschaftsgesetz (PartGG) oder das Genossenschaftsgesetz (GenG) zur Anwendung.

Des Weiteren hat das Mitbestimmungsgesetz (MitbestG), das Publizitätsgesetz (PublG) sowie im Fall des Rechtsformwechsels das Umwandlungsgesetz eine grundlegende Bedeutung.

3. Kriterien der Rechtsformwahl

Der Entscheidungsträger muss bei der Unternehmensgründung sowie bei der Umwandlung die Merkmalsausprägungen verschiedener Rechtsformen hinsichtlich seiner individuellen Zielsetzungen konkretisieren. Die im Folgenden aufgeführten Entscheidungskriterien dienen als Grundlage für eine spätere ökonomische Bewertung.

3.1. Leitungsbefugnis

Die Leitungsbefugnis regelt die Geschäftsführungsbefugnis (Innenverhältnis) und die Geschäftsvertretung, d.h. das Recht der Vertretung der Gesellschaft gegenüber Dritten (Außenverhältnis). Bei den Personengesellschaften liegt die Leitung in den Händen der Anteilseigner. Bei den Kapitalgesellschaften sind besondere Organe mit der Leitung betraut (Drittorganschaft), während die Anteilseigner nur eingeschränkte Mitspracherechte besitzen. Die Leitung einer Aktiengesellschaft erfolgt durch den Vorstand und die Leitung einer GmbH erfolgt durch die Geschäftsführung.

3.2. Haftung

Beim Haftungskriterium geht es um die Frage, mit welchen Vermögensteilen und in welcher Höhe der Anteilseigner für Verbindlichkeiten des Unternehmens aufkommen muss. Einzelunternehmen und Personengesellschaften haften unbeschränkt und somit auch mit dem Privatvermögen. Kapitalgesellschaften haften dagegen nur mit ihren Einlagen, zuzüglich ggf. vereinbarter Nachschüsse.

3.3. Finanzierungsmöglichkeiten

Bei diesem Kriterium geht es um die rechtsformspezifischen Möglichkeiten der Eigen- und Fremdfinanzierung. In diesem Zusammenhang spielen Überlegungen zur Übertragbarkeit von Gesellschaftsanteilen und der freie Zugang zu Kapitalmärkten eine große Rolle. In diesem Bereich hat besonders die Aktiengesellschaft durch die Ausgabe von Aktien einen deutlichen Vorteil gegenüber Personenunternehmen und auch gegenüber der GmbH. Die Fremdkapitalbeschaffung wird grundsätzlich durch Haftungsmasse und die Ertragskraft des Unternehmens bestimmt.

3.4. Gewinn- und Verlustbeteiligung

Die Verteilung von Gewinn und Verlust eines Unternehmens hängt grundsätzlich von der Höhe der Haftungsverpflichtung und des Kapitalanteils der Anteilseigner ab. Es handelt sich um dispositives d.h. abänderbares Recht und wird in den Gesellschaftsverträgen geregelt.

3.5. Rechtsformspezifische Aufwendungen (einschließlich Steuern)

Die rechtsformspezifischen Aufwendungen betreffen insbesondere einmalige und laufende Aufwendungen, die durch Unternehmensgründung, Rechnungslegung und Publizität sowie für die Besteuerung von Gewinnen auftreten. Für Kapitalgesellschaften, speziell die AG, existieren einmalige zusätzliche Aufwendungen bei Gründung und Börseneinführung und regelmäßige zusätzliche Aufwendungen durch Hauptversammlung, Geschäftsbericht, Prüfung und Veröffentlichung sowie durch die Besteuerung. Diese zusätzlichen Aufwendungen sind neben der Rechtsform auch von der Unternehmensgröße abhängig.

3.6. Mitbestimmung

Aufgrund unterschiedlicher gesetzlicher Grundlagen (Betriebsverfassungsgesetz, Mitbestimmungsgesetz) sind Unternehmen größen- und branchenabhängig zur arbeitsrechtlichen und unternehmerischen Mitbestimmung der Arbeitnehmer verpflichtet.

3.7. Rechnungslegung und Publizität

Um einen guten Informationsstand für Gläubiger, Eigenkapitalgeber und die interessierte und betroffene Öffentlichkeit zu gewährleisten, werden strenge Anforderungen an Rechnungslegung, Prüfung und Publizität gestellt. Generell sind die Publizitätspflichten bei Kapitalgesellschaften, in Abhängigkeit von bestimmten Größenklassen nach § 267 HGB, am stärksten ausgeprägt.

4. Rechtsformen von Unternehmen

Rechtsformen von Unternehmen können in Rechtsformen des öffentlichen Rechts und in Rechtsformen des privaten Rechts unterschieden werden. Beispiele von Rechtsformen des öffentlichen Rechts sind Anstalten, Körperschaften und Stiftungen des öffentlichen Rechts.[50] Bei den Rechtsformen des privaten Rechts unterscheidet man wiederum die gegenstandsgebundenen Rechtsformen wie die Reederei oder den Versicherungsverein auf Gegenseitigkeit. Bei den gegenstandsungebundenen Rechtsformen werden die Einzelunternehmen, die Personengesellschaften, die Körperschaften und die Stiftungen unterschieden, wobei auf die Einzelunternehmen, die Personengesellschaften und die Körperschaften im Folgenden näher eingegangen wird.

50 Vgl. Klunzinger (2004), S. 1.

Abbildung 5: Rechtsformen[51]

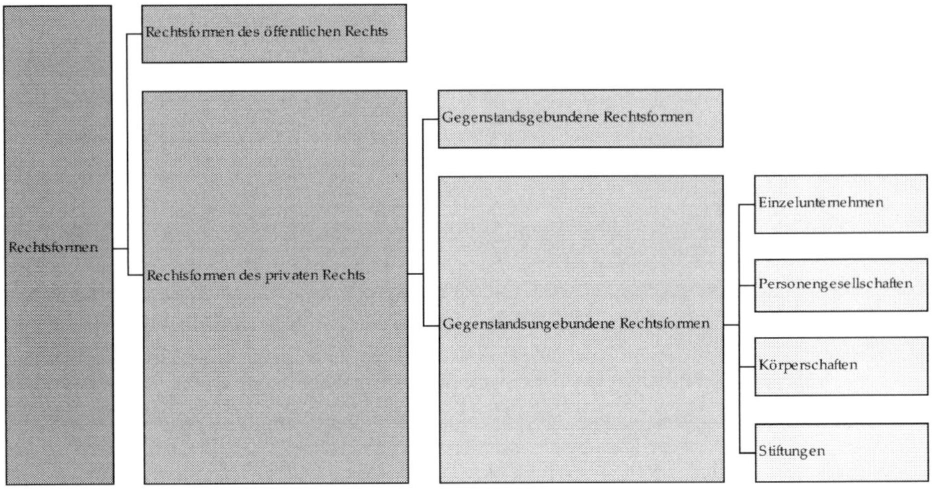

4.1. Einzelunternehmen

Bei Einzelunternehmen geht das Betriebsvermögen nicht auf das Einzelunternehmen über, sondern bleibt Teil des Gesamtvermögens des Unternehmers. Dieser haftet gegenüber Verbindlichkeiten der Gesellschaft mit seinem Vermögen. Eine Aufteilung zwischen Betriebs- und Privatvermögen muss lediglich aus steuerlichen Gründen vorgenommen werden. Die Einzelunternehmen können in gewerbliche Einzelunternehmen und freiberufliche Einzelpraxen unterteilt werden.[52]

4.2. Personengesellschaften

Bei Personengesellschaften entsteht gesellschaftliches Betriebsvermögen durch sogenannte Außengesellschaften. Da die Gesellschafter nicht individuell sondern gemeinsam über das jeweilige Betriebsvermögen verfügen können, wird dieses Vermögen auch als Gesamthandsvermögen bezeichnet. Die Haftung der Gesellschafter bezieht sich auf das gesamte Vermögen.

---

51 Vgl. Klunzinger (2004), S. 1 sowie Vahs/Schäfer-Kunz (2007), S. 131.

52 Vgl. Vahs/Schäfer-Kunz (2007), S. 132, 145 ff.

Personengesellschaften können in die Offene Handelsgesellschaft (OHG), Kommanditgesellschaft (KG), GmbH & Co. KG, AG & Co. KG, die Gesellschaft bürgerlichen Rechts (GbR), die Partnergesellschaft (PartG) und die Stille Gesellschaft unterteilt werden.[53]

4.3. Körperschaften

Körperschaften haben eine eigene Rechtspersönlichkeit und werden daher auch als juristische Person bezeichnet. Daher sind die Körperschaften die Eigentümer des Betriebsvermögens und haften auch für die Verbindlichkeiten der Gesellschaft.

Körperschaften lassen sich in Kapitalgesellschaften wie z.B. die Gesellschaft mit beschränkter Haftung (GmbH), die Aktiengesellschaft (AG) und die Kommanditgesellschaft auf Aktien (KGaA) zum einen und in die Genossenschaft (eG) sowie den Verein (e.V.) unterscheiden.[54]

5. Ökonomische Bewertung von Rechtsformen

Nachdem die wesentlichen Kriterien der Rechtsformwahl und die Behandlung der zentralen Rechtsformen dargelegt wurden, erfolgt im nächsten Schritt eine ökonomische Beurteilung von Rechtsformalternativen.

Für die Wahl der optimalen Rechtsform bietet die betriebswirtschaftliche Theorie zwei grundsätzliche Methoden an. Soll eine Auswahl ausschließlich unter monetären Gesichtspunkten erfolgen, dann wären hier nur die Zielkriterien „Steuern“ und „rechtsformabhängige Kosten“ betroffen (Partialmodell). Sollen hingegen alle Entscheidungsmerkmale mit einbezogen werden (Totalmodell), so empfiehlt sich als Grundlage die Nutzwertanalyse.

6. Schluss

Durch die Rechtsformen des Europäischen Gesellschaftsrechts lässt sich die Rechtsform grenzüberschreitend gestalten. Es existieren drei supranationale Varianten, die Europäische Wirtschaftliche Interessenvereinigung (EWIV), die Europäische Aktiengesellschaft (SE) sowie die Britische Limited (Ltd.).

Vielen Dank für Ihre Aufmerksamkeit.

---

53 Vgl. Kispert/Reinheldt (2008), S. 101 ff. und Vahs/Schäfer-Kunz (2007), S. 132 f., 147 ff.
54 Vgl. Kispert/Reinheldt (2008), S. 121 ff. und Vahs/Schäfer-Kunz (2007), S. 133, 161 ff.

3.6 Die Gründung einer GmbH

1. Einleitung

Sehr geehrte Damen und Herren. Das Thema meines Vortrages lautet „Die Gründung einer GmbH". Ich werde zunächst einen Überblick über die Änderungen geben, die das Gesetz zur Modernisierung des GmbH-Rechts und zur Bekämpfung von Missbräuchen (MoMiG) gebracht hat. Danach werden die unterschiedlichen Gründungsphasen, die Gründungsformen sowie der Ablauf des Gründungsverfahrens dargestellt. Abschließend werde ich nochmal zusammenfassend auf die Auswirkungen des MoMiG eingehen.

2. Neuerungen durch das MoMiG

2.1. Zweck des Gesetzes

Das Gesetz zur Modernisierung des GmbH-Rechts und zur Bekämpfung von Missbräuchen (MoMiG) ist am 1. November 2008 in Kraft getreten und stellt die wohl größte Reform des GmbH-Rechts seit 1980 dar. Ziel des Gesetzes war es, Unternehmensgründungen zu beschleunigen. In diesem Zusammenhang kam es zu Erleichterungen bei der Kapitalaufbringung und der Übertragung von Geschäftsanteilen, zur Einführung von Musterprotokollen und zur Beschleunigung von Registereintragungen. Zudem wurde die Unternehmergesellschaft (haftungsbeschränkt) als Sondervariante der GmbH eingeführt.[55]

2.2. Änderungen bei der Gründung einer GmbH

Die Gründung einer GmbH kann durch eine oder mehrere Personen erfolgen (§ 1 GmbHG). Wenn mehrere Personen eine GmbH errichten, dann muss ein Gesellschaftsvertrag (Satzung) erstellt werden, der notariell beurkundet werden muss (§ 2 Abs. 1 GmbHG). Die Einreichung einer verwaltungsrechtlichen Genehmigungsurkunde als Voraussetzung für die Eintragung entfällt. Wenn die GmbH nur durch eine Person gegründet wird, dann tritt an die Stelle des Gesellschaftsvertrags eine notarielle Erklärung, die den gleichen Anforderungen genügen muss wie der Gesellschaftsvertrag.[56]

Durch das MoMiG soll auch die Gründung in einem sogenannten vereinfachten Verfahren mit einem vom Gesetzgeber vorgegebenen Musterprotokoll ermöglicht werden. Das Musterprotokoll umfasst drei Dokumente, den Gesellschaftsvertrag, die Geschäftsführerbestellung und Gesellschafterliste. Es muss sich bei einer Gründung im vereinfachten Verfahren um eine Bargründung handeln, die Gesellschaft darf nicht

55 Vgl. Fränznick et. al. (2009), S. 293.
56 Vgl. Kispert/Reinheldt (2008), S. 90 f.

mehr als drei Gesellschafter haben und es darf nicht mehr als ein Geschäftsführer bestellt werden.[57]

Mit diesem Musterprotokoll kann sowohl eine GmbH als auch eine haftungsbeschränkte Unternehmergesellschaft gegründet werden. Die Unternehmergesellschaft (haftungsbeschränkt) ist eine GmbH, die mit einem Mindeststammkapital von 1 € gegründet werden kann. Als Ausgleich zur Haftungsbeschränkung ist es aber aufgrund des reduzierten Stammkapitals notwendig, dass mindestens 25 % des Jahresgewinns als Eigenkapitalrücklage zurück gelegt wird (§ 25 Abs. 3 GmbHG).[58]

3. Gründungsphasen

Die Gründung einer GmbH entsteht durch Eintragung in das Handelsregister (§ 11 Abs. 1 GmbHG) und vollzieht sich in drei Phasen. Man unterscheidet die Vorgründungsgesellschaft, die Vor-GmbH und die GmbH.[59]

Abbildung 6: Die Gründungsphasen einer GmbH

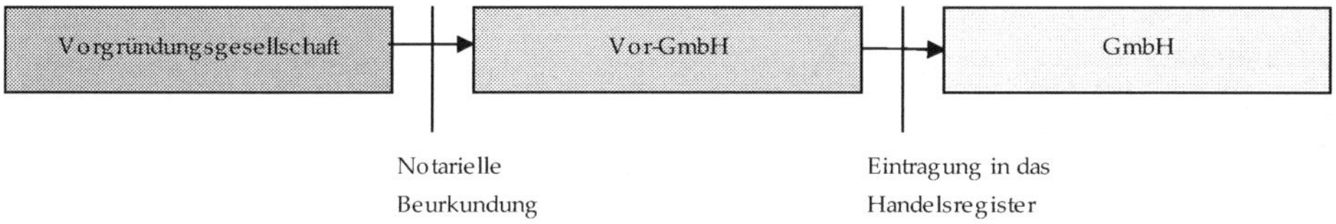

3.1. Vorgründungsgesellschaft

Die Vorgründungsgesellschaft entsteht in dem Zeitpunkt, in dem sich mehrere Personen mit der Absicht zusammenschließen, eine GmbH zu gründen. Die Vorgründungsgesellschaft ist eine GbR, wenn ihr Zweck nur in der Errichtung der zukünftigen GmbH besteht. Wenn die Vorgründungsgesellschaft jedoch eine kaufmännische Betätigung aufnimmt, ist sie eine OHG. Die Gesellschafter haften für die Verbindlichkeiten der Gesellschaft als Gesamtschuldner persönlich (§ 128 HGB). Die Vorgründungsgesellschaft endet mit dem Abschluss des notariellen GmbH-Vertrages.

57 Vgl. Kispert/Reinheldt (2008), S. 90 f.
58 Vgl. Fränznick et. al. (2009), S. 293.
59 Vgl. Kispert/Reinheldt (2008), S. 126 f. und v. Campenhausen et al. (2008), S. 310.

3.2. Vorgesellschaft (GmbH i.G.)

Die Vorgesellschaft bzw. Vor-GmbH entsteht mit Abschluss des notariellen Gesellschaftsvertrages. Sie ist eine Gesellschaft eigener Art, die steuerlich mit der späteren GmbH identisch ist, vorausgesetzt diese wird auch tatsächlich in das Handelsregister eingetragen.

Wenn der Wille zur Eintragung ins Handelsregister besteht und die Eintragung ins Handelsregister noch möglich ist, dann haften die Gesellschafter nur der GmbH gegenüber. Damit müssen die Gläubiger die Vor-GmbH in Anspruch nehmen und können nicht direkt gegen die Gesellschafter vorgehen.

Wenn der Wille zur Eintragung ins Handelsregister von den Gesellschaftern jedoch aufgegeben wurde, dann haften die Gesellschafter gegenüber der Gesellschaft wie bei der Vorgründungsgesellschaft als Gesamtschuldner persönlich (§ 128 HGB). Wenn es nicht zu einer Eintragung kommt, so erfolgt die Besteuerung der Vorgesellschaft rückwirkend wie die der Vorgründungsgesellschaft, d.h. als Personengesellschaft (R 2 Abs. 3 und 4 KStR).

3.3. GmbH

Eine GmbH ist nach § 13 Abs. 1 und 2 GmbHG eine juristische Person und eine Kapitalgesellschaft. Sie erwirbt uneingeschränkte Rechtsfähigkeit mit Eintragung in das Handelsregister. Eine Haftung der Gesellschafter und der Geschäftsführer gegenüber den Gläubigern erlischt. Eine eventuelle Haftung gegenüber der Gesellschaft bleibt allerdings bestehen.

4. Gründungsformen

Die Kapitalaufbringung des Stammkapitals in Höhe von 25.000 €, die den Gläubigern einer GmbH als Haftungsmasse zur Verfügung steht (§ 13 Abs. 2 GmbHG), kann durch Bar-, Sach- oder gemischte Gründung erfolgen.[60]

4.1. Bargründung

Bei der Bargründung ist das Stammkapital in Höhe von 25.000 € in bar zu erbringen oder auf ein Konto der Gesellschaft zu überweisen. Dabei sind nach § 7 Abs. 2 GmbHG ein Viertel des Nennwertes des Geschäftsanteils, jedoch mindestens die Hälfte des Mindeststammkapitals (12.500 €) einzuzahlen.

---

60 Vgl. Campenhausen/Liebelt/Sommerfeld (2008), S. 303 f. und Fränznick et. al. (2009), S. 294.

Steuerrechtlich sind Bareinlagen auf Gesellschaftsebene erfolgsneutral. Dem Geldzufluss steht eine Erhöhung des gezeichneten Kapitals und gegebenenfalls der Kapitalrücklagen (Einlagekonto, § 27 KStG) bei Ausgabe über dem Nennwert gegenüber.

4.2. Sachgründung

Bei der Sachgründung werden die Stammeinlagen durch Sachwerte erbracht. Die Sachgründung muss im Gesellschaftsvertrag ausdrücklich festgelegt werden (§ 5 Abs. 4 GmbHG).

Darüber hinaus muss ein Sachgründungsbericht erstellt werden, aus dem der Gegenstand der Sacheinlage und eine Beschreibung der wesentlichen Umstände hervorgeht. Des Weiteren soll die Werthaltigkeit der Sacheinlage durch das Registergericht sichergestellt werden (§ 9c GmbHG). Wenn die Sacheinlage nicht dem übernommenen Geschäftsanteil entspricht, dann muss der Gesellschafter die Differenz in Geld ausgleichen (§ 9 GmbHG).

Durch den neuen § 19 (4) GmbHG, der im Zuge des MoMiG eingeführt wurde, änderte der deutsche Gesetzgeber die Rechtsfolgen einer verdeckten Einlage.

Eine verdeckt eingebrachte Einlage liegt dann vor, wenn zwar formell eine Bareinlage geleistet wird, wenn der Gesellschaft jedoch ein Sachwert zugeführt wird, und zwar z.B. indem der Einlagebetrag als Kaufpreis für einen Gegenstand an den Einleger zurückfließt. Bislang ging die Rechtsprechung von der Unwirksamkeit sowohl des schuldrechtlichen als auch des dinglichen Geschäftes aus, so dass der Einlegeverpflichtete das Risiko trug, die Einlage in voller Höhe erneut leisten zu müssen, weil seine Pflicht zur Einlage aufgrund der Nichtleistung der Bareinlage in voller Höhe fortbestand. Nunmehr sieht das „MoMiG" abweichend vom Regierungsentwurf eine Anrechnungslösung vor. Danach wird der Wert der verdeckt eingebrachter Einlage grundsätzlich auf die Geldeinlageverpflichtung angerechnet, d.h. der Einleger wird insoweit von der Einlagepflicht befreit. Eine solche Anrechnung kann jedoch nicht vor Eintragung der Gesellschaft im Handelsregister erfolgen.

Die Sacheinlage einzelner Wirtschaftgüter auf Ebene der Gesellschaft wird steuerrechtlich erfolgsneutral behandelt. Dabei werden Wirtschaftgüter zum Teilwert nach § 6 Abs. 1 Nr. 5 EStG eingelegt. Bei der Einlage von Betrieben, Teilbetrieben oder Mitunternehmeranteilen finden die §§ 20-22 UmwStG Anwendung.

Bei Einlagen aus einem Betriebsvermögen liegt ein Veräußerungsvorgang vor und es kommt bei dem abgebenden Unternehmen zur steuerpflichtigen Aufdeckung der stillen Reserven.

Bei Einlagen aus dem Privatvermögen ergeben sich nur dann steuerliche Konsequenzen, wenn die Voraussetzungen der § 17 bzw. § 23 EStG vorliegen.

4.3. Gemischte Gründung

Bei der gemischten Gründung werden die Stammeinlagen zum Teil in Geld, zum Teil in Sachwerten erbracht. Bei den in Geld erbrachten Einlagen gelten die Regeln über die Bargründung und bei den in Sachwerten erbrachten Einlagen gelten die Regeln über die Sachgründung.

5. Ablauf des Gründungsverfahrens

Im notariell zu beurkundenden Gesellschaftsvertrag muss die Firma der GmbH, der Sitz und Zweck der Gesellschaft, die Höhe des Stammkapitals, Art und Höhe der zu übernehmenden Stammeinlagen sowie deren Übernehmer (Gesellschafter) beschrieben werden. Die Bestellung der Geschäftsführer erfolgt entweder durch Gesellschaftsvertrag (§ 6 Abs. 3 S. 2 GmbHG) oder durch Gesellschaftsbeschluss (§ 46 Nr. 5 GmbHG).

Nachdem das Stammkapital in der gesetzlichen Mindesthöhe (§ 7 Abs. 2 GmbHG) aufgebracht wurde, kann die Gesellschaft durch einen Geschäftsführer (§ 78 GmbHG) zur Eintragung in das Handelsregister angemeldet werden.

Die GmbH wird Nach Prüfung der Anmeldung durch den Registerrichter (§ 9c GmbHG) in das Handelsregister eingetragen. Dabei werden Firma, Sitz, und Gegenstand der Gesellschaft sowie die Höhe des Stammkapitals, das Datum des Gesellschaftsvertrages und die Namen der Geschäftsführer zusammen mit deren Vertretungsbefugnis eingetragen.[61]

6. Schluss

Die Auswirkungen, die das MoMiG für die Gründung einer GmbH gebracht hat, müssen differenziert betrachtet werden. Die tatsächliche Vornahme der Eintragung ins Handelsregister wird zwar zu Zeit- und Kosteneinsparungen bei der GmbH-Gründung führen. Allerdings ist für die Verwendung des Musterprotokolls ebenfalls eine notarielle Beurkundung erforderlich und das auf den gesetzlichen Mindestinhalt reduzierte Musterprotokoll wird den Interessen der Gründer im Regelfall nicht gerecht. Als sehr positiv sind jedoch die Erleichterungen im Zusammenhang mit einer verdeckten Einlage zu werten.

Ich bedanke mich für Ihre Aufmerksamkeit.

---

61 Vgl. Campenhausen/Liebelt/Sommerfeld (2008), S. 304.

3.7 Vergleich zwischen der KG und der GmbH

1. Einleitung

Sehr geehrte Prüfungskommission, sehr geehrter Herr Prüfungsvorsitzender. Ich habe mich für das Thema „Vergleich zwischen der Personengesellschaft (KG) und der Kapitalgesellschaft (GmbH)" entschieden.

Ich werde im 2. Gliederungspunkt zunächst kurz auf den Begriff und die Bedeutung der Personengesellschaft und der Kapitalgesellschaft eingehen. Anschließend werde ich in den Gliederungspunkten 3 und 4 die Rechte und Pflichten der Gesellschafter untereinander sowie die Rechtsbeziehungen von Gesellschaft und Gesellschaftern zu Dritten beschreiben. Im 5. Gliederungspunkt erfolgt eine Beschreibung der Finanzierung und im 6. Gliederungspunkt eine Beschreibung der steuerlichen Behandlung. Zum Schluss erfolgt eine Zusammenfassung der wesentlichen Punkte.

2. Wesensmerkmale der Personen- und der Kapitalgesellschaft

Zunächst werden kurz die Begriffe Personen- und Kapitalgesellschaft erläutert.[62]

2.1. Wesensmerkmale der Personengesellschaften

Bei der Personengesellschaft steht die Unternehmerpersönlichkeit im Vordergrund. Der Unternehmer bringt seine Arbeitsleistung ein und haftet mit seinem Privatvermögen. Die Höhe des eingebrachten Kapitals hat keinen wesentlichen Einfluss auf die Verteilung der Rechte und Pflichten der Gesellschafter innerhalb der Gesellschaft.

2.2. Wesensmerkmale der Kapitalgesellschaften

Bei der Kapitalgesellschaft steht die Höhe des eingebrachten Kapitals im Vordergrund. Der Einfluss in der Gesellschaft steigt mit der Höhe des eingebrachten Kapitals.

Die GmbH ist bei mittelständischen Unternehmen die weitaus beliebteste Gesellschaftsform, da eine persönliche Haftung ausgeschlossen werden kann. Darüber hinaus ist bei der GmbH die aufzubringende Eigenkapitalsumme nach § 5 Abs. 1 GmbHG mit 25.000 € überschaubar.

Nach dem neuen GmbH-Gesetz (MoMiG) besteht zudem die Möglichkeit zur Gründung einer „haftungsbeschränkten Unternehmergesellschaft" bei der nach § 5a GmbHG mit 1 € Stammkapital eine Vorstufe zur GmbH gegründet werden kann. Da-

62 Vgl. Fränznick et. al. (2009), S. 190.

mit erreichen insbesondere Start-up-Unternehmen eine Beschränkung der persönlichen Haftung bei gleichzeitig geringer Eigenkapitalaufbringung.

3. Rechte und Pflichten der Gesellschafter untereinander („Innenverhältnis")

Die Rechtsbeziehungen der Gesellschafter im Innenverhältnis schließen die Geschäftsführung und die Gewinn- und Verlustverteilung mit ein.[63]

3.1. Geschäftsführung

Bei der KG sind zur Führung der Geschäfte grundsätzlich nur die persönlich haftenden Gesellschafter (Komplementäre) berechtigt und verpflichtet. Kommanditisten haben dieses Recht nicht, sie können jedoch Prokura erhalten (§ 164 HGB).

Die Geschäftsführung kann bei der GmbH durch Gesellschafter als auch durch Dritte erfolgen. Im Gesellschaftsvertrag ist der Umfang der Geschäftsführungs- und Vertretungsbefugnisse geregelt.

3.2. Gewinn- und Verlustverteilung

Nach § 168 HGB wird für die KG eine 4 prozentige Kapitalverzinsung und anschließend eine Verteilung des Restgewinns nach angemessenem Verhältnis vorgeschlagen. Darüber hinaus muss eine Tätigkeitsvergütung sowie eine angemessene Haftungsprämie für die Komplementäre berücksichtigt werden.

Bei der GmbH steht nach § 29 Abs. 1 GmbHG den Gesellschaftern der Jahresüberschuss zuzüglich eines Gewinnvortrages und abzüglich eines Verlustvortrages zu. Die Gewinnverteilung erfolgt gemäß § 29 Abs. 3 GmbHG. Da kein persönliches Haftungsrisiko der Geschäftsführer besteht, ist eine spezifische Risikoprämie bei der GmbH für Gesellschafter nicht notwendig.

4. Rechtsbeziehungen von Gesellschaft und Gesellschaftern zu Dritten (Außenverhältnis)

Die Rechtsbeziehungen von Gesellschaft und Gesellschaftern zu Dritten schließen die Vertretung, die Haftung und die Publizitätspflicht mit ein.[64]

---

63 Vgl. Kispert/Reinheldt (2008), 114 f.

64 Vgl. Fränznick et. al. (2009), S. 190 f. und Kispert/Reinheldt (2008), 115 f., 127.

4.1. Vertretung

Bei der KG sind nach § 161 Abs. 2 i.V.m. § 125 Abs. 1 HGB nur die Komplementäre zur Vertretung berechtigt. Nach § 170 HGB sind die Kommanditisten zwingend von der Vertretung ausgeschlossen. Kommanditisten können aber nach den §§ 49 ff. HGB eine Prokura erhalten.

Bei der GmbH besteht die Möglichkeit, die Vertretung einem oder mehreren Geschäftsführern zu überlassen, die nicht Miteigentümer sein müssen.

Die GmbH bietet insbesondere durch § 37 Abs. 1 GmbHG breitere betriebswirtschaftliche Gestaltungsmöglichkeiten als die KG. Gesellschafter haben bei der GmbH die Möglichkeit, die Befugnisse der Geschäftsführer im Innenverhältnis exakt abzugrenzen und Entscheidungen an ihre Zustimmung zu binden.

4.2. Haftung

Die Komplementäre der KG haften wie die OHG-Gesellschafter gesamtschuldnerisch und persönlich unbeschränkt und unmittelbar (§ 161 Abs. 2 i.V.m. § 128 HGB). Der Kommanditist haftet zwar auch gesamtschuldnerisch und unmittelbar, aber persönlich beschränkt auf die noch nicht geleistete Einlage.

Bei der GmbH gibt es nach § 13 Abs. 2 GmbHG eine gesetzlich fixierte Haftungsbeschränkung aller Gesellschafter. Somit wird das Unternehmerrisiko gemindert.

4.3. Publizitätspflicht

Die GmbH ist nach § 325 Abs. 1 S. 1 HGB grundsätzlich dazu verpflichtet, den Jahresabschluss durch Einreichung beim elektronischen Bundesanzeiger zu veröffentlichen.

Die kleine bzw. mittelständische KG fällt nicht unter das Publizitätsgesetz. Insofern spart die KG die Kosten für die Publikation ein und die Unternehmenszahlen sind nicht von Konkurrenzunternehmen einsehbar.

5. Finanzierung

Bei der KG kann die externe Eigenfinanzierung durch die Erhöhung des Kommanditkapitals erfolgen. Kommanditisten können dabei einen eher geringen Einfluss auf die Geschäftspolitik der KG ausüben und haben lediglich Kontrollrechte (§ 166 Abs. 1 HGB).

Die Gesellschafter einer GmbH haben dagegen umfangreiche Rechte, die in § 46 GmbHG geregelt sind und die die Geschäftspolitik ganz erheblich beeinflussen können.

Hieraus folgt, dass vor allem mittelständische Unternehmen große Vorteile bei der KG durch die Aufnahme von Kommanditisten haben, da sie ihren unternehmerischen Einfluss nicht teilen müssen.[65]

6. Steuerliche Behandlung

Die Gewinne der Kommanditgesellschaft unterliegen anteilig der Einkommenssteuer der Gesellschafter und der Gewerbesteuer, da von einer gewerblichen Tätigkeit der Gesellschaft ausgegangen wird.

Die Gesellschaft mit beschränkter Haftung unterliegt der Körperschafts- und der Gewerbesteuer.

7. Schluss

Durch die Rechtsform der GmbH & Co. KG lassen sich die betriebswirtschaftlichen und auch steuerrechtlichen Vorteile einer Personen- und einer Kapitalgesellschaft kombinieren.

Dadurch lässt sich eine flexible Eigenkapitalbeschaffung über Kommanditeinlagen mit einer Beschränkung des Haftungsrisikos kombinieren.

Allerdings weist die GmbH & Co. KG Nachteile auf, wie z.B. die höheren rechtsformabhängigen Kosten und das teilweise negative Image wegen der hohen Insolvenzanfälligkeit. Für Existenzgründer stellt die Gründung einer haftungsbeschränkten Unternehmergesellschaft eine sinnvolle Alternative dar. Diese sollte aber aus Imagegründen möglichst schnell in eine GmbH überführt werden.

Vielen Dank für Ihre Aufmerksamkeit.

3.8 Unternehmensverbindungen

1. Einleitung

Sehr geehrte Damen und Herren. Das Thema meines Vortrages lautet „Unternehmensverbindungen". Eine Unternehmensverbindung oder ein Unternehmenszusammenschluss bezeichnet die vertraglich vereinbarte enge Zusammenarbeit verschiedener Unternehmen (Kooperation) bzw. die wirtschaftliche und rechtliche Vereinigung verschiedener Unternehmen zu einer größeren Wirtschaftseinheit (Konzentration, Unternehmungskonzentration). Dabei ist es nicht zwingend, dass die Selbstständigkeit

65 Vgl. Fränznick et. al. (2009), S. 192.

der einzelnen Unternehmen im Bereich wirtschaftlicher Entscheidungen aufgehoben wird. Unternehmensverbindungen werden aus unterschiedlichen Überlegungen durchgeführt, aber letztlich ist die Intention ursächlich, wirtschaftlich besser aufgestellt zu sein.

Im 2. Gliederungspunkt werden die Ebenen von Unternehmensverbindungen beschrieben, die in horizontale, vertikale und laterale Verbindungen unterschieden werden können. Im 3. Gliederungspunkt werden die Ziele der Unternehmensverbindungen dargestellt. Die Ziele lassen sich in Ressourcenziele, Zeitziele, Kostenziele, Marktstellungsziele und Risikoziele einteilen. Anschließend werden im 4. Punkt die unternehmensinternen und unternehmensexternen Restriktionen der Unternehmensverbindungen beschrieben.

2. Ebenen von Unternehmensverbindungen

In Abhängigkeit von der Produktions- oder Handelsstufe kann man die Unternehmensverbindungen in horizontale, vertikale und laterale Verbindungen unterscheiden.

2.1. Horizontale Verbindung

Eine horizontale Verbindung liegt vor, wenn Unternehmen derselben Stufe, wie z.B. mehrere Supermärkte oder mehrere Bäckereien, eine Verbindung eingehen.

2.2. Vertikale Verbindung

Eine vertikale Verbindung liegt vor, wenn sich Unternehmen in aufeinanderfolgenden Stufen verbinden. Dies ist beispielsweise der Fall, wenn ein Kohlebergwerk mit einem Stahlwerk eine Verbindung eingeht.

2.3. Laterale Verbindung

Eine laterale Verbindung liegt vor, wenn Unternehmen aus unterschiedlichen Branchen eine Verbindung eingehen. Dies wäre zum Beispiel bei einer Verbindung zwischen einem Schuhgeschäft und einer Bäckerei der Fall.

3. Ziele der Unternehmensverbindungen

Unternehmen können untereinander Verbindungen eingehen, um beispielsweise ein stärkeres Wachstum zu erzielen, Synergieeffekte mit anderen Unternehmen auszunutzen oder das Geschäftsrisiko zu streuen.

Abbildung 7: Ziele der Unternehmensverbindungen

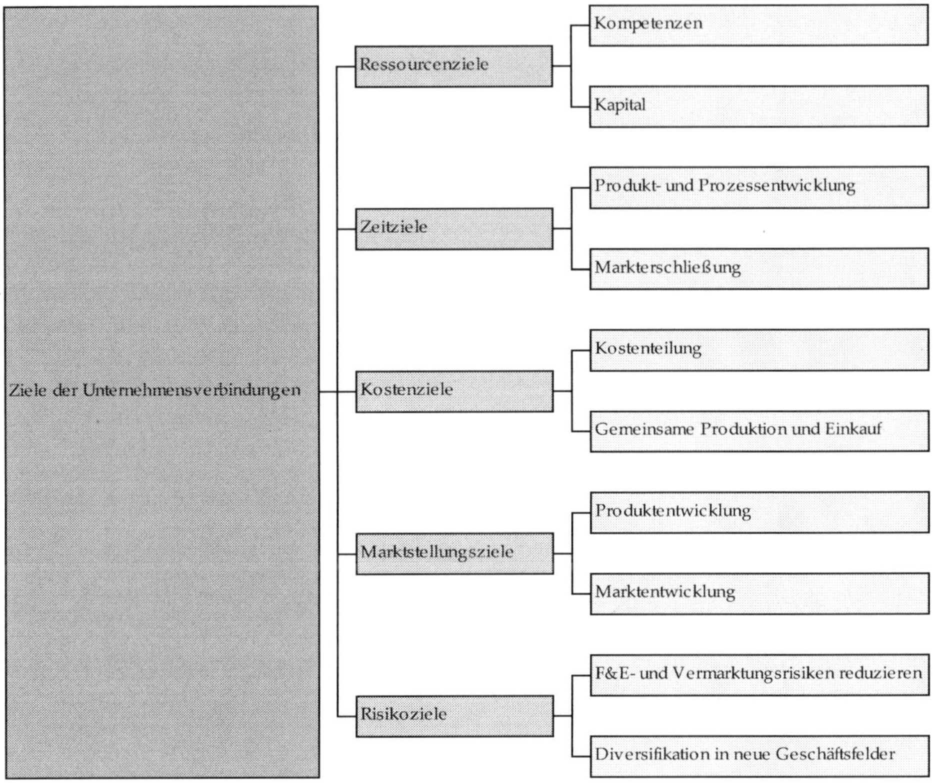

Meistens bestimmt dabei eine Zielkombination aus einem Hauptziel und mehreren Nebenzielen die rechtliche Form, die Intensität und die Dauer der Zusammenarbeit. Die möglichen Ziele der zwischenbetrieblichen Zusammenarbeit lassen sich in Ressourcenziele, Zeitziele, Kostenziele, Marktstellungsziele und Risikoziele unterteilen.[66]

3.1. Ressourcenziele

Häufig arbeiten Unternehmen mit anderen Unternehmen zusammen, um ihre Ressourcen zu vereinen. Dies ist beispielsweise der Fall, wenn zwei Fahrzeughersteller die Ressourcen Kapital und Know-how bei der Entwicklung neuer Fahrzeuge kombinieren. Die Zusammenarbeit kann darüber hinaus auch darin bestehen, das fachliche Know-how vom Partner zu erwerben.

66 Vgl. Schäfer-Kunz (1995), S. 129 f.

3.2. Zeitziele

Durch die zwischenbetriebliche Zusammenarbeit können auch Zeitziele verfolgt werden, indem Produkte und Prozesse durch die Nutzung entsprechender Fachkenntnisse des Partners schneller entwickelt werden können. Durch die Nutzung vorhandener Vertriebsstrukturen eines Partners können ebenfalls neue Märkte im Inland oder im Ausland schneller erschlossen werden.

3.3. Kostenziele

Durch die Zusammenarbeit lassen sich Kostenziele verfolgen, indem durch eine gemeinsame Forschung und Entwicklung die entsprechenden Kosten auf die Partner aufgeteilt werden können. Des Weiteren lassen sich durch eine gemeinsame Produktion Erfahrungskurveneffekte erzielen. Durch einen gemeinsamen Einkauf kann die Einkaufsmacht gegenüber Zulieferern vergrößert und dadurch die Einkaufspreise gesenkt werden.

3.4. Marktstellungsziele

Durch die zwischenbetriebliche Zusammenarbeit lassen sich auch Marktstellungsziele erreichen, indem ein Unternehmen z.B. durch die Zusammenarbeit mit ortsansässigen Unternehmen den Zugang zu ausländischen Märkten erleichtert oder sogar erst ermöglicht. Des Weiteren kann z.B. durch die gemeinsame Entwicklung neuer Produkte, durch die Entwicklung und Durchsetzung neuer Marktstandards und durch Absprachen im Rahmen von Kartellen die Marktstellung der beteiligten Unternehmen verbessert werden.

3.5. Risikoziele

Unternehmen können sich durch wechselseitige Beteiligungen oder Fusionen vor dem Risiko feindlicher Übernahmen schützen. Die Zusammenarbeit kann auch dazu dienen, operative Risiken, wie Forschungs- und Entwicklungsrisiken oder Vermarktungsrisiken, zu teilen und in neue Geschäftsfelder zu diversifizieren.

4. Restriktionen der Unternehmensverbindungen

Es gibt eine Reihe von internen und externen Rahmenbedingungen, die die Entscheidungsfreiheit einschränken. Im Folgenden werden die unternehmensinternen und unternehmensexternen Restriktionen beschrieben.[67]

---

67 Vgl. Vahs/Schäfer-Kunz (2007), S. 192 ff.

4.1. Unternehmensinterne Restriktionen

Unternehmensinterne Restriktionen sind beispielsweise die persönlichen Präferenzen der Entscheidungsträger, die die Unabhängigkeit ihres Unternehmens erhalten wollen. Oftmals legt die Satzung oder Geschäftsordnung die Bedingungen fest, die auch bei der Zusammenarbeit von Unternehmen beachtet werden müssen. Beachtet werden muss beispielsweise die Zustimmungspflicht des Aufsichtsrates oder der Gesellschafter zu einer zwischenbetrieblichen Zusammenarbeit.

4.2. Unternehmensexterne Restriktionen

Unternehmensexterne Restriktionen beziehen sich in erster Linie auf Gesetze, die im Rahmen einer Zusammenarbeit berücksichtigt werden müssen. Der Staat muss in einer marktwirtschaftlichen Ordnung dafür sorgen, dass der Markt als Allokationsmechanismus in seiner Funktionsweise nicht beeinträchtigt wird. Ein funktionierender Markt zeichnet sich dadurch aus, dass die Marktanteile auf verschiedene Unternehmen des Marktes aufgeteilt werden. Durch die Zusammenarbeit von Unternehmen kann sich deren Marktanteil aber erheblich verändern, so dass Monopole oder Oligopole entstehen.

Das Funktionieren des Marktes wird in Deutschland insbesondere durch das Gesetz gegen Wettbewerbsbeschränkungen (GWB), das auch als „Kartellgesetz" bezeichnet wird und durch Artikel 85 des Vertrages zur Gründung der Europäischen Wirtschaftsgemeinschaft (EWGV) sichergestellt. Die Einhaltung dieser Gesetze überwachen die EU-Kommission in Brüssel und das Bundeskartellamt in Berlin.

Die Hauptzielsetzung des Gesetzes gegen Wettbewerbsbeschränkungen und des Artikel 85 des EWGV ist die Erhaltung der Marktmechanismen und damit eines funktionsfähigen Wettbewerbs.[68] Hierdurch sollen letztendlich die Konsumenten geschützt werden, da die Angebotsvielfalt an Produkten nicht eingeschränkt wird und der Preiswettbewerb der Anbieter erhalten bleibt.

5. Formen von Unternehmensverbindungen

Wichtige Formen von Unternehmensverbindungen sind das Konsortium, das Kartell, die strategische Allianz, der Konzern und die Fusion. Diese Möglichkeiten der zwischenbetrieblichen Zusammenarbeit werden im Folgenden beschrieben.[69]

68 Vgl. Hopfenbeck (1998), S. 166.
69 Vgl. Vahs/Schäfer-Kunz (2007), S. 200 ff.

5.1. Konsortium

Beim Konsortium handelt es sich um eine Verbindung auf Zeit zur Abwicklung fest definierter Projekte. Beispiele hierfür sind große Bauprojekte oder Aktienemissionen. Als Rechtsform kommt v.a. die BGB-Gesellschaft in Frage.

5.2. Kartell

Durch eine derartige Verbindung wird der Wettbewerb unter den beteiligten, rechtlich selbständigen Unternehmen eingeschränkt, um bestimmte Marktmechanismen gemeinsam kontrollieren zu können. Wesentliche Typen sind Preiskartelle (verschiedene Formen der Preisbindung), Syndikate (gemeinsame Verkaufsorganisationen) und Exportkartelle (Stärkung der internationalen Wettbewerbsfähigkeit).

5.3. Strategische Allianz

Strategische Allianzen sind gekennzeichnet durch eine strategische, d.h. langfristige und richtungsweisende Zusammenarbeit von Unternehmen. Mit derartigen Allianzen versucht man dauerhafte Wettbewerbsvorteile gegenüber der Konkurrenz zu erreichen. Dies ist insbesondere wegen der zunehmenden Globalisierung der Wirtschaft, sich stetig verkürzenden Produktlebensdauern und Handelsbeschränkungen in einigen Ländern von Bedeutung. Eine wichtige Form der strategischen Allianz ist das Joint Venture. Dabei werden bestimmte Funktionsbereiche (z.B. Produktion, Absatz) der beteiligten Unternehmen in einer rechtlich selbständigen Einheit zusammengeschlossen.

5.4. Konzern

Beim Konzern werden mehrere rechtlich selbständig bleibende Unternehmen unter einer gemeinsamen Leitung zusammengefasst. Ein Konzern entsteht in der Regel durch den Erwerb von Beteiligungen an anderen Unternehmen. Die Beteiligten bleiben rechtlich selbständig und bilanzieren getrennt.

5.5. Fusion

Bei einer Fusion verschmelzen zwei oder mehr Kapitalgesellschaften unter vollständiger Aufgabe ihrer rechtlichen und wirtschaftlichen Selbständigkeit zu einem neuen Unternehmen. Die Motive für eine Fusion sind z.B. die Verbesserung der Marktposition, die Erweiterung der Eigen- und Fremdkapitalbasis oder die Erzielung von Synergien. Bei der Fusion wird zwischen einer Fusion durch Aufnahme (Übernahme) und einer Fusion durch Neugründung (Verschmelzung) unterschieden.

Bei der Fusion durch Aufnahme wird das Vermögen von einem oder mehreren Unternehmen vollständig von dem aufnehmenden Unternehmen übernommen.

Bei der Fusion durch Neugründung gehen zwei oder mehr Unternehmen mit allen ihren Vermögensgegenständen in dem neu gegründeten Unternehmen auf.

Ich bedanke mich für Ihre Aufmerksamkeit.

4 Unternehmensführung

4.1 Unternehmensverfassung

1. Einleitung

Sehr geehrte Damen und Herren. Das Thema meines Vortrages lautet „Unternehmensverfassung“. Unter der Unternehmensverfassung wird ein System rechtswirksamer Regelungen verstanden, das sich auf das Unternehmen als rechtlich-wirtschaftliche Einheit richtet und den Handlungsrahmen für die Unternehmensführung bildet. Die Unternehmensführung als Gegenstand der Unternehmensverfassung ist dabei Teil der betrieblichen Führung. Die Führung lässt sich definieren als die zielgerichtete Steuerung der Unternehmensprozesse (Unternehmensführung) und die zielgerichtete Einflussnahme auf Personen (Personalführung).[70]

Im 2. Gliederungspunkt werde ich die Unternehmensverfassung in Deutschland beschreiben. Anschließend erfolgt im 3. Gliederungspunkt eine Darstellung der Unternehmensverfassungen in anderen Ländern.

2. Unternehmensverfassung in Deutschland

Bei deutschen Kapitalgesellschaften bezog sich die Überwachung des Leitungsorgans durch den Aufsichtsrat in den 1990er-Jahren primär auf die Kontrolle von bereits getroffenen Entscheidungen. Eine Beratungsfunktion in aktuellen Unternehmensfragen hatte das Aufsichtsorgan dagegen nicht.

Daraufhin gab es fünf international geäußerte Hauptkritikpunkte an der deutschen Unternehmensverfassung. Die Kritikpunkte lagen:

- in der mangelhaften Ausrichtung der Unternehmen an den Interessen der Aktionäre, also der Kapitaleigner,
- in der Problematik der dualen Unternehmensverfassung mit Vorstand und Aufsichtsrat,
- in der unzureichenden Transparenz der deutschen Unternehmensführung und

[70] Vgl. Macharzina (2003), S. 35 ff.

- in der mangelnden Unabhängigkeit der deutschen Aufsichtsräte sowie der eingeschränkten Unabhängigkeit der Abschlussprüfer.

Um diesen Kritikpunkten zu begegnen, wurden von Seiten des deutschen Gesetzgebers mit dem Gesetz zur Kontrolle und Transparenz im Unternehmensbereich und dem Deutschen Corporate Governance Kodex entsprechende gesetzliche Regelungen geschaffen.

2.1. Gesetz zur Kontrolle und Transparenz im Unternehmensbereich

Zahlreiche Unternehmenskrisen in den 1990er-Jahren haben zum Gesetz zur Kontrolle und Transparenz im Unternehmensbereich (KonTraG) geführt. Das Gesetz ist im Jahr 1998 in Kraft getreten. Es handelt sich dabei um ein sogenanntes Änderungsgesetz, das unter anderem Änderungen des Aktiengesetzes, des Handelsgesetzbuches und des Publizitätsgesetzes enthält. Das KonTraG war Teil eines umfassenden Reformpakets zur Sicherung des Finanzplatzes Deutschland und sieht eine zeitnahe Kontrolle und eine deutliche Erweiterung der Überwachungsaufgaben des Aufsichtsgremiums vor. Durch das KonTraG sollen das System der Corporate Governance in Deutschland ausgebaut und die Defizite der dualistischen Trennung von Unternehmensführung und -kontrolle beseitigt werden. Das Reformpaket soll die Kontrollfunktion von Aufsichtsrat und Hauptversammlung stärken sowie die Qualität der Abschlussprüfung verbessern. Des Weiteren soll die Informationspflicht des Vorstands erweitert werden. Durch die Neuregelungen haben die fachlichen Anforderungen an die Mitglieder des Aufsichtsgremiums und deren zeitliche Belastung, aber auch deren Einflussmöglichkeiten auf die Geschäftsführung deutlich zugenommen. Die Geschäftsführung des Unternehmens nach innen und seine Vertretung nach außen in eigener Verantwortung ist Aufgabe des obersten Leitungsorgans. Dabei ist die Leitung zwingend an die ihr auferlegten Rahmenvorgaben gebunden, die sich unter anderem aus der Satzung ergeben. Das Handeln zum Wohl des Unternehmens, wie es zum Beispiel im § 70 AktG festgeschrieben ist, steht dabei im Mittelpunkt. Hierunter werden im Allgemeinen die langfristige Existenzsicherung und der Erhalt der Ertragskraft verstanden. Auch hier sieht das KonTraG konkrete Maßnahmen vor, wie beispielsweise die Verpflichtung zur Einrichtung eines angemessenen Überwachungssystems. Das Überwachungssystem beinhaltet ein Risikomanagementsystem, ein Frühwarnsystem und die Einrichtung einer Internen Revision.

Das Zusammenspiel von Aufsichts- und Leitungsorganen ist damit einerseits durch die strikte Trennung der mit diesen Organen verbundenen Aufgabenbereiche bestimmt. Andererseits sieht das KonTraG eine Annäherung vor, die zu einem Aufgabenbereich führt, der von beiden Organen gemeinsam zu bewältigen ist. Letzteres ist im internationalen Vergleich nicht ungewöhnlich, denn abgesehen von Deutschland und Österreich werden Leitungs- und Kontrollaufgaben grundsätzlich von einem Leitungsorgan wahrgenommen, beispielsweise im Rahmen des im angloamerikanischen Raum weit verbreiteten Board-Systems.

2.2. Deutscher Corporate Governance Kodex

Der Ende 2001 verabschiedete Deutsche Corporate Governance Kodex (DCGK), der sich nach eigenem Anspruch in erster Linie an börsennotierte Gesellschaften richtet, enthält unter anderem die Forderung nach einer engen Zusammenarbeit der Aufsichts- und Leitungsgremien zum Wohle des Unternehmens (3.1 DCGK), worunter die nachhaltige Steigerung des Unternehmenswertes zu verstehen ist (4.1.1 DCGK). Eine weitere, im Zusammenhang dieses Instruments wichtige Feststellung ist die Aussage, dass laut DCGK eine gute Unternehmensführung eine offene Diskussion zwischen Vorstand und Aufsichtsrat sowie in Vorstand und Aufsichtsrat voraussetzt (3.6 DCGK). Diese ist wiederum an eine ausreichende Informationsversorgung des Aufsichtsrats gekoppelt, die als gemeinsame Aufgabe von beiden Spitzenorganen gesehen wird. Demnach hat der Aufsichtsrat die Informations- und Berichtspflichten festzulegen, während der Vorstand regelmäßig, zeitnah und umfassend über alle unternehmensrelevanten Fragen zu informieren hat (3.5 DCGK). Damit wird die Selbstregulierung der Unternehmen grundsätzlich weiter verstärkt.

Der DCGK hat allerdings lediglich empfehlenden Charakter. So enthält er zu etwa 50 % seines Textes Hinweise auf das geltende Recht, zu 40 Prozent Empfehlungen, die über das geltende Recht hinausgehen, und zu etwa 10 Prozent unverbindliche Anregungen. Der Kodex selbst ist kein Gesetz. Allerdings müssen Vorstand und Aufsichtsrat von börsennotierten Aktiengesellschaften nach § 161 AktG in einer Entsprechenserklärung einmal jährlich erklären, ob sie die Empfehlungen des DCGK eingehalten haben und einhalten werden oder ob und wo sie von diesen Empfehlungen abweichen werden. Diese Erklärung ist den Aktionären dauerhaft zugänglich zu machen. Die Erklärung erfolgt in den jeweiligen Geschäftsberichten der Gesellschaften und über das Internet.

3. Unternehmensverfassung in anderen Ländern

Die Unternehmensverfassung in anderen Ländern ist im Allgemeinen als One-Board- oder One-Tier-System ausgestaltet. Das System kennt lediglich den Vorstand (Verwaltungsrat, board, conseil d'administration) als Entscheidungs- und Leitungsorgan, nicht aber den Aufsichtsrat. Alle Entscheidungen werden in diesem Vereinigungsmodell von einem Organ getroffen, sofern sie nicht ausnahmsweise der Hauptversammlung vorbehalten sind.

So kennt beispielsweise die amerikanische Unternehmensverfassung nur zwei Organe, von denen eines Leitungs- und Kontrollkompetenzen in sich vereint.[71]

---

71 Vgl. Bühner (2004), S. 372 ff.

3.1. Shareholder's Meeting

Das Shareholder's Meeting ist eine mindestens einmal im Jahr stattfindende Zusammenkunft der Aktionäre (shareholder). Es entspricht somit der deutschen Hauptversammlung. Im Rahmen dieses Meetings werden die Boardmitglieder gewählt, Geschäftsordnungen (by-laws) erlassen oder geändert und Entscheidungen über außerordentliche Geschäfte getroffen.

3.2. Board of Directors

Das zentrale Leistungsorgan der amerikanischen Corporation ist der Board of Directors. Als einziges Verwaltungsorgan hat es unter anderem die Aufgabe, den einflussreichen Chief-Executive-Officer (CEO) und die leitenden Angestellten (officers) zu wählen, die Geschäfte der Gesellschaft zu führen und die Interessen der Anteilseigner zu vertreten. Seine Arbeit erfolgt größtenteils in Ausschüssen, an die auch entsprechende Entscheidungsbefugnisse delegiert werden. In der Regel werden dabei Ausschüsse gebildet, die die operativen Geschäfte führen und die Gesellschaft im Außenverhältnis vertreten. Des Weiteren gibt es Ausschüsse wie das sogenannte Audit Committee, die Träger von Überwachungsfunktionen sind.

Trotz aller formalen Unterschiede zum deutschen System ist dadurch eine deutliche Annäherung zwischen der Vorstands-Aufsichtsrats-Verfassung und der Board-Verfassung erkennbar. Einerseits zielt die amerikanische Aktienrechtsreform auf eine Abschwächung der bisherigen Machtkonzentration im Board und damit auf eine Annäherung an das deutsche Trennungsmodell. Andererseits wird vor allem die im deutschen Aktienrecht geforderte strikte Trennung von Leitungs- und Aufsichtsfunktion nach der Ansicht von Experten durch vermehrte Absprachen zwischen den beiden Organen immer mehr verwischt. Auch das in Deutschland verankerte Kollegialprinzip des Vorstandes erfährt teilweise durch erweiterte Kompetenzen des Vorsitzenden eine Abschwächung, was ebenfalls zu einer Annäherung an das amerikanische Direktorialprinzip führt.[72]

Ich bedanke mich für Ihre Aufmerksamkeit.

---

72 Vgl. Bleicher (1991), S. 322 ff., Bühner (2004), S. 376, Macharzina (2003), S. 163.

4.2 Controlling

1. Einleitung

Sehr geehrte Damen und Herren. Das Thema meines Vortrages lautet „Controlling".

Das Controlling hat als ein umfassendes betriebliches Führungsinstrument seit den 1970er-Jahren zunehmend an Bedeutung gewonnen. Der Begriff des Controlling leitet sich von dem englischen Begriff „to control" im Sinne von „lenken, steuern, regeln" ab. Was den Begriffsinhalt des Controlling anbelangt, besteht zwischen den verschiedenen in der Theorie und der Praxis anzutreffenden Definitionen keine Übereinstimmung. Eine „offizielle" Controlling-Definition gibt es in der deutschsprachigen betriebswirtschaftlichen Literatur nicht. Informations-, Planungs-, Koordinations- und Kontrollaufgaben gehören aber sowohl nach dem deutschen als auch nach dem amerikanischen Verständnis zu seinen konstituierenden Bestandteilen. Die unternehmenszielbezogene Handlungsweise bei der Erfüllung dieser Aufgabenstellungen ist von großer Bedeutung, gleichgültig ob die Verfasser im Controlling ein Instrument zur Unterstützung der Unternehmensführung oder ein ganzheitliches Führungskonzept sehen.[73] Dementsprechend lässt sich das Controlling wie folgt definieren:

Das Controlling koordiniert sämtliche Planungs-, Kontroll- und Informationsaktivitäten zur Steuerung von Unternehmen.

Zunächst wird im 2. Gliederungspunkt das Controlling in die Unternehmensführung eingeordnet. Unter Punkt 3 erfolgt eine Vorstellung der Aufgaben des Controlling. Im Schlussteil werden unter Gliederungspunkt 4 noch weitere Aufgaben des Controlling beschrieben.

2. Einordnung des Controlling in die Unternehmensführung

Die Funktionen Controlling, Organisation und Personalführung sind notwendig, um ein Unternehmen und die in ihm tätigen Personen zielgerichtet führen zu können. Somit werden die Funktionen auch als „Führungsinstrumente" bezeichnet. Schwerpunkt des Controlling ist dabei die Koordination, während im Bereich der Organisation die dazu notwendigen Strukturen geschaffen und gestaltet werden. Der Personalbereich beschäftigt sich zuletzt mit den Akteuren innerhalb dieses Systems.[74]

---

73 In Anlehnung an Wöhe (2008), S. 193 f., Horváth (2008) und Weber (2006).

74 Vgl. Wöhe (2008), S. 194.

3. Aufgaben des Controlling

Die Aufgaben des Controlling lassen sich unterscheiden in die Koordination der Planung, in die Koordination der Kontrolle und in die Koordination der Informationsversorgung.[75]

Abbildung 8: Aufgaben des Controlling

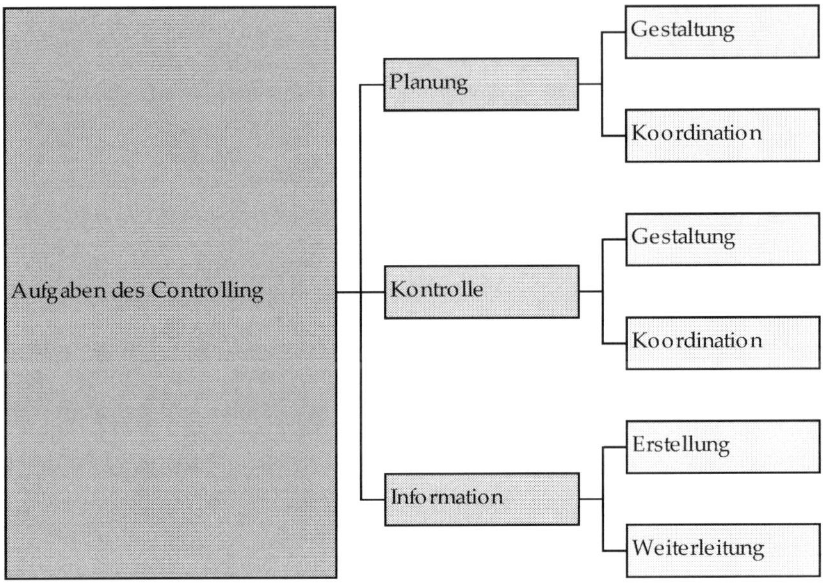

3.1. Koordination der Planung

Das Controlling koordiniert die strategische, taktische und operativen Planung. Für die Koordination der Planung wird unter anderem festgelegt, welche Pläne zu welcher Zeit benötigt werden, wer die Planung durchführt und welche Instrumente zur Erstellung der Pläne eingesetzt werden. Abhängig von der betrieblichen Aufgabenverteilung wirkt das Controlling häufig auch bei der Erstellung der Pläne mit.

75 In Anlehnung an die Aufgabendefinition des amerikanischen Financial Executives Institute (FEI), vgl. Financial Executives Institute (1962), S. 289 sowie Kreuzer (2005), S. 102.

3.2. Koordination der Kontrolle

Im Rahmen der Kontrolle müssen die aus der Planung resultierenden Soll-Werte auf strategischer, taktischer und operativer Ebene mit den sich bei der Realisierung ergebenden Ist-Werten verglichen werden. Anschließend erfolgt eine Analyse der Abweichungsursachen zwischen den Soll-Werten und den Ist-Werten. Das Controlling koordiniert diese Tätigkeiten und ist in abhängig von der betrieblichen Aufgabenverteilung auch an der eigentliche Durchführung der Kontrollen beteiligt.

3.3. Koordination der Informationsversorgung

Das Controlling hat die Aufgabe die Erstellung und Weiterleitung von Informationen an die verschiedenen Empfänger im Management zu koordinieren und die dazu notwendigen Datenverarbeitungssysteme zu gestalten. Da es sich bei der Planung und Kontrolle um informationsverarbeitende Prozesse handelt, die auf Informationen über das Unternehmen und seine Umwelt basieren, schließt die Koordination der Informationsversorgung auch die Koordination der Planung und Kontrolle mit ein. Das Controlling koordiniert die entsprechende Erstellung und Weiterleitung von Informationen an die verschiedenen Empfänger im Management und gestaltet die dazu notwendigen Datenverarbeitungssysteme.

4. Schluss

Die Aufgaben des Controlling umfassen zusätzlich zu den genannten Aufgaben, in Abhängigkeit von den betrieblichen Gegebenheiten noch die Beratung des Managements, die Berichterstattung an staatliche Stellen, die Aufstellung und Anwendung von Richtlinien und Verfahren im Hinblick auf steuerliche Belange des Unternehmens, volkswirtschaftliche Bewertungen sowie Maßnahmen zur Sicherung des Unternehmensvermögens.

Ich bedanke mich für Ihre Aufmerksamkeit.

4.3 Die Aufbau- und die Ablauforganisation

1. Einleitung

Sehr geehrte Prüfungskommission, sehr geehrter Herr Prüfungsvorsitzender. Ich habe mich für das Thema „Die Aufbau- und Ablauforganisation“ entschieden.

Ich werde zunächst im Gliederungspunkt 2 kurz auf den Begriff der Organisation eingehen. Anschließend erfolgt eine Beschreibung der Aufbauorganisation in Punkt 3. Dabei werde ich auf die Spezialisierung, die Konfiguration, die Koordination und die

Grundmodelle der Aufbauorganisation eingehen. Im 4. Gliederungspunkt erfolgt eine Beschreibung der Ablauforganisation.

2. Begriff der Organisation

Die Organisation ist neben der Personalwirtschaft und dem Controlling die dritte Führungsfunktion, ohne die Unternehmen nicht zielgerichtet gesteuert werden können.

Der Begriff der Organisation umfasst sowohl die zielorientierte ganzheitliche Gestaltung von Beziehungen in sozialen Systemen als auch das Ergebnis dieser Tätigkeit.

Die Organisation als Instrument der Unternehmensführung schafft die Ordnung, Beziehung und Strukturen nach denen das Unternehmen gestaltet und geführt wird. Gleichzeitig legt es die Regeln fest, nach denen die Aufgaben, die Kompetenzen und die Koordination der Prozesse ablaufen sollen.[76]

3. Die Aufbauorganisation

Eine Aufbauorganisation beschreibt die Festlegung der Struktur des Unternehmens und seine innerbetriebliche Zusammensetzung. Dabei werden die Aufgaben auf die einzelnen organisatorischen Einheiten eines Unternehmens aufgeteilt und Beziehungen zwischen diesen Einheiten über bestimmte Regeln vorgegeben.

Die Aufbauorganisation erfolgt in drei Schritten:[77]

1. Zerlegung des Unternehmens in arbeitsteilige Einheiten (Spezialisierung),
2. Definition der Leitungssysteme bzw. der Hierarchien (Konfiguration),
3. Festlegung der Art und Weise der Zusammenarbeit (Koordination).

3.1. Spezialisierung

Im Rahmen der Aufgabenanalyse werden die Aufgaben des Unternehmens in kleinere und kleinste Elementaraufgaben zerlegt. Diese Elementaraufgaben können einer Person zugeordnet werden. Es entstehen Kleinstaufgaben, die im Rahmen der Aufgabensynthese wieder zu betriebswirtschaftlich sinnvollen Aufgabenkomplexen zusammengeführt werden. In einem weiteren Schritt werden die so entstandenen Aufgabenkomplexe mit Mitarbeitern oder Organisationseinheiten in Verbindung gebracht (Aufgabenverteilung).

---

76 Zum vielschichtigen Begriff der Organisation vgl. Picot/Dietl/Frank (2005), S. 24 f. und Schreyögg (2003), S. 4 ff.

77 Vgl. Becker (2006), S. 218.

Die kleinste Organisationseinheit bildet eine Stelle, die durch die Zuordnung von Aufgaben an einen oder mehrere Mitarbeiter entsteht. Während der Arbeitsplatz den realen Ort der Aufgabenerfüllung bezeichnet, ist die Stelle eine abstrakte Einheit. Die Stellenbeschreibung umfasst die Stellenbezeichnung, die Aufgaben und Verantwortlichkeiten, das Ziel der Stelle und die Qualifikation, die der Stelleninhaber haben muss. Weiterhin wird in der Stellenbeschreibung die hierarchische Position, d.h. die Unter- und Überstellung, geregelt.

Bei den Stellenarten wird unterschieden in Ausführungsstellen, die sich an der untersten Hierarchieebene befinden und ausschließlich Ausführungskompetenz beinhalten, Instanzen, die Weisungs- und Entscheidungsbefugnisse besitzen und in Stabs- und Dienstleistungsstellen, die keine Leitungsbefugnis besitzen, sondern zur Entscheidungsvorbereitung und -unterstützung dienen.

3.2. Konfiguration

Die Konfiguration beschreibt die Entwicklung eines Netzes von Leitungsbeziehungen zwischen den Stellen, Instanzen und Stäben. Sie stellt somit eine Zusammenfassung von Organisationseinheiten dar. Das Ziel besteht darin, aufgabenorientierte Weisungsbeziehungen zu entwickeln und festzulegen. Neben der Darstellung der möglichen Systeme von Leitungsbeziehungen muss auch die Leitungsspanne und Leitungstiefe definiert werden. Das System der Leitungsbeziehungen kann als Einlinien-, Stablinien-, Mehrlinien- oder Matrixsystem entwickelt werden.[78]

Beim Einliniensystem hat jeder Mitarbeiter nur einen Vorgesetzten. Die Kommunikation läuft nur vertikal ab. Die Vorteile dieses Systems sind seine Eindeutigkeit und Einfachheit. Die Nachteile bestehen in der Langwierigkeit der Prozesse und in der Überbetonung der Hierarchie.

Das Stabliniensystem als Weiterentwicklung des Einliniensystems fügt Stabsstellen in die Organisationsstruktur ein. Diese entlasten die Instanzen und unterstützen sie in fachlicher Hinsicht. Diesem Vorteil des Stabliniensystems steht der Nachteil gegenüber, dass durch die Stabstätigkeit die Eindeutigkeit und Transparenz von Entscheidungsprozessen in der Relation Stab/Linie geringer wird.

Beim Mehrliniensystem berichten die Mitarbeiter an mehr als einen Vorgesetzten, bzw. erhalten Weisungen von mehr als einem Vorgesetzten. Der Vorteil ist eine höhere Flexibilität der Kommunikation (kurze Wege). Der Nachteil liegt in der Komplexität der Struktur und den höheren Anforderungen an die Koordinationsbereitschaft und Koordinationsfähigkeit der Organisationsstruktur und -mitglieder.

Das Matrixsystem stellt eine mehrdimensionale Struktur dar. Organisiert wird das Unternehmen anhand verschiedener Kriterien wie z.B. Produkt/Markt, Pro-

---

78 Vgl. Vahs (2005), S. 109 ff.

dukt/Region oder Technologie/Kunde. Die Nähe zum Markt bzw. zum Zielparameter ist der Vorteil dieser Struktur. Es bedarf jedoch gleichzeitig einer adäquaten Führungsqualität, damit die notwendige Abstimmung der involvierten Teile der Organisation zeitgerecht und flexibel durchgeführt werden kann.

Die Leitungsspanne und die Leitungstiefe beschreiben die Komplexität der Hierarchie eines Unternehmens. Die Leitungsspanne („span of control") beschreibt die Anzahl der einer Instanz direkt unterstellten Mitarbeiter. Die Leitungstiefe gibt die Anzahl der Hierarchieebenen im Unternehmen an. So ist unter dem Begriff „Lean Management" (flache Hierarchie) eine größere Anzahl von Direktunterstellungen zu verstehen, sowie eine geringere Anzahl von Hierarchieebenen.

Die Kennziffer Leitungsintensität (Instanzen/Ausführungsstellen) dient als Vergleichsmaßstab. Je größer diese Kennziffer ausfällt, desto steiler ist die Managementpyramide.

3.3. Koordination

Durch die horizontale Aufgabenteilung ist in der Spezialisierung ein System von Teilaufgaben entstanden. Die vertikale Aufgabenteilung ist mit der Konfiguration deformiert worden. Dadurch muss mit der Koordination die Zusammenarbeit über die vertikale und horizontale Aufgabendifferenzierung geschaffen werden. Dabei ist es das Ziel der Koordination durch geeignete Instrumente die Interdependenzen und Schnittstellen aufgabenübergreifend effizient zusammenzuführen. Zu den wichtigsten unterstützenden Instrumenten der Koordination gehört der Einsatz der Informations- und Kommunikationstechnologien.

Mit diesem Instrument kann das Unternehmen in hohem Maße die Abstimmung und Delegation von Verantwortung, die Möglichkeit der Information und die Notwendigkeit von Kommunikation optimieren. Grundsätzlich lassen sich die Koordinationsinstrumente in Fremdkoordination und Selbstkoordination unterscheiden.

Bei der Fremdkoordination besteht ein vertikaler Kommunikationsfluss durch die Hierarchieebenen. Entscheidungen werden innerhalb der Hierarchie nach oben durchgereicht, bis es zu einer autorisierten Entscheidung kommt. Das Ergebnis dieser Entscheidung begleitet von den Maßnahmen geht über die Hierarchie zurück an die Mitarbeiter (Über- und Unterordnungsbeziehungen).

Bei der Selbstkoordination führen die Mitarbeiter die Abstimmung zwischen den Organisationsmitgliedern selbst, d.h. ohne Eingriff/Autorisierung von übergeordneten Instanzen, durch (horizontaler Kommunikationsfluss). Die Selbstkoordination erhöht die Motivation der Mitarbeiter, die Flexibilität im Unternehmen und kann zu einer höheren Ausnutzung der vorhandenen Mitarbeiterpotenziale führen. Gleichzeitig entlastet sie die übergeordneten Instanzen.

3.4. Grundmodelle der Aufbauorganisation

Die Organisationskonzepte, die als Grundtypen in größeren Unternehmen zu finden sind, lassen sich in die Funktionale Organisation, die Divisionale Organisation und die Matrixorganisation einteilen. Dabei ist festzuhalten, dass es immer zu unternehmensindividuellen Ausprägungen kommt, die auf die spezifischen Bedürfnisse und Notwendigkeiten des Unternehmens, der Kunden, Märkte oder Produkte eingehen.

Bei der Funktionalen Organisation ist das zugrunde liegende Gliederungskriterium die betriebswirtschaftliche Funktion. Die Bündelung von gleichartigen Aufgaben führt zu einem Spezialisierungsvorteil. Die dadurch entstehenden Größenvorteile führen zu Synergieeffekten. Die Struktur erscheint einfach und sinnvoll gegliedert. Andererseits kommt es in der funktionalen Struktur zu einem hohen Koordinierungsaufwand und eher schwerfälligen Entscheidungsprozessen.

Die Divisionale Organisation, die auch Spartenorganisation oder Geschäftsbereichsorganisation genannt wird, zeichnet sich durch eine Dezentralisierung der operativen Entscheidungen aus. Die Aufgabenbereiche, die nicht auf die Produktgruppen aufgeteilt werden sollen, werden in den Zentralbereichen unternehmensweit einheitlich organisiert und durchgeführt.

Die Matrixorganisation stellt ein zweidimensionales Organisationskonzept dar. Dabei beschreibt das erste Kriterium z.B. das Produkt und das zweite Kriterium z.B. die Region. Jede Matrixzelle muss die jeweiligen Aufgaben der beiden Matrixdimensionen koordiniert zum Erfolg führen. In der Praxis zwingt dies alle Beteiligte zu starker Kommunikation und Abstimmung.

4. Ablauforganisation

Die Ablauforganisation beruht auf kurz- und mittelfristigen Entscheidungen der mittleren und unteren Führungsebene zur zeitlichen und räumlichen Strukturierung von Arbeitsabläufen. Während die Aufbauorganisation auf einer statischen Betrachtung der Organisationszusammenhänge beruht, bemüht sich die Ablauforganisation um die Gestaltung von Arbeitsprozessen im Zeitablauf.[79]

Die Ablauforganisation hat die Aufgabe, die Informationsprozesse und Arbeitsprozesse so zu strukturieren, dass die folgenden Ziele der Ablauforganisation optimal erreicht werden:

- Effizienz des Ressourceneinsatzes,
- hohe Flexibilität und
- hohe Motivation der Mitarbeiter.

---

79 Vgl. Wöhe (2008), S. 129.

Dabei werden die zuvor beschriebenen Aufgaben der Organisationseinheiten in Arbeitsprozesse umgesetzt. Es muss konkret festgelegt werden, wie die einzelnen Arbeitsschritte in Bezug auf Inhalt, Zeit, Ort und Zuordnung ablaufen sollen.

Die Arbeitsinhalte sind die mit einer Aufgabe verbundenen Arbeitsschritte. Diese müssen in einer logischen Kette angeordnet werden, damit sie die Ziele der Ablauforganisation erreichen. Die Arbeitszeit definiert den Zeitpunkt und den Zeitbedarf für die Durchführung eines Arbeitsprozesses. Der Arbeitsort legt die räumliche Zuordnung der Arbeitsprozesse fest und optimiert dabei u.a. die Produktionskosten und Infrastrukturkosten.

Die Arbeitszuordnung legt fest, welche Mitarbeiter welche Arbeitsschritte durchführen. Dabei wird ersichtlich, wie die Aufbauorganisation (Mitarbeiter/Stellen) mit der Ablauforganisation zusammenhängt.

Aufgrund der Dynamik der Märkte gewinnt die Prozessoptimierung immer mehr an Bedeutung. Während früher zuerst die Aufbauorganisation definiert wurde und anschließend die Ablauforganisation implementiert wurde, wird heute der Ablauf von Arbeitsprozessen schon bei der Konfiguration der Aufbauorganisation berücksichtigt.

Der Arbeitsprozess wird von einem bestimmten Ereignis, wie z.B. der Auftragsannahme, angestoßen und führt unter Verwendung definierter Inputs (Rohstoffe, Produktion, Vertrieb) zu dem gewünschten Output. Die Differenz zwischen der Gesamtleistung (Preis des Produkts) abzüglich der Vorleistung (Kosten der Produktherstellung) ist die Wertschöpfung. In dem Wertkettenmodell von Porter wird dieser Wertschöpfungsprozess unterteilt in primäre und sekundäre (oder auch unterstützende) Aktivitäten.

Die primären Aktivitäten sind unmittelbar mit der Herstellung und dem Vertrieb des Produktes verbunden. Dagegen dienen die sekundären Aktivitäten zur Unterstützung der Primäraktivitäten. Soll ein Wettbewerbsvorteil erzielt werden, muss bei allen Aktivitäten untersucht werden, ob sie kosteneffizienter oder nutzbringender zu erbringen sind, als dies der Wettbewerber macht. Dies zeigt, dass die Ablauforganisation weit über dem traditionell auf die Produktion bezogenen Teil hinaus auf den gesamten Wertschöpfungsprozess angewendet wird und somit das Gesamtunternehmen betrifft.

Ich bedanke mich für Ihre Aufmerksamkeit.

4.4 Personalwirtschaft

1. Einleitung

Sehr geehrte Damen und Herren. Das Thema meines Vortrages lautet „Personalwirtschaft". In der betrieblichen Praxis hat die Personalwirtschaft heutzutage eine große Bedeutung in einem sich weiter verschärfenden globalen Wettbewerb. Da die technischen Einsatzgüter keine großen Unterschiede hinsichtlich ihrer Leistungsfähigkeit aufweisen, wird in gut ausgebildeten, hoch motivierten und innovativen Mitarbeitern zu Recht ein Potenzial gesehen, das den Erfolg oder den Misserfolg eines Unternehmens entscheidend beeinflusst. Die Veränderungen im gesellschaftlichen Umfeld tragen ebenfalls dazu bei, die Mitarbeiter stärker in den Blickpunkt der Unternehmensführung zu rücken. Die Personalwirtschaft umfasst die Planung, die Beschaffung und den zielgerichteten und effizienten Einsatz der Mitarbeiter im Unternehmen.

Zunächst werden im 2. Gliederungspunkt die personalwirtschaftlichen Ziele dargestellt, die sich aus den konkreten sachlichen und ökonomischen Leistungszielen eines Unternehmens ableiten lassen. Unter Punkt 3 erfolgt eine Vorstellung der Restriktionen personalwirtschaftlichen Handelns. Anschließend werden im 4. Gliederungspunkt die konkreten Aufgaben und die Vorgehensweise in der Personalwirtschaft beschrieben.

2. Ziele der Personalwirtschaft

Die personalwirtschaftlichen Ziele leiten sich aus den konkreten sachlichen und ökonomischen Leistungszielen eines Unternehmens ab. Dabei lässt sich das Sachziel, Formalziel und Sozialziel unterscheiden.

2.1. Sachziel

Das Sachziel der Personalwirtschaft besteht darin, eine ausreichende Anzahl von Arbeitskräften mit einer angemessenen Qualifikation zur richtigen Zeit am richtigen Ort zur Verfügung zu stellen.

2.2. Formalziel

Das Formalziel der Personalwirtschaft besteht darin, die mit dem Personaleinsatz verbundenen Kosten, d.h. Personal- und Personalnebenkosten, niedriger zu halten als die in Geldgrößen bewertete Arbeitsleistung. Ein großes Problem liegt dabei allerdings darin, dass in der betrieblichen Praxis die Arbeitsleistung, insbesondere in den Verwaltungsbereichen, oft nur schwer monetär bewertet werden kann.

2.3. Sozialziel

Das Sozialziel wird auch als Mitarbeiterziel bezeichnet, da es sich auf die Erfüllung von Bedürfnissen und Interessen der Mitarbeiter bezieht. Die Teilziele sind beispielsweise die Arbeitsplatzsicherheit im Sinne eines Kündigungsschutzes, die Sicherheit am Arbeitsplatz oder eine gerechte Entlohnung der erbrachten Arbeitsleistung. Dabei hat sich gezeigt, dass der Grad der Verwirklichung des Sozialziels einen starken Einfluss auf die Erreichung der ökonomischen Ziele hat.

Praxis und Wissenschaft erleben immer wieder, dass der Einsatz geeigneter Methoden und Verfahren allein nicht ausreicht, um Unternehmen erfolgreich zu machen. Vielmehr hängt der Unternehmenserfolg zu einem großen Teil von dem Leistungswillen und der Leistungsfähigkeit der Mitarbeiter ab. Von daher gilt es, das im Unternehmen vorhandene Wissens-, Erfahrungs- und Fähigkeitspotenzial zielorientiert freizusetzen und durch geeignete Maßnahmen ständig zu erweitern. Dies kann zum Beispiel durch Weiterbildung, Personalentwicklung, Entgeltsystem, Arbeitsplatzgestaltung, Schaffen von Kreativitäts- und Entscheidungsfreiräumen umgesetzt werden. Damit wird auch dem zunehmenden Wunsch der Mitarbeiter nach Selbstverwirklichung am Arbeitsplatz Rechnung getragen.

Abbildung 9: Ziele der Personalwirtschaft

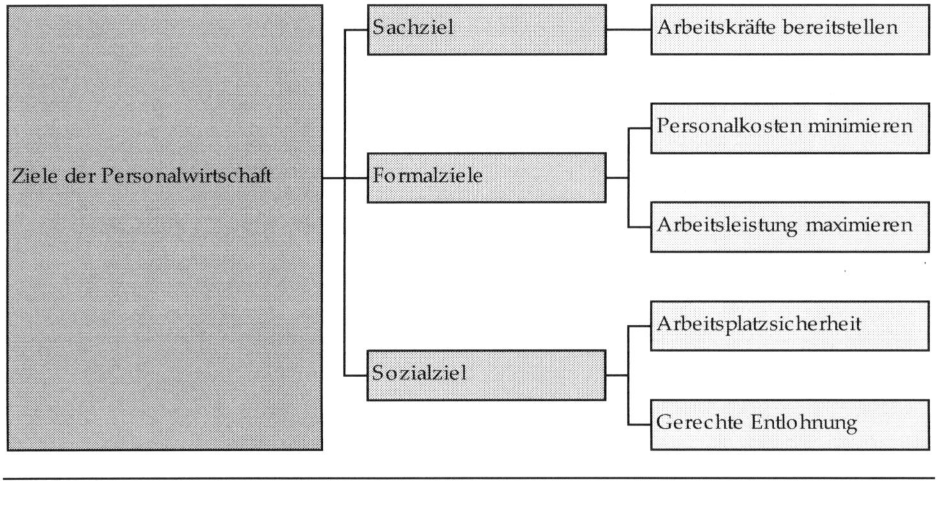

3. Restriktionen personalwirtschaftlichen Handelns

Die personalwirtschaftlichen Entscheidungen und Maßnahmen beeinflussen die rechtlichen Rahmenbedingungen. Die rechtlichen Rahmenbedingungen lassen sich einteilen in das für die einzelnen Arbeitnehmer und ihre Arbeitsverträge geltende Individualarbeitsrecht und das für alle Arbeitnehmer beziehungsweise bestimmte Gruppen geltende kollektive Arbeitsrecht.[80]

3.1. Individualarbeitsrecht

Das Individualarbeitsrecht in Deutschland umfasst eine Vielzahl von Einzelgesetzen aus unterschiedlichen Quellen und regelt verschiedene Aspekte für Arbeitnehmer. Allgemeine Rechtsquellen sind das Grundgesetz. Darin wird z.B. in Art. 12 GG geregelt, dass jedem Bürger ein Recht auf freie Berufs-, Arbeitsplatz- und Ausbildungsstättenwahl zusteht. Weitere Regelung gibt es im Bürgerlichen Gesetzbuch, dem Handelsgesetzbuch und der Gewerbeordnung. Diese Gesetzestexte werden durch spezielle Arbeitsgesetze ergänzt, wie beispielsweise das Kündigungsschutzgesetz, die entgeltwirksamen Gesetze (Entgeltfortzahlungsgesetz, Gesetz zur betrieblichen Altersversorgung), die arbeitsbezogenen Gesetze (Arbeitszeitgesetz, Bundesurlaubsgesetz) und die arbeitssicherheitsbezogenen Gesetze (Arbeitssicherheitsgesetz, Arbeitsstättenverordnung).

All diesen rechtlichen Regelungen liegt der Grundgedanke des Schutzes der wirtschaftlich Schwächeren zugrunde, also der Arbeitnehmer. Unter Berücksichtigung des kollektiven Arbeitsrechts schließt der Arbeitnehmer mit dem Arbeitgeber einen individuell gestaltbaren Arbeitsvertrag, der den zentralen Bestandteil des Individualarbeitsrechts darstellt und ein schuldrechtlicher Vertrag im Sinne der §§ 611-630 BGB (Dienstvertrag) ist.

3.2. Kollektives Arbeitsrecht

Die Arbeitnehmer können sich über den Betriebsrat an den arbeitsrechtlichen und personalwirtschaftlichen Entscheidungen eines Unternehmens beteiligen. Die Größe des Betriebsrats hängt von der Beschäftigtenzahl des jeweiligen Betriebes ab (§ 9 BetrVG). Die rechtliche Grundlage für die Einrichtung von Betriebsräten ist das Betriebsverfassungsgesetz von 1952, das nach dem 2. Weltkrieg dafür sorgen sollte, dass (wieder) demokratische Elemente in den Unternehmen Eingang fanden. Es regelt die Interessenvertretung der Arbeitnehmer durch entsprechende Organe (Betriebsrat) gegenüber dem Arbeitgeber und gilt für jedes inländische Unternehmen, wenn dieses in der Regel mindestens fünf wahlberechtigte Arbeitnehmer beschäftigt, von denen mindestens drei wählbar sind (§ 1 BetrVG). Allerdings besteht für die in § 1 BetrVG

80 Vgl. Hohmeister (1998), S. 3 ff., Krieg/Ehrlich (1998), S. 10 ff., Scholz (1994), S. 60 ff. und Schanz (1993) S. 219 ff.

genannten Betriebe keine Verpflichtung zur Wahl eines Betriebsrats. Deshalb gibt es in der Praxis auch größere mittelständische Unternehmen, in denen kein Betriebsrat existiert.[81] Neben dem sozialen Schutz der Beschäftigten wird vor allem eine vertrauensvolle Zusammenarbeit zwischen der Arbeitnehmervertretung und dem Arbeitgeber angestrebt.

Die grundsätzlichen Mitwirkungs- und Mitbestimmungsrechte des Betriebsrats beziehen sich unter anderem auf die Bereiche Personalplanung (Informations- und Beratungsrecht), Stellenausschreibung (Informations- und Initiativrecht), Einstellung (Informations- und Mitbestimmungsrecht), Versetzung (Informationsrecht), Betriebsänderung (Informations- und Beratungsrecht sowie Initiativrecht hinsichtlich des Sozialplans), Berufsbildung (Beratungs- und Initiativrecht) und Kündigung (Anhörungs- und Mitbestimmungsrecht).

4. Aufgaben und Vorgehensweise

Die zentralen Aufgabenbereiche der Personalwirtschaft stellen die Personalbeschaffung, der Personaleinsatz, die Personalbeurteilung, die Personalentwicklung und die Personalfreisetzung dar. Dieser Prozess wiederholt sich in Abhängigkeit von der jeweiligen Unternehmenssituation.

Abbildung 10: Aufgaben der Personalwirtschaft

4.1. Personalbeschaffung

Die Personalbeschaffung umfasst im Rahmen der Personalplanung die quantitative und die qualitative Personalbedarfsermittlung für den kurz-, mittel- und langfristigen Zeitraum. Im Rahmen der Personalbereitstellung ist der ermittelte Personalbedarf durch entsprechende Maßnahmen der Personalsuche und der Personalauswahl termingerecht zu decken. Dadurch sollen Probleme vermieden werden, die sich aus einer Unter- oder Überdeckung des Personalbedarfs, einer Unter- oder Überforderung einzelner Mitarbeiter an den zugewiesenen Arbeitsplätzen, überhöhten Fehlzeiten oder Fehlleistungen ergeben.

81 Vgl. Hohmeister (1998), S. 214.

4.2. Personaleinsatz

Der Personaleinsatz umfasst die Gestaltung von Arbeitsbedingungen, die Einarbeitung neuer Mitarbeiter, die Gestaltung der Arbeitszeit und Vergütung, die Personalführung sowie die Personalverwaltung.

4.3. Personalbeurteilung

Im Hinblick auf die Festlegung von personalpolitischen Maßnahmen wird eine Personalbeurteilung durchgeführt.

4.4. Personalentwicklung

Die Weiterentwicklung der Mitarbeiter im Hinblick auf eine bessere Erreichung der Unternehmensziele kann durch die Personalentwicklung erfolgen.

4.5. Personalfreisetzung

Die Trennung des Unternehmens von seinen Mitarbeitern erfolgt im Rahmen der Personalfreisetzung.

Ich bedanke mich für Ihre Aufmerksamkeit.

5 Betriebliche Leistungserstellung

5.1 Innovationsmanagement

1. Einleitung

Sehr geehrte Damen und Herren. Das Thema meines Vortrages lautet „Innovationsmanagement". Die Entwicklungsgeschichte von Unternehmen wurde durch Innovationen geprägt. Unternehmen können sich heute vor allem durch neue und innovative Produkte und Prozesse gegenüber anderen Unternehmen durchsetzen. Innovationen treten dabei in den verschiedensten Formen in Erscheinung. Beispiele finden sich bei neuen Modellen im Automobilbereich, in der neuen Herbstmode, beim neuen Musikalbum eines Künstlers, in der Entwicklung neuer Softwareprodukte, einer neuen Geldanlageform oder einer neuen Dienstleistung.

Zunächst werden im 2. Gliederungspunkt die Begriffe im Innovationsmanagement erläutert. Unter Punkt 3 erfolgt eine Vorstellung der Ziele des Innovationsmanagements, die sich aus den übergeordneten Unternehmenszielen ableiten lassen. Anschließend werden im 4. Gliederungspunkt die Restriktionen im Innovationsmanagement beschrieben. Das Innovationsmanagement von Unternehmen unterliegt einer Reihe von externen und internen Rahmenbedingungen, die die Handlungsspielräume der Unternehmen einschränken können. Zum Abschluss werden dann im 5. Gliederungspunkt die konkreten Aufgaben und die Vorgehensweise im Innovationsmanagement von Unternehmen beschrieben.

2. Begriffe

Technische Innovationen basieren auf der Durchführung von Forschungs- und Entwicklungsaktivitäten. Die Forschung und Entwicklung umfasst sämtliche Aktivitäten, die dem Erwerb von neuem Wissen und der Verwendung dieses Wissens in neuen Produkten und Prozessen dienen. Die Grundlage für die Entwicklung, die ihrerseits die Basis der nachfolgenden Produktion und Markteinführung ist, wird durch die Forschung geschaffen. Bezüglich der Forschung lässt sich die Grundlagenforschung und die angewandte Forschung unterscheiden. Bei der Entwicklung wird eine Differenzierung in die Vorentwicklung und die Entwicklung im engeren Sinne vorgenommen.[82]

Das Innovationsmanagement umfasst alle Planungs-, Entscheidungs-, Organisations- und Kontrollaufgaben, die bei der Forschung, Entwicklung, Produktion und Markteinführung neuer Produkte und Prozesse anfallen. Im Einzelnen umfasst das Innovationsmanagement somit die Grundlagenforschung, die angewandte Forschung, die Vorentwicklung, die Entwicklung im engeren Sinne und die Produktion und Markteinführung.

Vom Innovationsmanagement ist das Forschungs- und Entwicklungsmanagement abzugrenzen. Das Forschungs- und Entwicklungsmanagement schließt mit der Entwicklung der Produkte und Prozesse vor der eigentlichen Produktion und Markteinführung ab. Im Einzelnen umfasst das Forschungs- und Entwicklungsmanagement somit die Grundlagenforschung, die angewandte Forschung, die Vorentwicklung und die Entwicklung im engeren Sinne.

Vom Forschungs- und Entwicklungsmanagement ist wiederum das Technologiemanagement abzugrenzen, das nur Planungs-, Entscheidungs-, Organisations- und Kontrollaufgaben im Hinblick auf die angewandte Forschung und die Vorentwicklung umfasst.[83]

3. Ziele des Innovationsmanagements

Das übergeordnete Unternehmensziel des Innovationsmanagements besteht darin, gegenüber der Konkurrenz Wettbewerbsvorteile zu erzielen, die sich in messbaren ökonomischen Erfolgsgrößen niederschlagen, wie beispielsweise dem Gewinn oder dem Marktanteil. Aus den übergeordneten Unternehmenszielen lassen sich dann die Ziele des Innovationsmanagements ableiten, die in Kostenziele, Zeitziele und Ergebnisziele unterteilt werden können.[84]

3.1. Kostenziele

Ein Kostenziel des Innovationsmanagements besteht darin, den Aufwand für die eigentliche Entwicklung von Produkten und Prozessen zu reduzieren, um so den Gewinn zu steigern. Da die Gestaltungen der Produkte zudem erhebliche Auswirkungen auf die Produktions- und Logistikkosten haben, besteht ein weiteres Ziel des Innovationsmanagements darin, diese Folgekosten zu reduzieren.

82 Vgl. Gerpott (2005), S. 25 und 31 ff. sowie Specht/Beckmann/Amelingmeyer (2002), S. 14.
83 Vgl. Gerpott (2005), S. 57 und Vahs/Burmester (2005), S. 48 ff.
84 Vgl. Vahs/Burmester (2005), S. 60 ff.

3.2. Zeitziele

Die Zeitziele des Innovationsmanagements haben eine große Bedeutung, da der Faktor Zeit einen erheblichen Einfluss auf den Markterfolg haben kann. Häufig gilt, dass diejenigen Unternehmen, die als erstes ein neues Produkt anbieten, auch den sogenannten „Innovationsprofit" abschöpfen können. Eine Aufgabe des Innovationsmanagements besteht daher darin, die im Rahmen der Timingstrategie festgelegten Termine der Fertigentwicklung und der Markteinführung neuer Produkte einzuhalten. Zudem sollten sie schnell auf Marktänderungen reagieren können. Dies ist nur möglich, wenn kurze Entwicklungsdauern für neue Produkte und Prozesse realisiert werden.

3.3. Ergebnisziele

Die Ergebnisziele des Innovationsmanagements lassen sich aufteilen in quantitative und qualitative Ergebnisziele. Das qualitative Ergebnis bezieht sich auf die Menge der jährlich hervorgebrachten Technologien, Inventionen und Innovationen. Darüber hinaus müssen die entwickelten Produkte hinsichtlich ihrer Qualität und damit hinsichtlich ihrer Funktionalität den Anforderungen der Kunden entsprechen. Dabei ist auch darauf zu achten, dass die Produkte die Kundenanforderungen nicht übertreffen, also nicht overengineered sind.

Abbildung 11: Ziele des Innovationsmanagements

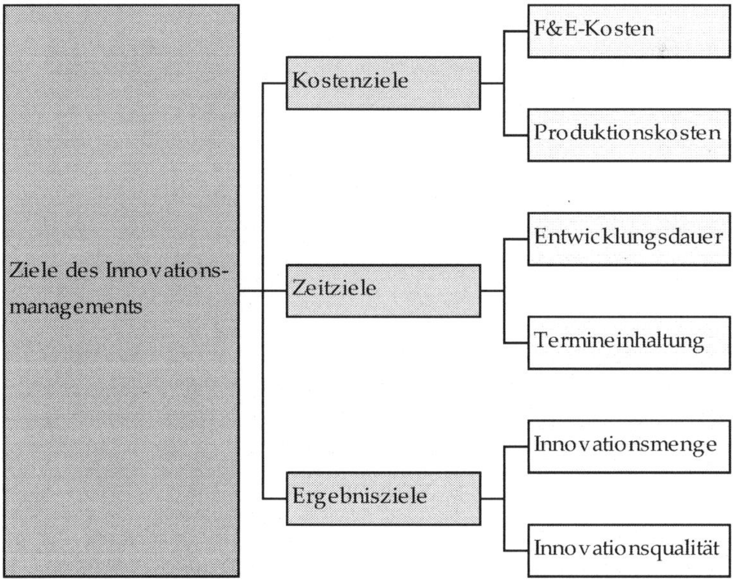

4. Restriktionen des Innovationsmanagements

Die Restriktionen des Innovationsmanagements liegen insbesondere in den externen und internen Rahmenbedingungen, die die Handlungsspielräume einschränken können.

4.1. Wettbewerbsdruck

Durch die wachsende Globalisierung resultiert ein unmittelbarer Wettbewerbsdruck. Dieser zwingt die Unternehmen zu einer ausgeprägten Innovationsorientierung. Es besteht ein genereller Zwang zu erfolgreichen Innovationen. Oftmals erhöht sich auch der Zeitdruck unter dem Innovationen hervorgebracht werden müssen.[85]

4.2. Risiken

Aufgrund eines ausgeprägten Innovationsmanagements steigen nicht nur die Chancen im Wettbewerb, sondern auch die Risiken. Diese liegen zum einen im technischen Bereich, da nicht alle durchgeführten Forschungs- und Entwicklungsprojekte auch zu funktionsfähigen Produkten führen. Es bestehen auch wirtschaftliche Risiken, denn viele Produktinnovationen erwirtschaften keine Gewinne. Des Weiteren bestehen Marktrisiken, da viele neue Produkte aufgrund mangelnden Kundeninteresses nicht im Markt eingeführt werden. Wie groß die Risiken sind, zeigt der Umstand, dass nur etwa fünf bis zehn Prozent aller Produktideen letztendlich erfolgreich sind.[86]

4.3. Innovationshemmnisse

Innerhalb von Unternehmen bestehen Häufig erhebliche Innovationshemmnisse, insbesondere aufgrund von unternehmensinternen Widerständen, hohen Innovationskosten, langen Amortisationsdauern, leichter Imitierbarkeit der Innovationen, fehlendem Kapital, mangelndem Fachpersonal, mangelnder technischer Ausstattung und fehlendem Know-how.[87]

5. Aufgaben und Vorgehensweise

Erfolgreiche Innovationen erfordern eine systematische Planung, Realisierung und Kontrolle des Innovationsprozesses.[88] Zu den wesentlichen Aufgaben des Innovationsmanagements gehören:

---

85 Vgl. Vahs/Burmester (2005), S. 10 und 68 ff.
86 Vgl. Vahs/Burmester (2005), S. 74.
87 Vgl. BMBF (1996), S. 16.
88 Zum Innovationsprozess vgl. Kromer (2008), S. 217 ff.

- die Schaffung einer innovationsfördernden Organisationsstruktur.
- die Bestimmung der Innovationsstrategie,
- die Aufstellung des Forschungs- und Entwicklungsprojektprogramms,
- die Festlegung, wie Technologie und Technik bereitgestellt werden,
- die Planung und die Realisierung der einzelnen Forschungs- und Entwicklungsprojekte sowie
- die Planung und die Realisierung der Produktion und des Marketing .

Ich bedanke mich für Ihre Aufmerksamkeit.

5.2 Materialwirtschaft

1. Einleitung

Sehr geehrte Damen und Herren. Das Thema meines Vortrages lautet „Materialwirtschaft“. Die Materialwirtschaft, die häufig auch als Warenwirtschaft bezeichnet wird, umfasst die beiden materialbezogenen Funktionen der Beschaffung und der Logistik. Sie versucht durch die Beschaffung und durch die Logistik die Versorgung mit Gütern und die Entsorgung von Gütern für alle Bereiche und alle Kunden entsprechend der jeweiligen Bedarfe sicherzustellen.

Zunächst werden im 2. Gliederungspunkt die Begriffe in der Materialwirtschaft erläutert. Unter Punkt 3 erfolgt eine Vorstellung der Ziele der Materialwirtschaft, die sich aus den übergeordneten Unternehmenszielen ableiten lassen. In der Materialwirtschaft werden insbesondere Kostenziele, Zeitziele und Ergebnisziele unterschieden.

2. Begriffe

Das Material, das den Oberbegriff für eine Reihe von Gütern bildet, steht im Mittelpunkt der Materialwirtschaft. Das Material umfasst die Werkstoffe, die unfertigen und die fertigen Erzeugnisse sowie die Waren eines Betriebes.

Die Werkstoffe, die als Produktionsfaktor in die Produktion eingehen, werden weiter in Roh-, Hilfs- und Betriebsstoffe beziehungsweise in die sogenannten RHB-Stoffe unterteilt.

2.1. Rohstoffe

Die Rohstoffe stellen Hauptbestandteile der Erzeugnisse eines Betriebes dar. Die für die Erzeugnisse benötigten Mengen an Rohstoffen werden dabei in der Regel über Stücklisten oder Rezepte festgelegt. Die Rohstoffarten, die in einem Betrieb verwendet werden, hängen insbesondere von der Erzeugungsstufe und der Produktionstiefe ab. Der Begriff Rohstoffe bedeutet dabei heute nicht mehr nur „rohe" Stoffe im Sinne von „unbearbeiteten" Stoffen. Er bezeichnet auch Zwischenprodukte, wie z.B. Stahlbleche oder Elektromotoren.

2.2. Hilfsstoffe

Hilfsstoffe stellen Nebenbestandteile der Erzeugnisse eines Betriebes dar. Die für ein Erzeugnis benötigten Hilfsstoffmengen werden, anders als die benötigten Rohstoffmengen, in der Regel nicht genau mit Hilfe von Stücklisten oder Rezepten festgelegt. Beispiele für Hilfsstoffe sind Klebstoffe, Lacke oder Verpackungsmaterialien.

2.3. Betriebsstoffe

Die Betriebsstoffe stellen Materialien dar, die nicht in die Erzeugnisse eines Betriebes eingehen, sondern mittelbar oder unmittelbar bei deren Produktion verbraucht werden. Betriebsstoffe werden in der Regel nicht in den Stücklisten beziehungsweise den Rezepten der Erzeugnisse aufgeführt. Beispiele für Betriebsstoffe sind Schmier- und Kühlmittel, Energie und sogenannte Verbrauchswerkzeuge, wie Bohrer oder Wendeschneidplatten.

3. Ziele der Materialwirtschaft

Die Ziele der Materialwirtschaft lassen sich aus den übergeordneten Unternehmenszielen ableiten. In der Materialwirtschaft werden insbesondere Kostenziele, Zeitziele und Ergebnisziele unterschieden.

3.1. Kostenziele

Die Kostenziele bestehen darin, die Beschaffungskosten und die meist relativ hohen der Logistikkosten zu reduzieren. Das wichtigste Ziel der Beschaffung stellt die Reduzierung der Einkaufspreise und dadurch der Materialkosten des Betriebes dar. Da sich dadurch auch der Wert der im Betrieb gelagerten Materialien verringert, wird die Kapitalbindung reduziert. Eine reduzierte Kapitalbindung hat wiederum eine Reduktion des Finanzierungsbedarfs und der zu zahlenden Zinsen zur Folge. Zudem sollen durch eine entsprechende Bestellpolitik die Lagerbestände und damit die Lagerkosten reduziert werden.

3.2. Zeitziele

Das wichtigste Zeitziel der Logistik liegt in der Regel in der Termineinhaltung bei der Versorgung der Produktion und der Kunden mit Material und damit die Vermeidung von sogenannten Fehlmengenkosten. Diese Kosten entstehen, wenn die Produktion oder die Kunden das erforderliche Material nicht zum vereinbarten Termin erhalten. In diesem Fall kann die Produktion für einen gewissen Zeitraum stillstehen, es muss teureres Ersatzmaterial verwendet werden oder es müssen Konventionalstrafen gezahlt werden. Weitere Zeitziele der Logistik liegen in der Reduzierung der Durchlaufzeiten des Materials durch den Betrieb, da dadurch der Bestand im Betrieb und somit die Kapitalbindung geringer wird.

Abbildung 12: Ziele der Materialwirtschaft

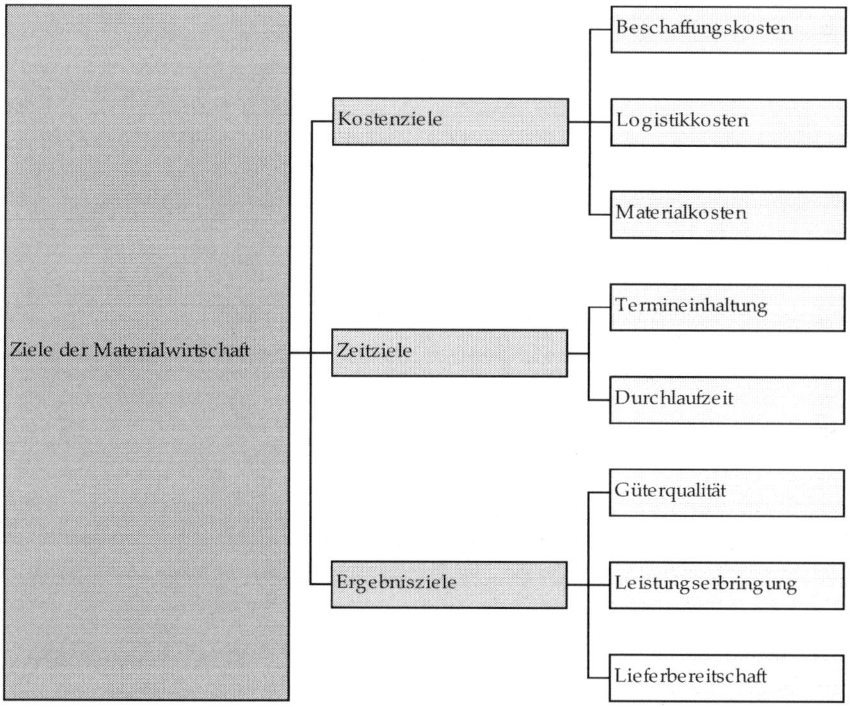

3.3. Ergebnisziele

Die Ergebnisziele der Materialwirtschaft liegen in der Qualität der beschafften Materialien. Die Qualität der Leistungserbringung wird in der Logistik durch die sogenannten „4 R's" für die vier richtig zu erbringenden Aufgaben der Logistik beschrieben.

Die Logistik hat danach die Zielsetzung die Materialempfänger zur richtigen Zeit, am richtigen Empfangsort, mit den richtigen Gütern, im richtigen Zustand zu versorgen.[89]

Bei der Versorgung des Materialempfängers mit den richtigen Gütern sind die Art und die Menge der Güter auschlaggebend und bei der Versorgung des Materialempfängers im richtigen Zustand kommt es auf die richtigen Eigenschaften der Güter an.

Eine weitere, sehr wichtige Zielsetzung der Materialwirtschaft ist die Sicherstellung der Lieferbereitschaft bei stochastischen Materialbedarfen. Sie ist ein Maß dafür, welcher Anteil an zufälligen Bedarfen sofort beziehungsweise innerhalb einer vereinbarten Zeit befriedigt werden kann.

Ich bedanke mich für Ihre Aufmerksamkeit.

5.3 Produktionswirtschaft

1. Einleitung

Sehr geehrte Damen und Herren. Das Thema meines Vortrages lautet „Produktionswirtschaft". Die Produktionswirtschaft bildet den Kern der betrieblichen Leistungserstellung und ist damit gewissermaßen das „Bindeglied" zwischen der Beschaffung auf der einen und dem Absatz auf der anderen Seite.

Die Produktionswirtschaft kann definiert werden als die wirtschaftliche Gestaltung und Durchführung der Transformation von vorhandenen Produktionsfaktoren in Erzeugnisse und Eigenleistungen unter Anwendung von Produktionsverfahren.[90]

Die industrielle Produktion hat in der Produktionswirtschaft eine große Bedeutung. Sie kann weiter in die Fertigung von Teilen und die Montage dieser Teile untergliedert werden.[91] In der Produktion werden die betriebswirtschaftlichen Produktionsfaktoren:

- Werkstoffe, d.h. Roh-, Hilfs- und Betriebsstoffe,
- Betriebsmittel, d.h. die Güter des Anlagevermögens, und
- menschliche Arbeit benötigt.[92]

Die Produktionsfaktoren stellen die in der Produktion eingesetzten materiellen und immateriellen Güter dar, durch deren Gebrauch und Verbrauch neue Güter entstehen.[93]

---

89 Vgl. Pfohl (1996), S. 12.
90 Vgl. Corsten (1996), S. 1 f.
91 Vgl. Warnecke (1995), S. 1.
92 In der Volkswirtschaftslehre werden dagegen die volkswirtschaftlichen Produktionsfaktoren Arbeit, Boden und Kapital unterschieden.
93 Vgl. hierzu und zum Folgenden Corsten (1996), S. 8 ff.

Zunächst werden im 2. Gliederungspunkt die Ziele der Produktionswirtschaft erläutert, die sich aus den übergeordneten Unternehmenszielen ableiten lassen. Aufgrund ihrer engen Verknüpfung miteinander weisen die Ziele der Produktionswirtschaft viele Parallelen zu den Zielen der Materialwirtschaft auf. In der Produktionswirtschaft werden insbesondere Kostenziele, Zeitziele und Ergebnisziele verfolgt. Unter Punkt 3 erfolgt eine Vorstellung der konkreten Aufgaben der Produktionswirtschaft. Die Aufgaben der Produktionswirtschaft bestehen insbesondere in der Gestaltung von Produktionssystemen und in der Durchführung der Produktion.

2. Ziele der Produktionswirtschaft

Die Ziele der Produktionswirtschaft ergeben sich aus den übergeordneten Unternehmenszielen. Aufgrund ihrer engen Verknüpfung miteinander weisen die Ziele der Produktionswirtschaft viele Parallelen zu den Zielen der Materialwirtschaft auf. In der Produktionswirtschaft werden insbesondere Kostenziele, Zeitziele und Ergebnisziele verfolgt.[94]

Abbildung 13: Ziele der Produktionswirtschaft

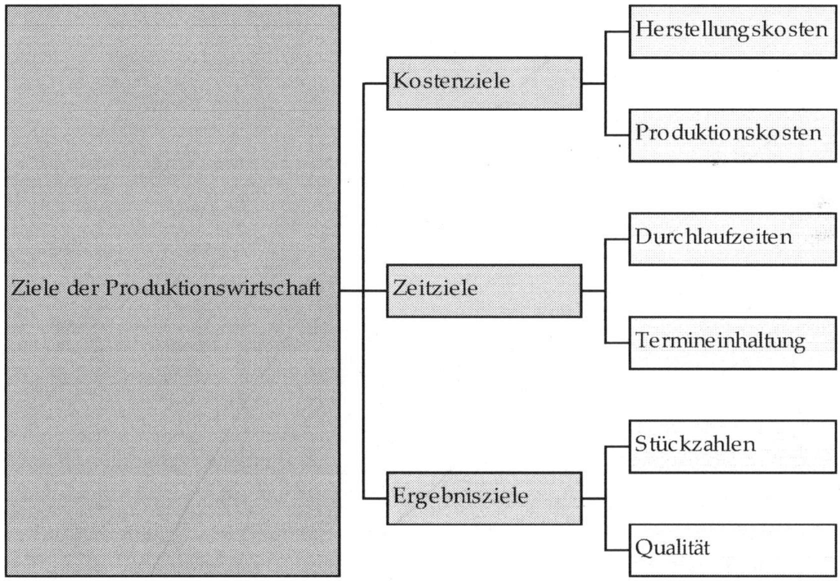

94 Vgl. Ruile/Stettin (2005), S. 216 ff.

2.1. Kostenziele

Die Kostenziele bestehen darin, die Produktion zu möglichst niedrigen Produktionskosten durchzuführen um damit möglichst niedrige Herstellkosten je Erzeugnis zu erreichen.

2.2. Zeitziele

Das wichtigste Zeitziel der Produktionswirtschaft liegt in der termingerechten Versorgung von Kunden. Dies schließt die Einhaltung von Lieferterminen und damit die Vermeidung von Fehlmengenkosten mit ein. Die Durchlaufzeiten der Materialien durch die Produktion sollen möglichst kurz gehalten werden. Dadurch lassen sich Kundenaufträge möglichst schnell abwickeln und Bestände sowie die Kapitalbindung reduzieren.

2.3. Ergebnisziele

Die Ergebnisziele der Produktionswirtschaft liegen in der Qualität der Erzeugnisse und der Eigenleistungen. Die Qualität hat eine große Bedeutung für die Wettbewerbsfähigkeit eines Unternehmens. Darüber hinaus gilt es insbesondere in der Massenproduktion, Stückzahlvorgaben je Planungsperiode, also je Monat oder je Jahr, zu erfüllen.

3. Aufgaben der Produktionswirtschaft

Die Aufgaben der Produktionswirtschaft bestehen insbesondere in der Gestaltung von Produktionssystemen und in der Durchführung der Produktion.

3.1. Gestaltung von Produktionssystemen

Eine wichtige Aufgabe der Produktionswirtschaft liegt in der Gestaltung von Produktionssystemen. Im Rahmen der Gestaltung von Produktionssystemen müssen zuerst das Produktionsprogramm und die benötigten Produktionskapazitäten ermittelt werden. Darauf aufbauend wird mit dem Übergangspunkt von der Prognose- zur auftragsgetriebenen Produktion die Auftragseindringtiefe festgelegt und für die beiden resultierenden Teilbereiche der Produktion jeweils der Prozess- und der Organisationstyp bestimmt. Die einzusetzenden Produktionsverfahren sowie die Qualitätssicherung können dann Parallel oder im Anschluss daran ausgewählt werden. Zuletzt werden die Teilbereiche des Produktionssystems im Rahmen der Layoutgestaltung räumlich angeordnet.

3.2. Durchführung der Produktion

Die Aufgabe bei der Durchführung der Produktion besteht darin die Programmplanung, die Mengenplanung, die Termin- und Kapazitätsplanung sowie die Steuerung der Produktion möglichst wirtschaftlich durchzuführen.

Ich bedanke mich für Ihre Aufmerksamkeit.

5.4 Marketing

1. Einleitung

Sehr geehrte Damen und Herren. Das Thema meines Vortrages lautet „Marketing". Bei den meisten Märkten besteht heutzutage ein Angebotsüberhang. Daher hat der Absatz der Produkte bei Unternehmen einen besonders hohen Stellenwert.

Synonym zum Begriff „Marketing" können die Begriffe „Absatzpolitik" oder „Absatzwirtschaft" verwendet werden. Die Begriffe „Vertrieb" oder „Verkauf" werden ebenfalls fälschlicherweise oft für den Begriff Marketing verwendet. In der Regel werden darin jedoch nur Teilfunktionen des Marketing gesehen, die primär die akquisitorische Distribution zum Gegenstand haben.[95]

Der Gegenstand des Marketing ist die Planung und die Durchführung von Aktivitäten, die unmittelbar oder mittelbar dazu dienen, dass Gruppen oder Individuen die Produkte eines Unternehmens kaufen oder dessen Anliegen unterstützen.

Zunächst wird im 2. Gliederungspunkt eine Unterteilung des Marketing in 2 Bereiche durchgeführt. In Abhängigkeit von der Art des Unternehmens und der abzusetzenden Güter lässt sich das Marketing in das Kommerzielle Marketing und in das Nonprofit-Marketing unterscheiden. Unter Punkt 3 erfolgt eine Vorstellung der Ziele des Marketing. Klare und konsistente Ziele sind eine wesentliche Voraussetzung, um die Aufgaben des Marketing wirkungsvoll zu erfüllen. Sie müssen mit den anderen Zielsetzungen des Unternehmens in Einklang stehen und Zielkonflikte so weit als möglich vermeiden. Im Marketing lassen sich Sachziele, Formalziele und psychografische Ziele unterscheiden. Anschließend werden im 4. Gliederungspunkt die Restriktionen des Marketing beschrieben. Im Marketing sind vor allem die gesamtwirtschaftlichen und rechtlichen Daten, das Verhalten der Nachfrager und das Verhalten der Wettbewerber als Rahmenbedingungen zu beachten. Zum Abschluss werden dann im 5. Gliederungspunkt die konkreten Aufgaben und die Vorgehensweise des Marketing dargestellt. Innerhalb des Marketingprozesses liegen die Aufgaben des Marketing in der

95 Vgl. Meffert (2000), S. 615 f. und Nieschlag/Dichtl/Hörschgen (1997), S. 10.

Analyse der Absatzchancen, der Festlegung der Absatzziele, der Auswahl, Abstimmung und des Einsatzes der absatzwirtschaftlichen Instrumente und schließlich in der Durchführung und Kontrolle dieser Maßnahmen.

2. Unterteilung des Marketing

In Abhängigkeit von der Art des Unternehmens und der abzusetzenden Güter lässt sich das Marketing in das Kommerzielle Marketing und in das Nonprofit-Marketing unterscheiden.[96]

2.1. Kommerzielle Marketing

Als Kommerzielles Marketing wird das Marketing von gewinnorientierten Unternehmen bezeichnet. Es umfasst das Investitionsgütermarketing, für das ein direktes, auf bestimmte Unternehmen ausgerichtetes Marketing typisch ist, und das Marketing von Konsumgütern, für das ein auf breite Bevölkerungsgruppen ausgerichtetes Marketing mittels Massenmedien typisch ist.

2.2. Nonprofit-Marketing

Das Marketing von gemeinnützigen Unternehmen kann als Nonprofit-Marketing bezeichnet werden. Viele Nonprofit-Organisationen wollen Konsumgüter absetzen. Ein Beispiel hierfür wäre ein Sportverein, der seine Sportkurse vermarkten möchte. Des Weiteren besteht die Aufgabe des Marketing bei den meisten Nonprofit-Organisationen darin, eine Sensibilität für soziale Anliegen herzustellen. Als Beispiele hierfür wären Vereine zu nennen, die sich für die Erhaltung der Umwelt oder den Abbau von Armut in bestimmten geografischen Regionen einsetzen.[97]

3. Ziele des Marketing

Eine wesentliche Voraussetzung, um die Aufgaben des Marketing wirkungsvoll erfüllen zu können besteht darin, klare und konsistente Ziele zu formulieren. Die Ziele des Marketing müssen mit den anderen Zielsetzungen des Unternehmens in Einklang stehen. Dabei sollten Zielkonflikte so weit als möglich vermieden werden. Im Marketing lassen sich Sachziele, Formalziele und psychografische Ziele unterscheiden.[98]

---

96 Eigene Darstellung in Anlehnung an die Unterteilung von Schierenbeck (2003), S. 268 ff.
97 Vgl. Schierenbeck (2003), S. 269.
98 Vgl. Meffert (2000), S. 76 ff.

3.1. Sachziel

Das Sachziel des Marketing ist der Absatz der produzierten Güter in einem Unternehmen. Nur wenn die produzierten Güter auch abgesetzt werden können, ist die Voraussetzung geschaffen, dass die ökonomischen Zielsetzungen des Marketing überhaupt erreicht werden können. Das Sachziel muss stets unter ökonomischen Gesichtspunkten gesehen werden.

Abbildung 14: Ziele des Marketing

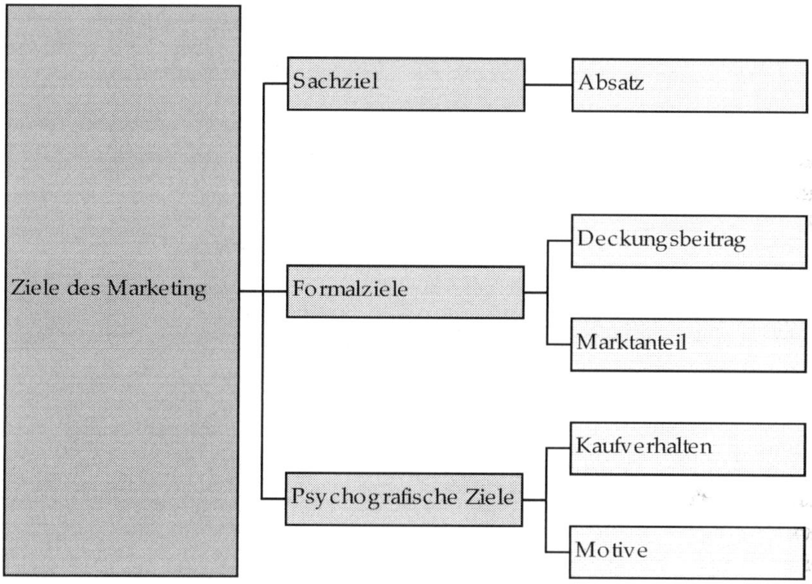

3.2. Formalziel

Die Formalziele bilden die ökonomischen Zielsetzungen ab. Eine große Bedeutung haben die Zielgrößen Umsatzerlös, Deckungsbeitrag, Marktanteil und Gewinn. Vor allem der Deckungsbeitrag der einzelnen Produkte, Produktgruppen und Kundengruppen liefert wesentliche Erkenntnisse für die Steuerung der Leistungserstellung. Der Marktanteil ist eine weitere wichtige Kennzahl, die den Grad der Ausschöpfung des Marktpotenzials durch ein Unternehmen angibt. Der Marktanteil lässt erkennen, in welchen Märkten, zum Beispiel bezogen auf bestimmte geografische Gebiete, Kundengruppen oder Produktgruppen, ein Unternehmen gegenüber seinen Konkurrenten besonders erfolgreich ist.

3.3. Psychografisches Ziel

Das Kaufverhalten und die dahinter stehenden Werthaltungen und Motive müssen zielgerichtet im Sinne des Unternehmens beeinflusst werden, um einen potenziellen Käufer tatsächlich zum Erwerb eines bestimmten Produktes zu bewegen. Mit Hilfe der psychografischen Ziele wird versucht, eine positive Beeinflussung des Konsumentenverhaltens im Hinblick auf das Unternehmen und seine Produkte zu erreichen. Die psychografischen Ziele des Marketing liegen beispielweise in der Imageverbesserung, in dem höheren Bekanntheitsgrad der Produkte und in der Beeinflussung der Kaufpräferenzen der potentiellen Käufer. Damit ist die Erreichung der psychografischen Ziele eine wesentliche Voraussetzung für die Realisierung der Formalziele.

4. Restriktionen des Marketing

Im Marketing sind vor allem die gesamtwirtschaftlichen und rechtlichen Daten, das Verhalten der Nachfrager und das Verhalten der Wettbewerber als Rahmenbedingungen zu beachten.

4.1. Gesamtwirtschaftliche und rechtliche Daten

Der absatzpolitische Handlungsspielraum der Unternehmen wird kann durch die gesamtwirtschaftlichen und rechtlichen Daten beschränkt werden. Beispielsweise beeinflussen die aktuelle konjunkturelle Situation, die Stabilität des Geldwertes und die Wechselkurse die Absatzchancen auf den nationalen und internationalen Märkten. Des Weiteren können bestimmte Rechtsvorschriften den Einsatz der absatzwirtschaftlichen Instrumente einschränken. Ein Beispiel stellt das Verbot der Fernsehwerbung für Zigaretten in Deutschland dar.

4.2. Verhalten der Nachfrager

Das Verhalten der Nachfrager stellt eine weitere Restriktion dar. Die Absatzchancen für bestimmte Produkte können durch die Konsumgewohnheiten oder durch begrenzte finanzielle Mittel der Nachfrager erheblich verringert werden.

4.3. Verhalten der Wettbewerber

Das Verhalten der Wettbewerber stellt oft ebenfalls eine nicht zu unterschätzende Barriere für den Absatz der eigenen Produkte dar. Dabei kommt es vor allem auf die Marktmacht der einzelnen Wettbewerber und auf den Grad der Vollkommenheit des

Marktes an. Diese Faktoren entscheiden, ob sich der Kunde alle für die Kaufentscheidung relevanten Informationen problemlos beschaffen kann.[99]

5. Aufgaben und Vorgehensweise

Innerhalb des Marketingprozesses liegen die Aufgaben des Marketing in der Analyse der Absatzchancen, der Festlegung der Absatzziele, der Auswahl, Abstimmung und des Einsatzes der absatzwirtschaftlichen Instrumente und schließlich in der Durchführung und Kontrolle dieser Maßnahmen.

5.1. Analyse der Absatzchancen

Als Basis für die Managementgestaltung des Marketingmix werden mit Hilfe von Marktanalysen die bereits vorhandenen und die potenziellen Marktteilnehmer untersucht und Prognosen darüber erstellt, mit welchen Marketingmaßnahmen sich welche Absatzergebnisse erzielen lassen. Ausgangspunkt für die Identifizierung von Absatzchancen und -risiken ist die Analyse von Umweltveränderungen. Das Ziel der Analyse besteht darin, rechtszeitig und angemessen auf Umweltveränderungen reagieren zu können.[100] Dabei besteht eine besondere Aufmerksamkeit auf dem Käuferverhalten, dem Verhalten der Konkurrenten und der Absatzmittler (Handel).

Basierend auf der Marktanalyse wird mittels der Marktsegmentierung der Gesamtmarkt in homogene Käufergruppen für die weitere Bearbeitung durch die Absatzwirtschaft unterteilt.

5.2. Festlegung der Absatzziele

Auf der Grundlage der Absatzchancen können dann die Absatzziele und Marktbearbeitungskonzepte entwickelt werden. Das Unternehmen orientiert sich bei der Definition der Unternehmensziele vor allem an den eigenen Wünschen (Nutzen), den eigenen Möglichkeiten (Ressourcen) und den Umweltbedingungen.

5.3. Marketingmix festlegen

Zur Umsetzung der Absatzziele wird für jedes Marktsegment die Ausprägung der Produkt-, Preis-, Konditionen-, Kommunikation- und Distributionspolitik bestimmt.

---

99 Vgl. Ott (1979), S. 39.

100 Zur Marktanalyse vgl. insbesondere die Arbeiten von Herrmann (2005) und Füss (2004).

5.4. Durchführung und Kontrolle

Das geplante Absatzkonzept muss letztlich realisiert werden. Mit Hilfe einer systematischen Kontrolle muss festgestellt werden, ob das Konzept und seine Realisierung erfolgreich waren.

Ich bedanke mich für Ihre Aufmerksamkeit.

6 Rechnungs- und Finanzwesen

6.1 Externes Rechnungswesen

1. Einleitung

Sehr geehrte Damen und Herren. Das Thema meines Vortrages lautet „Externes Rechnungswesen".

Das Rechnungswesen dient der Steuerung der betrieblichen Leistungserstellung und der Rechenschaftslegung gegenüber Externen. Dazu ist es notwendig alle monetär wirksamen betrieblichen Geschehnisse zu planen, zu kontrollieren und zu dokumentieren. Diese Aufgaben werden auf Basis der im Rechnungswesen ermittelten Informationen durchgeführt. Das Rechnungswesen wird in das externe und das interne Rechnungswesen unterteilt.

Innerhalb des Rechnungswesens hat das externe Rechnungswesen insbesondere Dokumentationsaufgaben. Des Weiteren hat das externe Rechnungswesen die Aufgabe über monetäre Größen in Betrieben und die ihnen zugrunde liegenden mengenmäßigen Größen für die Ermittlung und Bereitstellung von Unternehmensinformationen gegenüber Externen zu sorgen. Das externe Rechnungswesen wird häufig auch als Finanz- oder Geschäftsbuchführung bezeichnet und richtet sich an Informationsempfänger außerhalb des Unternehmens, insbesondere an Anteilseigner, wie Gesellschafter oder Aktionäre sowie an Gläubiger, wie Banken, Lieferanten und Finanzbehörden.

Zunächst werden im 2. Gliederungspunkt grundlegende Begriffe und Begriffspaare des Rechnungswesens erläutert. Es handelt sich dabei insbesondere um die Begriffspaare Einzahlung - Auszahlung, Einnahme - Ausgabe, Ertrag - Aufwand und Leistung - Kosten. Unter Punkt 3 erfolgt eine Vorstellung der Aufgaben des externen Rechnungswesens. Die Dokumentationsaufgaben des externen Rechnungswesens umfassen die Durchführung der Buchführung und darauf aufbauend die Erstellung des Jahresabschlusses.

2. Begriffe

Zunächst werden Definitionen und Abgrenzungen von Begriffspaaren des Rechnungswesens dargestellt. Es handelt sich insbesondere um die Begriffspaare Einzahlung - Auszahlung, Einnahme - Ausgabe, Ertrag - Aufwand und Leistung - Kosten.

2.1. Einzahlung und Auszahlung

Unter den Begriff Einzahlungen fallen Mehrungen der flüssigen Mittel durch den Zugang von Bar- oder Buchgeld. Auszahlungen beschreiben dagegen Minderungen der flüssigen Mittel durch den Abgang von Bar- oder Buchgeld. Die flüssigen Mittel bezeichnen eine Bilanzposition, die das Bargeld, also materielle Zahlungsmittel, wie Münzen oder Geldscheine und das Buchgeld, also insbesondere Guthaben auf Konten bei Kreditinstituten, umfasst.

2.2. Einnahme und Ausgabe

Einnahmen stellen Mehrungen des aus den flüssigen Mitteln zuzüglich der Forderungen abzüglich der Verbindlichkeiten bestehenden Geldvermögens durch den Abgang von Gütern dar. Ausgaben bezeichnen dagegen die Minderungen des aus den flüssigen Mitteln zuzüglich der Forderungen abzüglich der Verbindlichkeiten bestehenden Geldvermögens durch den Zugang von Gütern.

Während aus rechtlicher Sicht, beispielsweise gemäß § 433 Absatz 2 BGB, bereits eine Zahlungsverpflichtung entsteht, wenn ein Vertrag geschlossen wird, wird in der Betriebswirtschaftslehre davon ausgegangen, dass es zum Zeitpunkt des Ab- oder des Zugangs von materiellen oder immateriellen Gütern, wie beispielsweise Erzeugnissen oder Dienstleistungen, zu Einnahmen oder zu Ausgaben kommt. Die Höhe bemisst sich dabei nach dem Betrag, den bei der Einnahme der Kunde an das Unternehmen oder bei der Ausgabe das Unternehmen an den Lieferanten zahlen muss, also der Ein- oder Auszahlung.

Zwischen Einzahlungen und Einnahmen und Auszahlungen und Ausgaben gibt es keine wertmäßigen Differenzen, sondern in bestimmten Fällen nur zeitliche Unterschiede. So erfolgt bei einem Barkauf beispielsweise die Ausgabe zum gleichen Zeitpunkt wie die Auszahlung. Bei einem Zielkauf, also einem Kauf mit einem Zielzeitpunkt bis zu dem gezahlt werden soll, erfolgt eine Ausgabe, wenn die Güter geliefert werden. Die Auszahlung erfolgt aber erst, wenn die Güter bezahlt werden. Bei einer Vorauszahlung erfolgt schließlich erst eine Auszahlung und später, wenn die Güter geliefert werden, eine Ausgabe.

Einnahmen und Ausgaben beeinflussen den Erfolg des Unternehmens nicht. Sie sind also erfolgsunwirksam, da dabei Geld gegen Güter getauscht wird.

2.3. Ertrag und Aufwand

Der Erfolg des Unternehmens, d.h. die Bilanzposition „Eigenkapital", wird durch die Erträge und Aufwendungen beeinflusst. Erträge und Aufwendungen gehen somit direkt in die Gewinn- und Verlustrechnung eines Unternehmens ein.

Erträge bezeichnen dabei die Mehrungen des Erfolges durch die Erstellung, die Bereitstellung oder den Absatz von Gütern. Aufwendungen bezeichnen dagegen die Minderungen des Erfolges durch den Verbrauch oder den Gebrauch von Gütern.

Da nicht alle Güter abnutzbar sind, beispielsweise Grundstücke und Kapital, umfassen obige Definitionen auch die Bereitstellung von Gütern und den Gebrauch von Gütern. Erträge entstehen zudem durch den Absatz von Gütern, wie beispielsweise im Handel.

Umsatzerlöse bezeichnen Erträge aus dem Absatz von Gütern.

2.4. Leistung und Kosten

Im Gegensatz zu Erträgen und Aufwendungen, die sämtliche Arten der Erfolgserhöhung beziehungsweise der Erfolgsreduzierung bezeichnen, umfassen Leistungen beziehungsweise Kosten nur die Erfolgserhöhungen beziehungsweise die Erfolgsreduzierungen, die im Rahmen einer betriebstypischen Tätigkeit in nicht außerordentlicher Weise innerhalb der Periode, also in der Regel innerhalb des Geschäftsjahres, entstehen.

Die Leistungen stellen Mehrungen des Erfolges durch die Erstellung, die Bereitstellung oder den Absatz von Gütern im Rahmen der gewöhnlichen betrieblichen Tätigkeit der Periode dar. Dagegen bezeichnen die Kosten die Minderungen des Erfolges durch den Verbrauch oder den Gebrauch von Gütern im Rahmen der gewöhnlichen betrieblichen Tätigkeit der Periode.

Leistungen, die in ihrer Höhe Erträgen entsprechen, werden als Grundleistungen bezeichnet. Um darüber hinaus die Leistungen aus den Erträgen zu ermitteln, müssen von den Erträgen die sogenannten neutralen Erträge abgezogen und die sogenannten Zusatzleistungen addiert werden. Bei den neutralen Erträgen handelt es sich um Erträge ohne Leistungsbezug, die in nicht betriebstypischer Weise (betriebsfremde Erträge) oder in einer anderen Periode (periodenfremde Erträge) entstanden sind oder die in unerwarteter Höhe (außerordentliche Erträge) auftreten. Beispiele dafür sind staatliche Subventionen, nachträgliche Steuerrückerstattungen oder der Verkauf von Produktionseinrichtungen zu einem Betrag über dem Restbuchwert. Zusatzleistungen sind Leistungen, die nicht gleichzeitig einen Ertrag darstellen. Ein Beispiel hierfür sind Patente auf Eigenentwicklungen, da diese nicht aktiviert werden.

Kosten, die in ihrer Höhe Aufwendungen entsprechen, werden als Grundkosten bezeichnet. Um darüber hinaus die Kosten aus den Aufwendungen zu ermitteln, müssen von den Aufwendungen die sogenannten neutralen Aufwendungen abgezogen und die sogenannten Zusatzkosten addiert werden.

Bei den neutralen Aufwendungen handelt es sich um Aufwendungen ohne Kostenbezug, die in nicht betriebstypischer Weise (betriebsfremde Aufwendungen) oder in einer anderen Periode (periodenfremde Aufwendungen) entstanden sind oder die in unerwarteter Höhe (außerordentliche Aufwendungen) auftreten. Beispiele dafür sind

Aufwendungen für die Werkswohnungen eines Automobilherstellers, Steuernachzahlungen oder Schäden durch Umweltkatastrophen. Bei den Zusatzkosten handelt es sich um Kosten, die sich nicht von Aufwendungen ableiten lassen. Beispiele dafür sind kalkulatorische Zinsen und kalkulatorische Abschreibungen.

3. Aufgaben des externen Rechnungswesens

Die Aufgaben des externen Rechnungswesens umfassen die Durchführung der Buchführung und darauf aufbauend die Erstellung des Jahresabschlusses.

3.1. Durchführung der Buchhaltung

Die Aufgaben bei der Durchführung der Buchhaltung bestehen zunächst darin, dass zu Beginn des Geschäftsjahres, das bei den meisten Unternehmen mit dem Kalenderjahr übereinstimmt, die Eröffnungsbilanz aus der Schlussbilanz des Vorjahres abgeleitet wird. Basierend auf der Eröffnungsbilanz werden dann die Konten eröffnet.

Während des Geschäftsjahres werden die Geschäftsvorfälle des Unternehmens aufgezeichnet, die anhand von Belegen, wie Rechnungen, Materialentnahmescheine oder Kontoauszügen abgebildet werden können. Diese Geschäftsvorfälle werden entsprechend auf den Bestands- und den Erfolgskonten gebucht. Dabei liegt die Hauptaufgabe der Buchführung in der vollständigen und richtigen Erfassung aller Geschäftsvorfälle.

Am Ende des Geschäftsjahres werden die Erträge und Einnahmen sowie die Aufwendungen und Ausgaben, die jeweils unterschiedlichen Geschäftsjahren zuzuordnen sind, zeitlich abgegrenzt.

Im Anschluss erfolgen im Rahmen einer Inventur zuerst eine mengenmäßige Bestandsaufnahme und dann eine Bewertung des gesamten Vermögens und der gesamten Schulden. Die daraus resultierende detaillierte Auflistung wird als Inventar bezeichnet. Das Inventar dient insbesondere dazu, falsche Buchbestände zu korrigieren.

Zum Schluss werden zuerst die Erfolgs- und dann die Bestandskonten abgeschlossen und aus dem resultierenden Schlussbilanzkonto die Schlussbilanz abgeleitet.

3.2. Erstellung des Jahresabschlusses

Eine weitere Aufgabe des externen Rechnungswesens stellt die Erstellung des Jahresabschlusses des vorausgegangenen Geschäftsjahres dar.

Basierend auf den Informationen der Buchführung wird innerhalb von drei Monaten nach dem Bilanzstichtag der aus der Bilanz, der Gewinn- und Verlustrechnung, dem Anhang, dem Lagebericht und eventuell der Kapitalflussrechnung bestehende Jahresabschluss aufgestellt. Dieser nach Handelsgesetzbüchern erstellte Jahresabschluss wird auch als Handelsbilanz bezeichnet. Aus ihm wird nachfolgend die sogenannte Steuerbilanz abgeleitet, bei der insbesondere Erträge und Aufwendungen aufgrund der Steuergesetzgebungen anders als in der Handelsbilanz bewertet werden.

Bei Aktiengesellschaften kann zudem das Jahresergebnis nach erwarteten Steuern bereits bei der Aufstellung des Jahresabschlusses auf Beschluss des Vorstandes teilweise verwendet werden, indem Einstellungen in die Gewinnrücklagen erfolgen.

Im Anschluss an die Aufstellung des Jahresabschlusses wird der Jahresabschluss von beauftragten Wirtschaftsprüfern geprüft. Es wird dann ein Prüfbericht erstellt und ein Bestätigungsvermerk erteilt. Diese Unterlagen werden zusammen mit dem Jahresabschluss dem Aufsichtsrat zur abschließenden Prüfung vorgelegt. Mit der Zustimmung des Aufsichtsrates ist der Jahresabschluss dann festgestellt.

Innerhalb von acht Monaten nach dem Bilanzstichtag beruft der Vorstand eine Hauptversammlung ein, die den festgestellten Jahresabschluss und den Beschluss über die Verwendung des Jahresergebnisses entgegennehmen, bestätigen und über die Verwendung des verbleibenden Bilanzgewinns entscheiden muss.

Um Externe zu informieren, wird der Jahresabschluss zuletzt vor Ablauf des neunten Monats nach dem Bilanzstichtag durch den Vorstand beim Bundesanzeiger zur Veröffentlichung eingereicht.

Ich bedanke mich für Ihre Aufmerksamkeit.

6.2 Bilanzierungs- und Bewertungsgrundsätze

1. Einleitung

Sehr geehrte Damen und Herren. Das Thema meines Vortrages lautet „Bilanzierungs- und Bewertungsgrundsätze". Jeder rechnungslegungspflichtige Kaufmann kann neben seiner Handelsbilanz, die zwingend aufgestellt werden muss, auch eine Steuerbilanz aufstellen. Dabei müssen Bilanzierungs- und Bewertungsgrundsätze aufgestellt werden, die im Handelsgesetz und im Einkommensteuergesetz festgeschrieben sind.

Zunächst wird im 2. Gliederungspunkt die Maßgeblichkeit der Handelsbilanz für die Steuerbilanz erläutert. Unter Punkt 3 erfolgt eine Vorstellung der Maßgeblichkeit der Steuerbilanz für die Handelsbilanz. Anschließend wird im 4. Gliederungspunkt das Stichtagsprinzip und die wertaufhellenden Tatsachen beschrieben. Der Bilanzstichtag bezeichnet den Tag der Betriebseröffnung oder den Schluss des Wirtschaftsjahres. Unter Punkt 5 erfolgt eine Vorstellung der Bilanzidentität. Der Grundsatz der Bilanzidentität besagt, dass die Schlussbilanz eines Geschäftsjahres gleichzeitig die Anfangsbilanz des folgenden Geschäftsjahres darstellen muss. Anschließend wird im 6. Gliederungspunkt der Grundsatz der Bilanzkontinuität beschrieben, der sowohl hinsichtlich des formellen Aufbaus der Bilanz als auch hinsichtlich der Fortführung der Wertansätze der einzelnen Vermögensgegenstände gilt. Unter Punkt 7 erfolgt eine Vorstellung der Einzelbewertung, die sowohl für Vermögensgegenstände als auch für Schulden gilt. Anschließend wird im 8. Gliederungspunkt das Realisationsprinzip bzw. Imparitätsprinzip beschrieben. Das Realisationsprinzip besagt, dass Verluste grundsätzlich am Abschlussstichtag ausgewiesen werden müssen, auch wenn sie noch nicht realisiert sind. Zum Abschluss werden dann im 9. Gliederungspunkt die handelsrechtlichen Rechnungslegungsvorschriften nach Inkrafttreten des BilMoG beschrieben.

2. Maßgeblichkeit der Handelsbilanz für die Steuerbilanz

Am Schluss des Wirtschaftsjahrs ist bei Gewerbetreibenden, die Bücher führen und jährlich Abschlüsse erstellen, das Betriebsvermögen anzusetzen, das nach den handelsrechtlichen Grundsätzen ordnungsgemäßer Buchführung auszuweisen ist (§ 5 Abs. 1 Satz 1 EStG).

Für die Aufstellung einer Steuerbilanz lassen sich die in Abbildung 15 beschriebenen allgemeinen Maßgeblichkeitsgrundsätze ableiten.

Abbildung 15: Maßgeblichkeit der Handelsbilanz für die Steuerbilanz

Handelsrecht	Steuerrecht
Aktivierungsgebot	Aktivierungsgebot
Passivierungsgebot	Passivierungsgebot
Aktivierungswahlrecht	Aktivierungsgebot
Passivierungswahlrecht	Passivierungsverbot

Diese Maßgeblichkeitsgrundsätze gelten nur für Gewerbetreibende, wobei die Handelsbilanz der Ausgangspunkt für die Steuerbilanz darstellt. Soweit das Steuerrecht z.B. nach § 5 EStG keine abweichende Bilanzierung vorschreibt, gilt eine rechtsgültig aufgestellte Handelsbilanz auch für steuerrechtliche Zwecke.

Eine Durchbrechung des Maßgeblichkeitsprinzips der Handelsbilanz für die Steuerbilanz erfolgt beispielsweise bei Drohverlustrückstellungen. In der Handelsbilanz erfolgt nach § 249 Abs. 1 HGB zwingend eine Passivierung. In der Steuerbilanz ist nach § 5 Abs. 4a EStG eine Passivierung verboten.[101]

[101] Vgl. Fränznick et al. (2009), S. 144.

3. Maßgeblichkeit der Steuerbilanz für die Handelsbilanz

Gemäß § 5 Abs. 1 Satz 2 EStG haben Gewerbetreibende steuerliche Wahlrechte bei der Gewinnermittlung in Übereinstimmung mit der handelsrechtlichen Jahresbilanz auszuüben. Somit stellen zwingende Ansätze in der Steuerbilanz bei handelsrechtlichen Wahlrechten den Ausgangspunkt für die Handelsbilanz dar. Ein Beispiel hierfür wäre die Vermeidung der Versteuerung eines Veräußerungsgewinns bei einem Wirtschaftsgut des Anlagevermögens durch die Bildung eines Sonderpostens mit Rücklageanteil nach § 6b Abs. 3 EStG. Die Bildung des Sonderpostens darf nur erfolgen, wenn der Sonderposten auch in der Handelsbilanz gebildet wird.

Durch das Bilanzrechtsmodernisierungsgesetz (BilMoG) ab dem 01.01.2010 haben sich einige Änderungen bei der Maßgeblichkeit der Steuerbilanz für die Handelsbilanz ergeben. Der Grundsatz der Maßgeblichkeit der Steuerbilanz für die Handelsbilanz wird aufgegeben.

Eine Voraussetzung für die Ausübung steuerlicher Wahlrechte besteht darin, dass die Wirtschaftsgüter, die nicht mit dem handelsrechtlich maßgeblichen Wert in der steuerlichen Gewinnermittlung ausgewiesen werden, in besondere, laufend zu führende Verzeichnisse aufgenommen werden. In diesen Verzeichnissen muss die Vorschrift des ausgeübten steuerlichen Wahlrechts, der Tag der Anschaffung oder Herstellung, die Anschaffungs- oder Herstellungskosten und die vorgenommenen Abschreibungen ausgewiesen werden.[102]

4. Stichtagsprinzip und wertaufhellende Tatsachen

Der Bilanzstichtag bezeichnet den Tag der Betriebseröffnung oder den Schluss des Wirtschaftsjahres. Die Bilanz stellt dabei eine Momentaufnahme über den Umfang des Vermögens und dessen Werthaltigkeit auf den Bilanzstichtag dar (§ 242 Abs. 1 HGB, § 252 Abs. 1 Nr. 3 HGB, § 4 Abs. 1 EStG). Am Bilanzstichtag sind nur Vermögensgegenstände zu bilanzieren, die sich im zivilrechtlichen oder wirtschaftlichen Eigentum des Unternehmers befinden. Die Vermögensgegenstände und Schulden sind mit ihrem Wert am Bilanzstichtag und nicht mit dem Wert vom Tag der tatsächlichen Bilanzerstellung zu bilanzieren.[103]

Wenn zwischen dem Bilanzstichtag und dem Tag der Bilanzaufstellung neue Erkenntnisse eintreten, deren Ursachen für die Wertänderung vor dem Bilanzstichtag eingetreten sind, sind sie am Tag der Bilanzaufstellung noch zu berücksichtigen (§ 252 Abs. 1 Nr. 4 HGB). Liegt die Ursache für die Wertänderung jedoch erst nach dem Bilanzstichtag, wie z.B. bei einem Feuerschaden, der erst nach dem Bilanzstichtag eintritt, handelt es sich um eine wertbeeinflussende Tatsache, die nicht zu berücksichtigen ist.[104]

---

102 Vgl. Fränznick et al. (2009), S. 145.
103 Vgl. Fränznick et al. (2009), S. 145.
104 Vgl. Grobshäuser et al. (2009), S. 136 f.

5. Bilanzidentität

Der Grundsatz der Bilanzidentität besagt, dass die Schlussbilanz eines Geschäftsjahres gleichzeitig die Anfangsbilanz des folgenden Geschäftsjahres darstellen muss (§ 252 Abs. 1 Nr. 1 HGB; § 4 Abs. 1 Satz 1 EStG). Diese Regelung soll sicherstellen, dass der Gewinn der gesamten gewerblichen Tätigkeit vollständig und lückenlos erfasst wird. Darüber hinaus sollen sich durch den Grundsatz der Bilanzidentität Bilanzierungsfehler selbständig ausgleichen.

6. Bilanzkontinuität

Der Grundsatz der Bilanzkontinuität gilt sowohl hinsichtlich des formellen Aufbaus der Bilanz als auch hinsichtlich der Fortführung der Wertansätze der einzelnen Vermögensgegenstände (§ 252 Abs. 1 Nr. 6 HGB, § 265 Abs. 1 und 2 HGB). Dabei ist die Form der Darstellung des Jahresabschlusses, insbesondere die Gliederung der Bilanz sowie der Gewinn- und Verlustrechnung beizubehalten. Bei der Wahl der Bewertungsmethode ist vom Stetigkeitsgrundsatz auszugehen. Der Stetigkeitsgrundsatz bezieht sich insbesondere auf Verfahren zur Ausübung von Bewertungswahlrechten, z.B. die Einbeziehung von Gemein- oder Verwaltungskosten oder die Wahl der Bewertungsverfahren wie z.B. die Einzel- oder Durchschnittsbewertung.[105]

7. Einzelbewertung

Für Vermögensgegenstände und Schulden gilt nach § 240 Abs. 1 HGB, § 252 Abs. 1 Nr. 3 HGB sowie § 6 Abs. 1 Satz 1 EStG zum Abschlussstichtag die Einzelbewertung.[106]

Allerdings erlaubt § 252 Abs. 2 HGB in begründeten Ausnahmefällen eine Abweichung von diesem Grundsatz. Gemäß § 240 Abs. 3 HGB und 256 HGB können bestimmte Vermögensgegenstände des Sachanlagevermögens sowie Roh-, Hilfs- und Betriebsstoffe mit einem Festwert angesetzt werden. Die Bewertung zu einem Festwert bedeutet, dass die Vermögensgegenstände jedes Jahr mit einer gleichbleibenden Menge und mit einem gleichbleibenden Wert erfasst werden. Allerdings muss nach § 240 Abs. 3 HGB alle drei Jahre eine körperliche Bestandsaufnahme durchgeführt werden. Wenn der ermittelte Wert den Festwert um mehr als 10 % übersteigt, dann wird der neu ermittelte Wert als Festwert heran gezogen.

Gemäß § 240 Abs. 4 und § 256 HGB können gleichartige Vermögensgegenstände des Vorratsvermögens sowie andere gleichartige oder annähernd gleichwertige bewegliche Vermögensgegenstände und Schulden zu einer Gruppe zusammengefasst und mit dem gewogenen Durchschnitt bewertet werden. Neben diesem Standardverfahren des gewogenen Durchschnitts, waren bisher nach § 256 HGB sämtliche auf die Bewer-

[105] Vgl. Fränznick et al. (2009), S. 145.
[106] Vgl. Fränznick et al. (2009), S. 146.

tungs- und Verbrauchsfolge zielenden Bewertungsvereinfachungsverfahren erlaubt. Durch das Bilanzrechtsmodernisierungsgesetz (BilMoG), gelten ab dem 01.01.2010 nur noch das Standardverfahren, das LiFo- („last in first out") und das FiFo- („first in first out") Verfahren.[107]

8. Realisationsprinzip

Das Realisationsprinzip bzw. Imparitätsprinzip ist in § 252 Abs. 1 Nr. 4 HGB geregelt und besagt, dass Verluste grundsätzlich am Abschlussstichtag ausgewiesen werden müssen, auch wenn sie noch nicht realisiert sind. Hier gilt das Verursachungsprinzip. Gewinne dürfen dagegen nur ausgewiesen werden, wenn Sie am Abschlussstichtag tatsächlich realisiert sind. Die bloße Wertsteigerung von Vermögensgegenständen darf nicht zum Ausweis von Erträgen führen. Bestätigt wird das Realisationsprinzip im Höchstwertprinzip des § 253 Abs. 1 HGB. Nach dem Höchstwertprinzip dürfen Vermögensgegenstände höchstens mit den Anschaffungs- oder Herstellungskosten - ggf. vermindert um Abschreibungen - angesetzt werden.[108]

9. Schluss

Die handelsrechtlichen Rechnungslegungsvorschriften sind auch nach Inkrafttreten des BilMoG für den Ansatz des Betriebsvermögens zum Zwecke der Besteuerung maßgebend. Somit ist die Handelsbilanz immer noch die Grundlage der steuerlichen Gewinnermittlung. Denn § 5 Abs. 1 S. 1 EStG bestimmt, dass bei Gewerbetreibenden, für den Schluss des Wirtschaftsjahres das Betriebsvermögen anzusetzen ist, das nach den handelsrechtlichen Grundsätzen ordnungsgemäßer Buchhaltung (GoB) auszuweisen ist.

Das BilMoG hebt den Grundsatz der umgekehrten Maßgeblichkeit durch Streichung der Regelung in § 5 Abs. 1 S. 2 EStG a.F. auf. Der Verzicht auf die Übernahme nur steuerlich zulässiger Wertansätze in die Handelsbilanz soll nach der Vorstellung des Gesetzgebers die Informationsfunktion des handelsrechtlichen Jahresabschlusses aufwerten. Steuerliche Mehr- bzw. Sonderabschreibungen sind damit künftig ebenso wenig in der Handelsbilanz zu berücksichtigen wie unversteuerte Rücklagen. Aufgrund der Neufassung des § 5 Abs. 1 Satz 1 EStG dürfen diese Vergünstigungen mit Subventionscharakter für Zwecke der steuerlichen Gewinnermittlung bei Vorliegen der entsprechenden Voraussetzungen aber auch weiterhin in Anspruch genommen werden. Aus Gründen der Dokumentation erfordert die Inanspruchnahme nach § 5 Abs. 1 S. 1 EStG aber die Führung besonderer Verzeichnisse, aus denen sich die von der Handelsbilanz abweichenden Wertansätze der Wirtschaftsgüter ergeben.

Ich bedanke mich für Ihre Aufmerksamkeit.

---

107 Vgl. Grobshäuser et al. (2009), S. 134.
108 Vgl. Fränznick et al. (2009), S. 146.

6.3 Bilanzierung des Firmenwerts

1. Einleitung

Sehr geehrte Damen und Herren, ich habe mich für das Thema „Bilanzierung des Firmenwerts" entschieden. Zunächst wird in Punkt 2 der Begriff des Firmenwerts beschrieben. Anschließend wird in Punkt 3 und 4 die Behandlung des Firmenwerts im Handelsrecht sowie im Steuerrecht dargestellt. In Punkt 5 wird die Ermittlung des Firmenwerts erläutert, wobei eine Differenzierung in die direkte und die indirekte Methode erfolgt. Im Schlussteil wird die Behandlung des Firmenwerts bei den International Accounting Standards beschrieben.

2. Begriff des Firmenwerts

Der Firmenwert bezeichnet den Mehrwert eines Unternehmens, der einem gewerblichen Unternehmen über den Teilwert der einzelnen materiellen und immateriellen Wirtschaftsgüter abzüglich der Schulden hinaus innewohnt. Er wird durch zukünftige Gewinnaussichten bestimmt, die dem Unternehmen aufgrund von Vorteilen wie Ruf, Kundenkreis, Mitarbeiterstamm usw. zukommen. Der Firmenwert ist an den Betrieb gebunden und kann nicht ohne diesen veräußert oder entnommen werden.[109]

3. Handelsrecht

Der Firmenwert stellt einen abnutzbaren immateriellen Vermögensgegenstand des Anlagevermögens dar. Gemäß § 248 Abs. 2 HGB ist die Bilanzierung eines im Betrieb gewachsenen Firmenwertes, sog. originären Firmenwertes, unzulässig. Wenn ein Firmenwert entgeltlich erworbenen wurde, dann besteht ein Aktivierungswahlrecht nach § 255 Abs. 4 HGB. Im Fall der Aktivierung wird der Firmenwert in jedem folgenden Geschäftsjahr mit mindestens 25 % abgeschrieben. Die Abschreibung kann aber auch planmäßig auf die Geschäftsjahre verteilt werden, in denen der Firmenwert voraussichtlich genutzt wird.

Nach dem Bilanzrechtsmodernisierungsgesetz soll ein entgeltlich erworbener Firmenwert als Vermögensgegenstand aktivierungspflichtig und planmäßig über seine betriebsindividuelle Nutzungsdauer abgeschrieben werden.[110]

4. Steuerrecht

Nach § 5 Abs. 2 EStG darf ein originärer, nicht entgeltlich erworbener, Firmenwert in der Steuerbilanz nicht angesetzt werden. Für den derivativen Firmenwert gilt auf-

[109] Vgl. Von Campenhausen et al. (2008), S. 181.
[110] Vgl. Von Campenhausen et al. (2008), S. 181.

grund des handelsrechtlichen Aktivierungswahlrechts in der Steuerbilanz eine Aktivierungspflicht. Der derivative Firmenwert ist im Zeitpunkt des Erwerbs mit den Anschaffungskosten anzusetzen. Ein negativer Firmenwert darf in der Handelsbilanz nicht angesetzt werden.[111]

4.1. Ansatz und Bewertung

Ein entgeltlicher Erwerb liegt nur vor, wenn ein Betrieb oder Teilbetrieb zum Zwecke der Fortführung erworben wird. Bei Erwerb zum Zwecke der Stilllegung werden die Zahlungen als Aufwendungen zur Verbesserung des eigenen Firmenwerts des Käufers behandelt. In diesem Fall sind sie nach § 5 Abs. 2 EStG sofort abziehbar und werden nicht aktiviert.

Der Firmenwert stellt in der Steuerbilanz ein abnutzbares Wirtschaftsgut dar und wird nach § 7 Abs. 1 S. 3 EStG über die gesetzlich festgelegte Nutzungsdauer von 15 Jahren abgeschrieben.

Der Praxiswert eines freiberuflichen Unternehmens wird im Allgemeinen über 3 bis 5 Jahre abgeschrieben. Wenn der Veräußerer weiterhin im Unternehmen verbleibt, erfolgt eine Abschreibung über 6 bis 10 Jahre. Die kürzere Nutzungsdauer beim Praxiswert gegenüber dem Firmenwert ist darauf zurückzuführen, dass der Praxiswert bei einem Freiberufler stark an die Person des Freiberuflers geknüpft ist und daher flüchtiger ist als bei einem gewerblichen Unternehmen.

Beim Firmenwert muss eine Abgrenzung von den selbständigen, immateriellen Einzelwirtschaftsgütern erfolgen. Beim Kundenstamm und bei den Patenten handelt es sich um selbständige Wirtschaftsgüter, die getrennt vom Firmenwert zu aktivieren sind. Damit gilt nicht die gesetzliche Nutzungsdauer von 15 Jahren.

Ein negativer Firmenwert darf in der Steuerbilanz nicht angesetzt werden.

4.2. Teilwertabschreibung

Wenn die Umsätze und Gewinne eines Unternehmens während eines längeren Zeitraums zurückgehen, dann darf eine Teilwertabschreibung des Firmenwerts durchgeführt werden.

5. Ermittlung des Firmenwerts

Für die Ermittlung des Firmenwertes kann die direkte und die indirekte Berechnungsmethoden angewendet werden.[112]

---

[111] Vgl. Von Campenhausen et al. (2008), S. 181.
[112] Vgl. Von Campenhausen et al. (2008), S. 182 f.

5.1. Direkte Methode

Bei der direkten Methode wird der Firmenwert aus dem kapitalisierten Übergewinn abgeleitet. Als Übergewinn wird der nachhaltig erzielbare Reingewinn bezeichnet, der einen angemessenen Unternehmerlohn sowie eine angemessene Verzinsung des Betriebsvermögens übersteigt.

5.2. Indirekte Methode

Bei der indirekten Methode wird der Firmenwert aus dem Gesamtertragswert abgeleitet. Der Gesamtertragswert ergibt sich aus einer angemessenen Verzinsung des nachhaltig erzielbaren Gewinns abzüglich eines angemessenen Unternehmerlohns und eines Risikoabschlags. Grundsätzlich führt die indirekte Methode zum gleichen Ergebnis wie die direkte Methode. Abweichungen ergeben sich jedoch durch die Anwendung des Risikoabschlags bei der indirekten Methode.

6. Schluss

Auch nach den International Accounting Standards darf ein selbstgeschaffener Firmenwert nicht angesetzt werden. Dagegen besteht eine Aktivierungspflicht für den entgeltlich erworbenen Firmenwert. Eine planmäßige Abschreibung des entgeltlich erworbenen Firmenwerts ist nicht erlaubt. Zur Ermittlung der Abschreibung erfolgt jährlich eine Prüfung, ob eine außerplanmäßige Abschreibung vorzunehmen ist (Impairmenttest). Eine spätere Wertaufholung darf nicht durchgeführt werden.

Ich bedanke mich für Ihre Aufmerksamkeit.

6.4 Internes Rechnungswesen

1. Einleitung

Sehr geehrte Damen und Herren. Das Thema meines Vortrages lautet „Internes Rechnungswesen“. Das interne Rechnungswesen hat insbesondere die Aufgabe, die zur Steuerung der betrieblichen Leistungserstellung notwendigen Informationen über Kosten und Leistungen bereitzustellen. Gegenstand des internen Rechnungswesens ist die Ermittlung und die Bereitstellung von Informationen über monetäre und mengenmäßige Größen, die benötigt werden, um die betriebliche Leistungserstellung zu planen und zu kontrollieren. Das interne Rechnungswesen wendet sich anders als das externe Rechnungswesen an Informationsempfänger innerhalb des Unternehmens, wie beispielsweise das Management oder bestimmte Unternehmensbereiche, wie das Controlling oder das Marketing.

Zunächst werden im 2. Gliederungspunkt die Teilbereiche des internen Rechnungswesens beschrieben, die in die Kostenrechnung und in die Betriebsstatistik unterteilt werden können. Unter Punkt 3 erfolgt eine Vorstellung der Kostenrechnungssysteme nach dem Zeitbezug. Die Kostenrechnungssysteme lassen sich in Abhängigkeit vom Zeitbezug der Rechengrößen in Ist-, Normal- und Plankostenrechnungen unterteilen. Anschließend werden im 4. Gliederungspunkt die Kostenrechnungssysteme nach dem Ausmaß der verrechneten Kosten beschrieben. In Abhängigkeit vom Ausmaß der verrechneten Kosten werden außerdem Voll- und Teilkostenrechnungen unterschieden. Anschließend wird im 5. Gliederungspunkt die Vorgehensweise bei der Kostenrechnung beschrieben.

2. Teilbereiche des internen Rechnungswesens

Die Teilbereiche des internen Rechnungswesens sind die Kosten- und Leistungsrechnung und die Betriebsstatistik. Die Kosten- und Leistungsrechnung, die im Mittelpunkt der nachfolgenden Ausführungen steht, wird nach Aufgaben weiter in die Kalkulation, die Erfolgsrechnung, die Entscheidungsrechnung sowie die Kontrollrechnung unterteilt.[113]

Eine wichtige Aufgabe der Kosten- und Leistungsrechnung besteht darin, bestimmte Kosten und Leistungen auf bestimmte Objekte zu verteilen. Mit Hilfe der Kalkulation werden die Kosten und Leistungen auf Kostenträger, wie beispielsweise Produkte, verteilt.

Die Kosten und Leistungen lassen sich der Weiteren über die Erfolgsrechnung auf Geschäftsbereiche und über die Entscheidungsrechnung auf Entscheidungsalternativen, wie beispielsweise die Eigenerstellung oder den Zukauf von Gütern verteilen. Sie können auch im Rahmen der Kontrollrechnungen auf Projekte oder Kostenstellen, wie beispielsweise Abteilungen, verteilt werden.

3. Kostenrechnungssysteme nach dem Zeitbezug

In Abhängigkeit vom Zeitbezug der Rechengrößen lassen sich Kostenrechnungssysteme in Ist-, Normal- und Plankostenrechnungen unterteilen.[114]

---

113 Vgl. Jörasz (2003), S. 14 ff., Coenenberg (2003), S. 18 f.

114 Vgl. Jórasz (2003), S. 29 ff.

Abbildung 16: Ist-, Normal- und Plankostenrechnungen

Istkostenrechnung	Normalkostenrechnung	Plankostenrechnung
Tatsächliche Kosten der abgelaufenen Periode	Durchschnittliche Kosten der vergangenen Jahre	Geplante Kosten der kommenden Periode

3.1. Istkostenrechnung

Die Istkostenrechnung erfasst die tatsächlich in einer Periode angefallenen Kosten. Sie stellt eine vergangenheitsorientierte Kostenrechnung dar, da sich die Istkosten nur nachträglich ermitteln lassen. Auf Vollkostenbasis stellt sie die traditionelle Form der Kosten- und Leistungsrechnung dar.[115]

3.2. Normalkostenrechnung

Die Normalkostenrechnung erfasst die in den vergangenen Perioden durchschnittlich angefallenen Istkosten. Durch die Durchschnittsbildung werden die Schwankungen der Kosten innerhalb der Perioden ausgeglichen. Damit werden die Kosten besser vergleichbar gemacht. Die Normalkostenrechnung stellt ebenfalls wie die Istkostenrechnung eine vergangenheitsorientierte Rechnung dar.[116]

3.3. Plankostenrechnung

Die Plankostenrechnung erfasst die für eine erwartete Beschäftigung prognostizierten Kosten. Bei der Plankostenrechnung handelt es sich somit um eine zukunftsorientierte Rechnung. Die Plankosten stellen die Vorgaben für die Kostenstellen dar. Die Einhaltung dieser Kostenvorgaben wird im Rahmen der Plankostenrechnung kontrolliert. Mit Hilfe von Abweichungsanalysen können dann die Ursachen für die Abweichungen ermittelt werden.[117]

---

115 Vgl. Hummel/Männel (1995), S. 112 f.
116 Vgl. Hummel/Männel (1995), S. 113.
117 Vgl. Hummel/Männel (1995), S. 114 f.

4. Kostenrechnungssysteme nach dem Ausmaß der verrechneten Kosten

Die Kostenrechnungssysteme, d.h. die Ist-, Normal- und Plankostenrechnungen, können nach dem Ausmaß der verrechneten Kosten in Voll- und Teilkostenrechnungen unterschieden werden.[118]

4.1. Vollkostenrechnung

Bei der Vollkostenrechnung werden alle angefallenen Kosten auf die Kostenträger verrechnet. Dadurch wird sichergestellt, dass mit den kalkulierten Preisen alle entstehenden Kosten gedeckt werden. Die Vollkostenrechnung auf Istkostenbasis ist dabei das in der Praxis am weitesten verbreitete Kostenrechnungssystem.[119] Da bei der Vollkostenrechnung alle und somit auch die fixen Kosten proportionalisiert werden, werden den Kostenträgern Kosten zugerechnet, die diese gar nicht verursacht haben. Darüber hinaus ist es in der Regel nicht möglich, die für eine Entscheidung relevanten Kosten zu identifizieren. Um diese Mängel zu beheben, werden Teilkostenrechnungen bedarfsweise ergänzend zu Vollkostenrechnungen durchgeführt.

4.2. Teilkostenrechnung

Bei der Teilkostenrechnung erfolgt eine Kostenaufspaltung in fixe und variable Kosten oder in Einzel- und Gemeinkosten. Diese Kostenaufspaltung ermöglicht es den Kostenträgern nur die Einzelkosten oder die variablen Kosten zuzurechnen, die diese wirklich verursacht haben (Verursachungsprinzip).[120]

5. Vorgehensweise bei der Kostenrechnung

Die Vorgehensweise bei der Kostenrechnung erfolgt immer in drei aufeinander aufbauenden Stufen, nämlich der Kostenarten-, der Kostenstellen- und der Kostenträgerrechnung. Die Kostenartenrechnung dient der Kostenermittlung. Bei der Kostenstellen- und Kostenträgerrechnung erfolgt die Kostenverteilung auf die Kostenstellen und die Kostenträger. Die verschiedenen Kostenrechnungssysteme umfassen immer die genannten Stufen. Sie unterscheiden sich jedoch hinsichtlich der Vorgehensweise innerhalb der Stufen.

Ich bedanke mich für Ihre Aufmerksamkeit.

---

118 Vgl. Jórasz (2003), S. 29 ff.
119 Vgl. Hummel/Männel (1995), S. 44 f.
120 Vgl. Hummel/Männel (1995), S. 49 ff.

6.5 Deckungsbeitragsrechnung

1. Einleitung

Sehr geehrte Damen und Herren. Das Thema meines Vortrages lautet „Deckungsbeitragsrechnung“. Die Deckungsbeitragsrechnung ist Grundlage für verschiedene unternehmerische Entscheidungen und wird selbst in kleineren Handwerksbetrieben angewendet. Zunächst werde ich im 2. Punkt auf die wesentlichen Begriffe der Deckungsbeitragsrechnung eingehen. Anschließend werden im 3. Punkt die Entscheidungssituationen in einem Unternehmen dargestellt, die mit Hilfe der Deckungsbeitragsrechnung zu lösen sind. Unter Punkt 4 folgt eine kurze Schilderung von erweiterten Formen der Deckungsbeitragsrechnung. Schließlich möchte ich in meiner Schlussbetrachtung unter Punkt 5 einen Querverweis auf weitere ergänzende Kostenrechnungssysteme geben.

2. Begriffliche Grundlage

Bei der Deckungsbeitragsrechnung werden die gesamten Kosten in fixe und variable Bestandteile aufgeteilt. Fixe Kosten sind dabei solche Kosten, die unabhängig von der Ausbringungsmenge sind. Ein Beispiel hierfür sind Personalkosten, die nicht direkt produktionsbezogen anfallen wie das Gehalt eines Hausmeisters oder die monatlichen Mietzahlungen für Geschäftsräume. Variable Kosten sind dagegen abhängig von der Produktionsmenge. Ein typisches Beispiel für variable Kosten ist das für die Produktion verbrauchte Material. Mit zunehmender Ausbringungsmenge können variable Kosten proportional, degressiv oder progressiv verlaufen. Bei variablen Kosten würde eine 5 %ige Steigerung der Produktion zu einer 5 %igen Steigerung der variablen Kosten führen.

Die Deckungsbeitragsrechnung wird manchmal auch mit dem sogenannten Direct Costing gleichgesetzt. Beim Direct Costing werden diejenigen Kosten ermittelt, die einem Produkt direkt zugerechnet werden können.

Das Verfahren der Grenzkostenrechnung entspricht grundsätzlich ebenfalls dem Verfahren der Deckungsbeitragsrechnung. Bei der Grenzkostenrechnung wird untersucht, wie sich die Kosten bei der zusätzlichen Produktion einer Einheit entwickeln. Diese als Grenzkosten bezeichneten Mehrkosten entsprechen wiederum weitgehend den variablen Kosten.

Der Deckungsbeitrag kann als die Differenz zwischen Erlösen und variablen Kosten definiert werden. Der Ausweis lässt sich dabei als Stückdeckungsbeitrag und als Periodendeckungsbeitrag ermitteln.

Mit dem verbleibenden Deckungsbeitrag können die fixen Kosten gedeckt werden. Nach Abzug der fixen Kosten verbleibt das Betriebsergebnis als Residualgröße.

Wenn die gesamten fixen Kosten einer Produktgruppe durch den Stückdeckungsbeitrag geteilt werden, erhält man die Produktionsmenge, bei welcher der Betriebsgewinn genau Null beträgt. Diese Menge wird als Gewinnschwelle bezeichnet. Im gesamten Kostenrechnungssystem einer Unternehmung kann die Deckungsbeitragsrechnung immer nur eine wichtige Ergänzung zur Vollkostenrechnung sein.

3. Entscheidungen mit Hilfe der einstufigen Deckungsbeitragsrechnung

Im 3. Gliederungspunkt werden unternehmerische Entscheidungen dargestellt, die mit Hilfe der einstufigen Deckungsbeitragsrechnung getroffen werden können.[121]

3.1. Kurz- und langfristige Preisuntergrenze

Mit Hilfe der Deckungsbeitragsrechnung lässt sich die kurz- und langfristige Preisuntergrenze ermitteln. Ein Unternehmen kann kurzfristig zu Preisen anbieten, die die variablen Kosten decken, da die Fixkosten sowieso anfallen und eventuell von anderen Produkten getragen werden können. Langfristig muss ein Produkt mit dem Preis aber auch die fixen Kosten decken. Bei zunehmender Produktion werden die Fixkosten auf immer mehr Produkte verteilt, so dass die langfristige Preisuntergrenze sinkt. Dieser Zusammenhang wird auch als Gesetz der Massenproduktion bezeichnet. Mit Hilfe der Deckungsbeitragsrechnung lassen sich somit Fehler bei Variationen des Beschäftigungsgrades vermeiden.

3.2. Sortimentsentscheidungen

Die Deckungsbeitragsrechnung gibt bezüglich der Sortimentsentscheidung wichtige Entscheidungshilfen und kann somit den Betriebsgewinn optimieren. Produkte mit hohen Stückdeckungsbeiträgen sollten das Sortiment bestimmen und besonders durch Marketingmaßnahmen gefördert werden. Produkte die langfristig einen negativen Stückdeckungsbeitrag erzielen sollten dagegen aus dem Produktsortiment entfernt werden.

3.3. Optimales Produktionsprogramm

Wenn ein Unternehmen ein optimales Produktionsprogramm zusammenstellen möchte, muss es die vorhandenen Lieferverpflichtungen und die Absatzmöglichkeiten am Markt beachten. Für die vorhandenen Lieferverpflichtungen können die vorhandenen Aufträge herangezogen werden. Dagegen lassen sich die Absatzmöglichkeiten am

[121] Vgl. Jórasz (2003), S. 259.

Markt z.B. aus den Angeboten ableiten, wenn bekannt ist, dass z.B. aus 30 % aller Angebote an Kunden ein Kundenauftrag generiert werden kann.

Der Fokus im Marketing sollte auf Produkten mit hohen relativen Deckungsbeiträgen liegen. Mit Hilfe der Deckungsbeitragsrechnung lässt sich ein Programm für die Maschinenbelegung entwickeln, das den Betriebsgewinn optimiert. Der relative Deckungsbeitrag errechnet sich dabei indem der absolute Stückdeckungsbeitrag durch die benötigte Fertigungszeit pro Stück dividiert wird. Man erhält also einen relativen Deckungsbeitrag in Euro pro Produktionszeiteinheit.

3.4. Annahme von Zusatzaufträgen

Die Frage, ob ein Zusatzauftrag zu geringeren Preisen als üblich angenommen werden soll, kann mit Hilfe der Deckungsbeitragsrechnung beantwortet werden. Die Vollkostenrechnung führt grundsätzlich zu Fehlentscheidungen. Wenn freie Kapazitäten vorhanden sind, führt jeder Auftrag, der einen Preis oberhalb der variablen Stückkosten erzielt, zu einer Verbesserung des Betriebsergebnisses, da sich die Fixkosten durch den Zusatzauftrag nicht erhöhen.

3.5. Eigenfertigung oder Fremdbezug

Die Deckungsbeitragsrechnung gibt bezüglich der Entscheidung ob ein Unternehmen bestimmte Teile in Eigenfertigung produzieren oder lieber im Fremdbezug von einem Zulieferer kaufen soll, wichtige Entscheidungshilfen. Bei kurzfristig freien Kapazitäten darf der Bezugspreis nur mit den variablen Stückkosten verglichen werden, da die Fixkosten nicht beeinflussbar sind. Damit sich eine Eigenfertigung langfristig lohnt, müssen die Gesamtkosten der Eigenproduktion unterhalb der Bezugskosten liegen.

4. Erweiterte Formen der Deckungsbeitragsrechnung

Im dritten Gliederungspunkt gehe ich jetzt auf zwei erweiterte Formen der Deckungsbeitragsrechnung ein. Neben der bisher beschriebenen „Einstufigen Deckungsbeitragsrechnung (Direct Costing)“ gibt es noch die „Mehrstufige Deckungsbeitragsrechnung“ und die „Deckungsbeitragsrechnung mit relativen Einzelkosten“. Bei diesen Verfahren handelt es sich ebenfalls um kurzfristige Erfolgsrechnungen auf Teilkostenbasis.

Abbildung 17: Verfahren der Kurzfristigen Erfolgsrechnung[122]

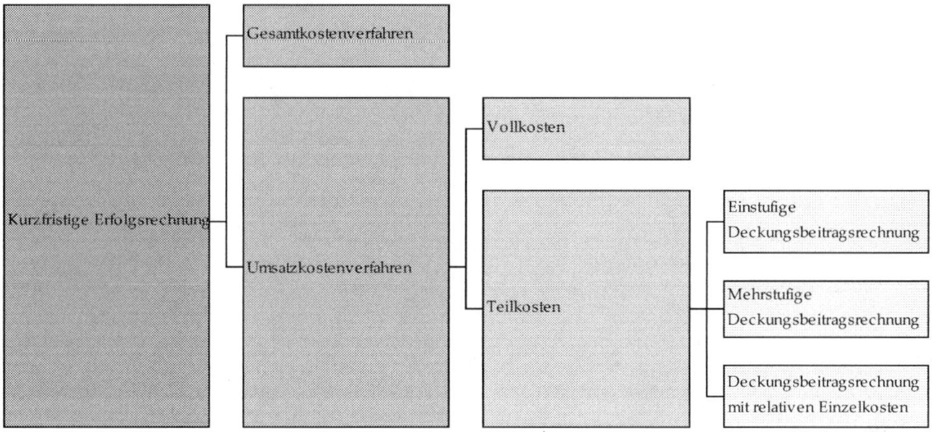

4.1. Mehrstufige Deckungsbeitragsrechnung

Bei der mehrstufigen Deckungsbeitragsrechnung wird der gesamte Fixkostenblock kostenrechnerisch untersucht und es werden die Abhängigkeiten der Kosten genau festgestellt.

Die unterste Stufe der Fixkosten sind die Erzeugnisfixkosten wie z.B. Produktions- und Wartungskosten für Spezialwerkzeuge. Erzeugnisfixkosten sind Kosten, die bereits bei Einstellung der Produktion eines spezifischen Produkts wegfallen würden.

Die nächste Stufe sind dann die Erzeugnisgruppenfixkosten. Diese Kosten fallen nur weg, wenn auf die Produktion einer ganzen Erzeugnisgruppe verzichtet wird. Alternativ zu der erzeugnisorientierten Aufteilung kann auch zwischen Kostenstellenfixkosten und Bereichsfixkosten unterschieden werden.

Die höchste Stufe der Fixkosten stellen die Unternehmensfixkosten, wie z.B. die Kosten der Unternehmensleitung und Unternehmensverwaltung, dar. Diese Kosten fallen nur weg, wenn das ganze Unternehmen die Produktion einstellt.

Mit Hilfe der mehrstufigen Deckungsbeitragsrechnung können wichtige Strategien bezüglich des Produktsortiments erarbeitet werden. Man spricht dann auch von dem Deckungsbeitrag I, II, III etc. den ein Produkt erwirtschaftet.[123]

---

122 In Anlehnung an Wöhe (2008), S. 977.
123 Vgl. Coenenberg (2003), S. 235 f.

4.2. Deckungsbeitragsrechnung mit relativen Einzelkosten

Bei der Deckungsbeitragsrechnung mit relativen Einzelkosten wird der Deckungsbeitrag als Überschuss der Einzelerlöse über die Einzelkosten eines sachlich und zeitlich abzugrenzenden Kalkulationsobjektes definiert. Eine Aufspaltung in fixe und variable Kosten wird nicht durchgeführt. Es erfolgt eine objektbezogene Kostenabgrenzung, die in der Praxis oft schwierig zu erbringen ist.[124]

5. Schluss

Die Deckungsbeitragsrechnung ergänzt die Vollkostenrechnung und ist für unternehmerische Entscheidungen besonders aussagekräftig. Daneben wurden aber auch andere Systeme der Kostenrechnung wie z.B. die Prozesskostenrechnung oder die Zielkostenrechnung entwickelt, die ebenfalls zu einer Verbesserung der Informationsgrundlage für unternehmerische Entscheidungen führen.

Die Prozesskostenrechnung erreicht eine verursachungsgerechtere Zuordnung der Kosten in den indirekten Leistungsbereichen wie beispielsweise dem Lager.

Bei der Zielkostenrechnung werden die „allowable costs" ermittelt, also diejenigen Kosten, welche bei erzielbaren Marktpreisen nach dem Abzug einer angemessenen Gewinnmarge maximal anfallen dürfen.

Die Verbreitung dieser Kostenrechnungssysteme ist allerdings im Gegensatz zur Deckungsbeitragsrechnung vor allem bei kleineren Unternehmen weniger groß.

Zum Schluss möchte ich noch den Hinweis geben, dass die Deckungsbeitragsrechnung auch für einen Kleinbetrieb ein geeignetes Instrument zur eigenen Kostenkontrolle sein kann.

Danke für Ihre Aufmerksamkeit.

6.6 Finanzierung

1. Einleitung

Sehr geehrte Damen und Herren. Das Thema meines Vortrages lautet „Finanzierung". Im Gegensatz zu Investitionsentscheidungen, die die Verwendung finanzieller Mittel zum Gegenstand haben, hat die Finanzierung die Aufgabe, die benötigten finanziellen Mittel zu beschaffen und für deren Rückzahlung an die Kapitalgeber zu sorgen. Um Finanzmittel zu erhalten, müssen die Kapitalgeber zudem jeweils über die aktuelle

124 Vgl. Riebel (1994).

und die geplante Situation des Unternehmens informiert werden und bestimmte Sicherheiten erhalten.

Die betriebliche Finanzierung umfasst die Beschaffung und die Rückzahlung finanzieller Mittel und damit verbunden die Gestaltung der Beziehungen zwischen Unternehmen und ihren Kapitalgebern.

Zunächst werden im 2. Gliederungspunkt die Kapitalarten erläutert. Als Kapitalarten lassen sich Eigen- und Fremdkapital, kurz-, mittel- und langfristiges Kapital sowie Geld- und Sachkapital unterscheiden. Unter Punkt 3 erfolgt eine Vorstellung des Finanzierungsbedarfs von Unternehmen. Anschließend wird im 4. Gliederungspunkt eine Unterteilung der Finanzierungsformen vorgenommen. Die Möglichkeiten der Kapitalbeschaffung lassen sich nach der Herkunft des Kapitals und der Rechtsstellung der Kapitalgeber systematisieren. Unter Punkt 5 erfolgt eine Vorstellung der Ziele der Finanzierung. Finanzierungsentscheidungen werden in der Regel mit der Zielsetzung getroffen, die Liquidität, die Rentabilität und die Unabhängigkeit eines Unternehmens bei einem minimalen Risiko zu maximieren. Zum Abschluss wird dann im 6. Gliederungspunkt die Vorgehensweise bei der Finanzierung beschrieben. Der Ablauf der Finanzierung lässt sich in eine Planungs-, eine Durchführungs- und eine Kontrollphase unterteilen.

2. Kapitalarten

Die finanziellen Mittel, die Gegenstand der Finanzierung sind, werden auch als Kapital bezeichnet. Der Begriff Kapital umfasst somit die Gesamtheit aller zur Finanzierung verwendeten Mittel. Das Kapital wird auf der Passivseite der Bilanz ausgewiesen. Als Kapitalarten lassen sich Eigen- und Fremdkapital, kurz-, mittel- und langfristiges Kapital sowie Geld- und Sachkapital unterscheiden.[125]

2.1. Eigen- und Fremdkapital

In Abhängigkeit davon, ob das Kapital von Eigentümern des Unternehmens bereitgestellt wird, wie beispielsweise Aktionären, oder von Gläubigern, wie beispielsweise Banken oder Lieferanten, wird zwischen Eigen- und Fremdkapital unterschieden.

2.2. Kurz-, mittel- und langfristiges Kapital

Nach der Fristigkeit der Kapitalüberlassung wird zwischen kurz-, mittel- und langfristigem Kapital differenziert. Für die Zeitgrenzen gibt es unterschiedliche Festlegungen. Kurzfristiges Kapital muss innerhalb von einem Jahr, mittelfristiges Kapital innerhalb

125 Vgl. Perridon/Steiner (1991), S. 273 ff.

von 4 bis 5 Jahren und langfristiges Kapital nach mehr als 4 bis 5 Jahren zurückgezahlt werden.

2.3. Geld- und Sachkapital

In Abhängigkeit davon, ob das Kapital als Geld oder in Form von Realgütern, wie beispielsweise in Form eines Fahrzeugs, bereitgestellt wird, erfolgt eine Unterscheidung in Geld- und Sachkapital.

3. Finanzierungsbedarf

Wie hoch der Finanzierungsbedarf ist, hängt insbesondere davon ab, wie viel Mittel in das Anlagevermögen investiert werden müssen und wie viel Umlaufvermögen aufgrund des Cash-to-Cash-Zykluses zu finanzieren ist.

Der Cash-to-Cash-Zyklus gibt den zu finanzierenden Zeitraum zwischen den Auszahlungen für die zur Leistungserstellung benötigten Güter und den Einzahlungen der Kunden für die erhaltenen Produkte an. Einflussfaktoren auf den Cash-to-Cash-Zyklus sind die Dauer der Leistungserstellung, die insbesondere den Umfang der zu finanzierenden Vorräte bestimmt, und die Zahlungsziele, die die Lieferanten dem Unternehmen gewähren und die das Unternehmen den Kunden gewährt.

4. Unterteilung der Finanzierungsformen

Die Finanzierungsformen lassen sich nach der Herkunft des Kapitals und der Rechtsstellung der Kapitalgeber systematisieren.[126]

4.1. Kapitalherkunft

Nach der Kapitalherkunft lässt sich die Außen- und die Innenfinanzierung unterscheiden.

Es handelt sich um Außenfinanzierung, wenn die Finanzmittel von außen in Form von Eigen- oder Fremdkapital in das Unternehmen gebracht werden. Die Außenfinanzierung kann somit als Eigenfinanzierung über Einlagen oder Beteiligungen erfolgen oder als Fremdfinanzierung über Kredite.

Stammen die Mittel hingegen vom Betrieb selbst, wird von einer Innenfinanzierung gesprochen.

---

[126] Vgl. Perridon/Steiner (1991), S. 273 ff., Schmidt (1990), S. 179.

Abbildung 18: Finanzierungsformen[127]

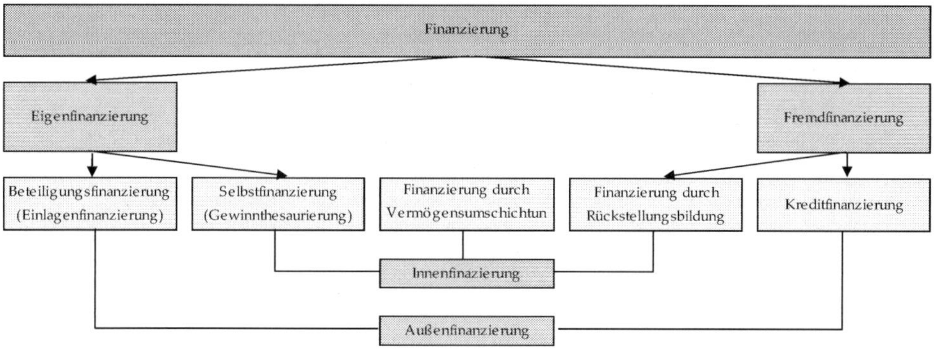

4.2. Rechtsstellung der Kapitalgeber

Nach der Rechtsstellung der Kapitalgeber können die Eigen- und die Fremdfinanzierung unterschieden werden. Eine Eigenfinanzierung liegt vor, wenn das Kapital von den Unternehmenseignern durch Einlagen oder nicht ausgeschüttete Gewinne eingebracht wird. Das Eigenkapital stellt dabei Haftungskapital für die Verpflichtungen des Unternehmens dar. Beim Fremdkapital, wie Krediten oder Pensionsrückstellungen, handelt es sich hingegen nicht um Haftungskapital.

5. Ziele der Finanzierung

Finanzierungsentscheidungen werden in der Regel mit der Zielsetzung getroffen, die Liquidität, die Rentabilität und die Unabhängigkeit eines Unternehmens bei einem minimalen Risiko zu maximieren.[128]

5.1. Liquidität

Die Beschaffung von finanziellen Mitteln hat die Aufgabe, die Liquidität beziehungsweise die Zahlungsfähigkeit von Unternehmen sicherzustellen.

Unter der Liquidität oder der Zahlungsfähigkeit wird die Fähigkeit eines Unternehmens verstanden, zu jeder Zeit seine fälligen Verbindlichkeiten zurückzahlen zu können.

127 Vgl. Wöhe (2008) S. 519.
128 Vgl. Schmidt (1990), S. 171 ff.

Wenn ein Unternehmen nicht mehr zahlungsfähig ist, ist es illiquide. Dieser Zustand kann zur Einstellung der Betriebstätigkeit beziehungsweise zur Insolvenz führen.

Um die Liquidität sicherzustellen, müssen die Termine der Kapitalrückzahlung mit den Terminen der Kapitalfreisetzung abgeglichen werden.

5.2. Rentabilität

Da externe Investoren insbesondere auf die Rentabilität von Unternehmen achten, sind Rentabilitätsziele in der betrieblichen Praxis häufig genauso wichtig wie Liquiditätsziele. Die zu erreichende Rentabilität hat dabei einen erheblichen Einfluss auf die Gestaltung der betrieblichen Aktivitäten.

Zwischen den Rentabilitäts- und den Liquiditätszielen besteht allerdings ein Zielkonflikt. Eine hohe Liquidität wirkt sich in der Regel negativ auf die Rentabilität aus und umgekehrt.

5.3. Unabhängigkeit

Die Bewahrung der Unabhängigkeit von Kapitalgebern im Hinblick auf die Art und Weise, wie die Geschäfte geführt werden, ist ein weiteres finanzwirtschaftliches Ziel.

5.4. Risikominimierung

Im Rahmen der finanzwirtschaftlichen Aktivitäten gilt es auch, Risiken und dabei insbesondere die Aufzehrung des Kapitals durch Verluste zu minimieren.

6. Vorgehensweise bei der Finanzierung

Der Ablauf der Finanzierung lässt sich in eine Planungs-, eine Durchführungs- und eine Kontrollphase unterteilen.

6.1. Planungsphase

In der Planungsphase wird ein Finanzplan erstellt. Der Finanzplan umfasst Prognosen hinsichtlich der erwarteten Ein- und Auszahlungen des Unternehmens und sichert die Liquidität über einen Abgleich der prognostizierten Salden mit Maßnahmen zum Saldenausgleich. In der Planungsphase werden zudem verschiedene Alternativen der Mittelbeschaffung und -anlage ermittelt.

6.2. Durchführungsphase

Im Rahmen der Durchführungsphase werden die benötigten Finanzmittel beschafft beziehungsweise überschüssige Mittel angelegt.

6.3. Kontrollphase

Im Rahmen der Kontrollphase wird die Finanzplanung fortlaufend auf Soll-Ist-Abweichungen überprüft, und es werden erforderlichenfalls entsprechende Anpassungen durchgeführt.

Ich bedanke mich für Ihre Aufmerksamkeit.

6.7 Mezzanine Finanzierungsformen

1. Einleitung

Sehr geehrte Damen und Herren. Das Thema des folgenden Vortrages lautet: „Mezzanine Finanzierungsformen". In der Betriebswirtschaftslehre dient der Begriff Mezzanine als Bezeichnung für Finanzierungsinstrumente, die wegen ihrer wirtschaftlichen Charakteristika bilanziell zwischen Eigen- und Fremdkapital einzuordnen sind. Oftmals wird im Zusammenhang mit „Mezzaninen Finanzierungsformen" auch von „hybriden Finanzierungsformen" gesprochen. Es handelt sich bei Mezzanine-Kapital also nicht um eine vollständig eigene Finanzierungsform, sondern um eine Kombination aus bereits bekannten Finanzierungsinstrumenten, die sehr individuell ausgestaltet werden kann.

Zunächst wird im 2. Gliederungspunkt der Zweck einer Mezzaninen Finanzierung dargestellt. Unter Punkt 3 erfolgt eine Vorstellung der verschiedenen Formen der Mezzaninen Finanzierung. Anschließend werden im 4. Gliederungspunkt die Risiken, die mit Mezzanine Kapital verbunden sind, beleuchtet. Zum Abschluss wird dann ein Fazit aus den vorgestellten Überlegungen gezogen.

2. Zweck der Mezzaninen Finanzierung

Der Zweck der Mezzaninen Finanzierung besteht darin, ein ausgewogenes Verhältnisses von Eigen- und Fremdkapital in der Bilanz eines Unternehmens zu erreichen.

Vor allem mittelständische Unternehmen mit hohem Wachstumspotential haben häufig Finanzierungsprobleme, die durch die Generierung von Mezzanine Kapital geschlossen werden können. Dadurch verbessen sich auch die Ratingergebnisse der Unternehmen.

Wenn ein Unternehmen lediglich die Fremdfinanzierung erhöht, ohne die Eigenkapitalbasis auszuweiten, führt dies zu einer Verschlechterung der Bilanzstruktur und zu einer Verminderung der Bonität des Unternehmens.

Die Mezzanine Finanzierung wird häufig zur Wachstumsfinanzierung verwendet. Sie dient als Unterstützung bei der Erschließung neuer Märkte, bei der Ausweitung von Produktionskapazitäten, bei der Entwicklung neuer Produkte, bei Management-Buy-Outs und bei der Vorbereitung von Börsengängen.

Als Kapitalgeber stehen Banken, Versicherungen, Unternehmensbeteiligungsgesellschaften, Mezzanine Fonds, Venture Capital-Gesellschaften und Private Investoren zur Verfügung.

3. Formen der Mezzanine Finanzierung

Bei den Formen der Mezzanine Finanzierung werden Equity Mezzanine Capital und Debt Mezzanine Capital unterschieden. Das Equity Mezzanine Capital ist sowohl wirtschaftlich, als auch bilanziell dem Eigenkapital zuzuordnen. Die Kriterien für die Einstufung als Equity Mezzanine Capital sind eine erfolgsabhängige Vergütungskomponente, eine Nachrangigkeit bei der Befriedigung der Forderung und eine langfristig angelegte Kapitalüberlassung. Beispiele hierfür sind die atypische stille Beteiligung und die Ausgabe von Genussscheinen. Beim Debt Mezzanine Capital liegt zwar wirtschaftliches Eigenkapital vor, bilanziell handelt es sich hingegen um Fremdkapital. Beispiele für diese Form sind die typisch stille Beteiligung und das Nachrangdarlehen.

3.1. Stille Beteiligung

Bei stillen Beteiligungen wird zwischen typischen und atypischen stillen Beteiligungen unterschieden. Eine stille Beteiligung ist eine Vermögenseinlage in ein Unternehmen, ohne dass der Stille Gesellschafter nach außen als Gesellschafter auftritt. Die stille Beteiligung ist grundsätzlich bei jeder Rechtsform möglich.

Bei der typischen stillen Beteiligung haben die Kapitalgeber kein Mitspracherecht und können vertraglich einen Verlustausschluss vereinbaren. In der Regel handelt es sich bei typischen stillen Beteiligungen um bilanzielles Fremdkapital. Somit können im Falle einer Insolvenz vom Investor Ansprüche an die Unternehmung auf Kapitalrückzahlung gestellt werden.

Die atypische stille Beteiligung schließt eine Teilhabe am Gesellschaftsvermögen und am Verlust mit ein. Die Forderung gegenüber der Gesellschaft ist auf jeden Fall nachrangig und die Vergütung der Investoren hat fixe und variable Bestandteile. Bilanziell stellt die atypisch stille Beteiligung Eigenkapital dar.

3.2. Genussschein

Eine weitere Form der Mezzaninen Finanzierung stellt die Ausgabe von Genussscheinen dar. Normalerweise steht den Genussrechtsinhabern ein Anteil am Reingewinn zu. Sie räumen dem Inhaber jedoch keine Gesellschafterrechte ein. Genussscheine verbriefen keine Eigentumsrechte, was dazu führt, dass die Inhaber keine Stimmrechte haben und die Unternehmenspolitik somit nicht beeinflussen können.

Genussrechtskapital wird grundsätzlich als Eigenkapitalersatz gewertet und kann somit die Bilanzstruktur eines Unternehmens deutlich verbessern. Dies verbessert die Solvabilitätskennzahlen zur Aufnahme von weiterem Fremdkapital. Der Investor hat oftmals einen festen Ertrag verbunden mit einem Anteil am Reingewinn, was den Kauf von Genussscheinen attraktiv machen kann.

3.3. Nachrangdarlehen

Das Nachrangdarlehen hat die Besonderheit, dass der Darlehensgeber hinter den Forderungen sämtlicher Fremdkapitalgeber im Rang zurücktritt. Das Darlehen wird folglich höher verzinst als normales Fremdkapital. Diese Form der Mezzaninen Finanzierung kommt einem klassischen Kredit sehr nahe und hat daher Fremdkapitalcharakter. Das zeigt sich auch in der normalerweise fest vereinbarten Laufzeit und Verzinsung des Darlehens. Des Weiteren nimmt der Kapitalgeber nicht am laufenden Verlust des Unternehmens teil.

3.4. Optionsanleihe

Optionsanleihen sind Unternehmensschuldtitel (Inhaberschuldverschreibungen), die neben dem Anspruch auf Verzinsung und Tilgung noch ein Bezugsrecht auf Anteile des Unternehmens beinhalten. Diese Finanzierungsform wird häufig bei großen Transaktionsvolumina gewählt, da durch die Verbriefung der Schuldverschreibung das benötigte Kapital auf mehrere Mezzanine-Investoren verteilt werden kann. Der Emittent hat zunächst lediglich Fremdkapital über die Anleiheemission generiert. Wenn die Investoren die Optionsscheine dann nutzen, entsteht zusätzliches Eigenkapital durch die Ausgabe der Aktien. Der Vorteil des Emittenten liegt neben der Chance zur Gewinnung von zusätzlichem Eigenkapital in den niedrigeren Zinsaufwendungen gegenüber einer normalen Anleihe.

3.5. Wandelanleihe

Die Wandelanleihe ist wie die Optionsanleihe eine Schuldverschreibung mit einem Zusatzanreiz. Bei einer Wandelanleihe besitzt der Inhaber keine Bezugsrechte auf Unternehmensanteile, sondern das Recht, den Rückzahlungsbetrag in eine bestimmte Anzahl von Unternehmensanteilen (i.d.R. Aktien) umzuwandeln. Dem Unternehmer fließt dann neues Eigenkapital zu und gleichzeitig geht das Fremdkapital verloren. Wird dieses Recht nicht genutzt, so wird die Anleihe am Ende ihrer Laufzeit vom Unternehmen zurückgezahlt.

4. Risiken der Mezzanine Finanzierung

Die Risiken beziehungsweise Nachteile einer Mezzaninen Finanzierung bestehen darin, dass Mezzanine Kapital in der Regel nur für innovative Unternehmen mit guten Wachstumschancen von den Investoren zur Verfügung gestellt wird. Dabei müssen auch wegen der höheren Transaktionskosten, welche durch die vorhandene Komplexität der Instrumente entstehen, Mindestfinanzierungssummen erreicht werden. Darüber hinaus führt die Risikoübernahme durch die Investoren zu erhöhten Renditeerwartungen. Letztlich sollte auch berücksichtigt werden, dass die Kapitalüberlassung oftmals zeitlich befristet ist und deshalb eventuell Anschlussfinanzierungen benötigt werden.

5. Schluss

Die Finanzierung mit Mezzanine Kapital bietet wichtige Eigenkapitalbestandteile und den Verzicht auf die Stellung von Sicherheiten. Die Gesellschafterverhältnisse können beibehalten werden. Auch im Zuge der Finanzmarktkrise werden Unternehmen in Zukunft vermehrt Mezzanine Kapital benötigen. Für kleine Unternehmen ist dies allerdings nur sehr eingeschränkt möglich. Wichtig ist eine professionelle Finanzierungsberatung um die hohe Flexibilität, die eine Mezzanine Finanzierung ermöglicht, auch optimal auf die eigenen Unternehmensbedürfnisse zuschneiden zu können.

Ich bedanke mich für Ihre Aufmerksamkeit.

6.8 Investitionen

1. Einleitung

Sehr geehrte Damen und Herren. Das Thema meines Vortrages lautet „Investition". Zur erfolgreichen Teilnahme am Wirtschaftsgeschehen, müssen Unternehmen das ihnen zur Verfügung gestellte Kapital entsprechend ihren Zielsetzungen richtig verwenden. Unter einer Investition wird die Verwendung finanzieller Mittel für die Güter verstanden, die der Erwirtschaftung finanzieller Mittel dienen. Die durch Investitionen ausgelöste Kapitalverwendung wirkt sich dabei primär auf die Aktivseite der Bilanz aus.[129]

---

[129] Vgl. Günther/Schittenhelm (2003), S. 3.

Zunächst erfolgt im 2. Gliederungspunkt eine Unterteilung der Investitionen. Von besonderer Bedeutung für die Beurteilung von Investitionen ist die Zielsetzung beziehungsweise der Anlass einer Investition. Hinsichtlich der Zielsetzung lassen sich Errichtungsinvestitionen, Erweiterungsinvestitionen, Ersatzinvestitionen, Rationalisierungsinvestitionen und Sozial- bzw. Sicherheitsinvestitionen unterscheiden. Unter Punkt 3 erfolgt eine Darstellung der Aufgaben im Investitionsbereich. Zum Abschluss wird dann im 4. Gliederungspunkt die Vorgehensweise bei Investitionen beschrieben. Investitionsentscheidungen laufen in der Regel in Phasen ab. Die Phasen lassen sich in eine Planungsphase, in eine Entscheidungsphase, in eine Realisierungsphase und in eine Kontrollphase einteilen

2. Unterteilung der Investitionen

Eine Unterteilung der Investitionen kann hinsichtlich des Investitionsobjekts, der Zielsetzung der Investition, der Nutzungsdauer des Investitionsobjekts und des Auftretens im Zeitablauf erfolgen.

Im Mittelpunkt der nachfolgenden Ausführungen stehen Investitionen in Betriebsmittel beziehungsweise Sachanlagen. Diese werden als Real- oder Sachinvestitionen bezeichnet. Bei Investitionen in Unternehmensbeteiligungen oder in andere Möglichkeiten der Finanzanlage handelt es sich um Finanzinvestitionen, bei Investitionen in Dienstleistungen oder Know-how um immaterielle Investitionen.

Für die Beurteilung von Investitionen ist die Zielsetzung beziehungsweise der Anlass einer Investition von besonderer Bedeutung. Hinsichtlich der Zielsetzung lassen sich Errichtungsinvestitionen, Erweiterungsinvestitionen, Ersatzinvestitionen, Rationalisierungsinvestitionen und Sozial- bzw. Sicherheitsinvestitionen unterscheiden.

2.1. Errichtungsinvestitionen

Errichtungsinvestitionen bezeichnen den Vorgang bei der erstmaligen Beschaffung von Betriebsmitteln zur Produktion neuer Produkte. Das ist beispielsweise der Fall, wenn eine neue Fabrik errichtet wird.

2.2. Erweiterungsinvestitionen

Erweiterungsinvestitionen liegen vor, wenn die Kapazität der vorhandenen Betriebsmittel vergrößert wird, beispielsweise indem eine zweite, mit der bisherigen Einrichtung identische Produktionseinrichtung beschafft wird. Meist ist dies notwendig, um die gestiegene Nachfrage nach einem Produkt befriedigen zu können.

2.3. Ersatzinvestitionen

Ersatzinvestitionen liegen vor, wenn Betriebsmittel, die hohe Instandhaltungskosten verursachen oder nicht mehr dem aktuellen Stand der Technik entsprechen, durch neue Betriebsmittel ersetzt werden. Dies ist beispielsweise der Fall, wenn eine alte Produktionsanlage durch eine neue Produktionsanlage ersetzt wird.

2.4. Rationalisierungsinvestitionen

Rationalisierungsinvestitionen liegen vor, wenn menschliche Arbeitskräfte durch vollautomatische Betriebsmittel ersetzt werden. Ein Beispiel wäre der Ersatz eines manuellen Montageplatzes durch einen Montageautomat.

2.5. Sozial-/Sicherheitsinvestitionen

Sozial- und Sicherheitsinvestitionen haben das Ziel, die Arbeitsbedingungen zu verbessern. Ein Beispiel für eine Sozialinvestition stellt die Schaffung eines Betriebskindergartens dar. Dagegen bezeichnet ein verbesserter Eingriffsschutz an einer Maschine eine Sicherheitsinvestition. Eine Beurteilung der wirtschaftlichen Vorteilhaftigkeit von Sozial- und Sicherheitsinvestitionen ist kaum möglich.

3. Aufgaben im Investitionsbereich

Die Aufgaben im Investitionsbereich bestehen darin, die Mindestvorteilhaftigkeit von Investitionen zu überprüfen, die Auswahl zwischen Investitionsalternativen und der besten Investitionsprojekte zu treffen und das Investitionscontrolling vorzunehmen.

3.1. Überprüfung der Investitionsdaten

Im Rahmen von Investitionsentscheidungen werden zunächst die Daten und die getroffenen Annahmen, die in der Regel von anderen Bereichen bereitgestellt werden, auf ihre Richtigkeit und Plausibilität hin überprüft.

3.2. Überprüfung einer Mindestvorteilhaftigkeit

Für Investitionsprojekte gelten in der Regel bestimmte Mindestanforderungen, die überprüft werden müssen. Ein Beispiel wäre die Forderung, dass die Amortisationsdauer weniger als drei Jahre beträgt oder der interne Zinsfuß größer als 12 Prozent ist.

3.3. Wahl zwischen Investitionsalternativen

Wenn es verschiedene Investitionsmöglichkeiten gibt, mit denen dasselbe Ziel erreicht werden kann, ist eine Wahl zwischen Investitionsalternativen durchzuführen. Dies ist beispielsweise der Fall, wenn eine Auswahl zwischen den Produktionsanlagen verschiedener Hersteller getroffen werden muss.

3.4. Auswahl der besten Investitionsprojekte

Eine Auswahl der besten Investitionsprojekte ist erforderlich, wenn nicht genügend finanzielle Mittel zur Verfügung stehen, um alle vorteilhaften Investitionen durchführen zu können.

3.5. Investitionscontrolling

Während der Realisierung der Investition müssen sich die im Rahmen der Investitionsentscheidung ermittelten Daten einem Investitionscontrolling unterziehen. Falls im Projektverlauf absehbar ist, dass die Investitionsziele nicht erreicht werden, kann es dadurch sogar zu einem Abbruch des Investitionsprojekts kommen.

4. Vorgehensweise bei Investitionen

Investitionsentscheidungen laufen in der Regel in Phasen ab. Die Phasen lassen sich in eine Planungsphase, in eine Entscheidungsphase, in eine Realisierungsphase und in eine Kontrollphase einteilen.[130]

4.1. Planungsphase

Die Planungsphase bei Investitionsentscheidungen beginnt mit den Planungen in den verschiedenen Unternehmensbereichen, zu deren Realisierung Investitionen notwendig sind. So kann beispielsweise im Produktionsbereich eines Unternehmens aufgrund einer prognostizierten Nachfragesteigerung ein Bedarf für eine zusätzliche Spritzgussmaschine für Kunststoffteile entstehen.

Aufgrund der Investitionsanregung werden nachfolgend mögliche Investitionsalternativen und die entsprechenden Investitionsdaten ermittelt. Da die Auswirkungen in der Zukunft liegen, kommen hierbei in der Regel Prognose- und Schätzverfahren zur Anwendung. In dem vorgenannten Beispiel könnte ein Produktionsplaner des Unternehmens verschiedene Angebote für Produktionsanlagen einholen und die finanziellen Auswirkungen auf das Unternehmen ermitteln.

---

130 Vgl. Perridon/Steiner (1991), S. 28 ff., Thommen/Achleitner (2003), S. 588 ff.

4.2. Entscheidungsphase

Nach der Bestimmung der verschiedenen Investitionsalternativen und ihrer Auswirkungen werden die Alternativen mittels der statischen und der dynamischen Verfahren der Investitionsrechnung quantitativ und im Hinblick auf die Erreichung bestimmter Ziele, wie beispielsweise der Flexibilität, oftmals auch qualitativ beurteilt. Basierend auf dieser Beurteilung erfolgt dann eine Entscheidung für eine Investitionsalternative.

Für das gesamte Unternehmen stellt sich häufig nicht nur die Frage, ob eine einzelne Investition durchgeführt werden soll oder nicht, sondern es bestehen gleichzeitig Investitionsbedarfe in verschiedenen Unternehmensbereichen, über die entschieden werden muss. Da oft nicht genügend finanzielle Mittel vorhanden sind, um alle Investitionen durchzuführen, müssen den Investitionen Prioritäten zugeordnet und damit ein Investitionsprogramm aufgestellt werden.

4.3. Realisierungsphase

Nach der Entscheidung, welche Investitionen durchgeführt werden sollen, werden die Investitionen realisiert. In dem vorgenannten Beispiel wird die Produktionsanlage beschafft, in der Produktion des Unternehmens aufgebaut und in Betrieb genommen.

4.4. Kontrollphase

Die Investitionskontrolle umfasst zum einen die sogenannte Ausführungskontrolle, bei der überprüft wird, ob die Investitionsvorhaben wie geplant realisiert worden sind, und zum anderen die sogenannte Ergebniskontrolle bei der überprüft wird, ob die Investitionen die erwarteten Ergebnisse erzielt haben. So überprüft im vorgenannten Beispiel ein Controller des Unternehmens nach der Inbetriebnahme der Spritzgussmaschine, ob die laufenden Maschinenkosten mit den geplanten Kosten übereinstimmen. Sollten sich bei den Kontrollen Abweichungen ergeben, sind entsprechende Korrekturmaßnahmen einzuleiten.

Ich bedanke mich für Ihre Aufmerksamkeit.

6.9 Statische und dynamische Verfahren der Investitionsrechnung

1. Einleitung

Sehr geehrte Damen und Herren. Das Thema meines Vortrages lautet „Statische und dynamische Verfahren der Investitionsrechnung". Bei der Investitionsrechnung soll die Vorteilhaftigkeit von geplanten Investitionsobjekten quantitativ-monetär aufgezeigt werden.

Im Verlauf meiner Ausführungen werde ich nach meinen einführenden Beschreibungen der Grundlagen der Investitionsrechnung im 2. Gliederungspunkt die statischen und dynamischen Verfahren der Investitionsrechnung im 3. Und 4. Gliederungspunkt erläutern. Bei den statischen Verfahren werden die Kostenvergleichsrechnung, die Gewinnvergleichsrechnung, die Rentabilitätsvergleichsrechnung und die Amortisationsrechnung unterschieden. Die dynamischen Verfahren werden in die Kapitalwertmethode, die Interne-Zinsfuß-Methode, die Annuitätenmethode und in die dynamische Amortisationsrechnung unterteilt.

2. Grundlagen der Investitionsrechnung

Investitionen werden in der Kapitalmarkttheorie als Zahlungsströme definiert, die mit einer Ausgabe beginnen. Die Investitionsrechnung wird als Auswahlentscheidung herangezogen, wenn mehrere Investitionsalternativen zur Verfügung stehen und eine Alternative ausgewählt werden soll oder wenn eine Investition auf ihre grundsätzliche Vorteilhaftigkeit geprüft werden soll.

Die statischen Verfahren sind einperiodig und berücksichtigen den Zinseffekt späterer Zahlungen entsprechend unvollständig. Als Datengrundlage dienen die mit der Investition verbundenen Kosten und Leistungen aus der Kostenrechnung und nicht die Zahlungsströme. Statische Verfahren haben einen geringeren Informationsbedarf als dynamische Verfahren. Allerdings lassen sie den Zinseffekt späterer Zahlungen unberücksichtigt.

Die dynamischen Verfahren sind mehrperiodig und berücksichtigen den Zinseffekt späterer Zahlungen. Die Datengrundlage für das dynamische Verfahren sind die Ein- und Auszahlungen der Investition und der anzuwendende Kalkulationszinsfuß. Allerdings können die zukünftigen Ein- und Auszahlungen sowie der Kalkulationszinsfuß nur geschätzt werden. Dies hat einen erhöhten Informationsbedarf zur Folge. Der anzuwendende Kalkulationszinsfuß beeinflusst das Ergebnis erheblich. In der Regel wird er vom Kapitalmarkt abgeleitet und orientiert sich an langfristigen Bundesanleihen.

3. Statische Verfahren

3.1. Kostenvergleichsrechnung

Die Kostenvergleichsrechnung ermittelt für mehrere Investitionsalternativen die geringsten Kosten im Periodendurchschnitt. Dabei werden Kapitalkosten wie Abschreibungen und Zinsen sowie durchschnittliche Personalkosten, Energiekosten, Instandhaltungskosten und Reparaturkosten berücksichtigt.

Bei der Kostenvergleichsrechnung werden die Kosten in fixe und variable Kosten aufgeteilt. Fixe Kosten wie zum Beispiel kalkulatorische Zinsen sind von der Ausbringungsmenge unabhängig. Der Breakeven-Point beschreibt die Produktions- und Absatzmenge, bei der die Kosten gerade von den Erlösen gedeckt werden. Die kritische Menge ist dagegen die Produktions- und Absatzmenge, ab der die Investition A günstiger als die Investition B wird.

3.2. Gewinnvergleichsrechnung

Die Gewinnvergleichsrechnung stellt eine Erweiterung der Kostenvergleichsrechnung dar, bei der zusätzlich noch die Erlöse der vergleichenden Investitionen mit einbezogen werden.

3.3. Rentabilitätsvergleichsrechnung

Die Rentabilitätsvergleichsrechnung stellt den Gewinn der einzelnen Investitionen ins Verhältnis zum notwendigen Investitionsvolumen. Durch eine Multiplikation mit 100 erhält man die Renditeangabe in Prozent. Die Rentabilitätsvergleichsrechnung wird insbesondere bei Programmentscheidungen eingesetzt, bei denen ein vorhandenes Budget auf unterschiedliche Investments aufgeteilt werden soll.

3.4. Amortisationsrechnung

Bei der Amortisationsrechnung wird die Amortisationsdauer einzelner Investitionen ermittelt. Dabei werden Investments mit kurzer Amortisationsdauer grundsätzlich bevorzugt. Der Nachteil besteht dabei darin, dass Projekte mit langfristigen Gewinnchancen vernachlässigt werden.

4. Dynamische Verfahren

Die Ausführungen werden nun mit den dynamischen Investitionsrechnungsverfahren fortgesetzt. Bei den dynamischen Verfahren werden die Ein- und Auszahlungen jeder Periode einzeln erfasst und mit dem gewählten Kalkulationszinsfuß auf- oder abgezinst. Die zukünftigen Ein- und Auszahlungen sowie der Kalkulationszinsfuß sind oftmals unsicher zu quantifizieren und werden geschätzt. Der Kalkulationszinsfuß berücksichtigt die Renditeerwartungen und Finanzierungsmöglichkeiten des Investors.

4.1. Kapitalwertmethode

Die erste zu erwähnende Methode ist die Kapitalwertmethode bei welcher der Barwert aller investitionsbedingten Zahlungen als Kapitalwert bezeichnet wird. Sofern dieser Wert positiv ist, spricht man von einer vorteilhaften Investition. Es wird angenommen, dass der Kredit- und der Kalkulationszinsfuß gleich hoch sind, was das Verfahren vereinfacht. Die Einnahmeüberschüsse der einzelnen Perioden enthalten nur die operativen Cash Flows, also keine Finanzierungszahlungen, da diese ja durch den Kalkulationszinsfuß berücksichtigt werden.

4.2. Interne-Zinsfuß-Methode

Bei der Internen-Zinsfuß-Methode wird der Kalkulationszinssatz ermittelt, bei dem der Kapitalwert genau Null ist. Die Investition wird als vorteilhaft bezeichnet, wenn der erwartete Kalkulationszinsfuß kleiner als der interne Zinsfuß ist. Die Interne-Zinsfuß-Methode bietet eine eindeutige Lösung, wenn auf eine negative Anfangsauszahlung nur noch positive Einnahmeüberschüsse folgen.

4.3. Annuitätenmethode

Bei der Annuitätenmethode wird der Kapitalwert auf den Investitionszeitraum verteilt. Dabei stellt die Annuität den jährlichen Betrag dar, den die Investition über die Verzinsung zum Kalkulationspunkt hinaus erbringt. Als Rechengrundlage dient der Wiedergewinnungsfaktor. Die Vorteilhaftigkeit einer Investition ist dann gegeben, wenn eine positive Annuität ermittelt wird.

4.4. Dynamische Amortisationsrechnung

Bei der dynamischen Amortisationsrechnung wird der Amortisationszeitraum unter Berücksichtigung von Zinsen und Zinseszinsen ermittelt, bei dem der Barwert aller Einzahlungsüberschüsse der Anschaffungsauszahlung entspricht. Dabei sollte die Amortisationsdauer möglichst deutlich unterhalb der Nutzungsdauer liegen. Ein Nachteil dieser Methode liegt in der fehlenden Berücksichtigung von Zahlungen nach dem Ende der Pay-off-Periode. Somit ist das Verfahren auch nicht für endgültige Investitionsentscheidungen geeignet und die dynamisch ermittelte Amortisationsdauer kein absoluter Risikomaßstab.

Ich bedanke mich für Ihre Aufmerksamkeit.

6.10 Unternehmensbewertung

1. Anlässe der Unternehmensbewertung

Sehr geehrte Damen und Herren. Das Thema meines Vortrages lautet „Unternehmensbewertung“. Die Systematisierung von Anlässen zur Unternehmensbewertung kann auf verschiedene Weise erfolgen. Die Situationen, in denen dominierte Bewertungsanlässe vorliegen, sind dadurch gekennzeichnet, dass eine Partei in der Lage ist, eine Änderung in den Eigentumsverhältnissen der zu bewertenden Unternehmung auch gegen den Willen der anderen Partei durchsetzen kann. Dagegen sind bei nichtdominierten Bewertungsanlässen Verhandlungen zwischen den beiden Parteien, im Falle eines Unternehmensverkaufs, somit zwischen Käufer und Verkäufer, notwendig. Dabei wird eine Unternehmenstransaktion nur dann tatsächlich stattfinden, wenn sich sowohl Käufer als auch Verkäufer Vorteile von dieser Transaktion versprechen.

Zunächst wird im 2. Gliederungspunkt eine Beschreibung der Funktionen der Unternehmensbewertung vorgenommen. Zu den Hauptfunktionen zählen die Beratungs-, die Vermittlungs- und die Argumentationsfunktion. Unter Punkt 3 erfolgt dann eine Darstellung der Gesamtbewertungsverfahren. Zum Abschluss werden dann im 4. Gliederungspunkt die Einzelbewertungsverfahren vorgestellt.

2. Funktionen der Unternehmensbewertung

Gemäß der Kölner Funktionenlehre werden drei Hauptfunktionen und mehrere Nebenfunktionen unterschieden. Zu den Hauptfunktionen zählen die Beratungs-, die Vermittlungs- und die Argumentationsfunktion.

2.1. Die Beratungsfunktion

Erfolgt eine Unternehmensbewertung im Rahmen der Beratungsfunktion, so dient sie der Ermittlung von Entscheidungswerten. Diese stellen die Grenze der Konzessionsbereitschaft einer Partei dar. Dies ist aus der Sicht eines Verkäufers ein Mindestpreis, aus Sicht eines Käufers ein Maximalpreis.

Da eine Bewertung immer auf ein bestimmtes Bewertungssubjekt bezogen ist (Grundsatz der Subjektivität), ist es notwendig, von dem Zielplan dieses Subjekts auszugehen. Dieser Zielplan impliziert eine zukünftige Entwicklung des Unternehmens. Daher gilt hier sowohl der Grundsatz der Zukunftsbezogenheit als auch der Grundsatz der Bewertungseinheit, womit eine Aufsummierung von Einzelwerten nicht vereinbar ist.

Bei einer nachfolgenden Verhandlungsphase gilt für die ermittelten Werte, dass sie nach Möglichkeit der anderen Partei vorenthalten werden müssen, um die eigene Verhandlungsposition nicht zu schwächen.

Für das Bewertungssubjekt stellt die Ermittlung des Entscheidungswerts letztendlich einen Vergleich zwischen zwei Alternativen dar. Die Handlungsalternative, die die Unternehmenstransaktion, im Beispiel den Kauf oder Verkauf des Unternehmens, beinhaltet, wird mit einer alternativen Handlungsmöglichkeit verglichen. Dieses „Vergleichsprogramm" sollte für das Bewertungssubjekt den gleichen Nutzen bringen, so dass der Entscheidungswert der Preis ist, bei dem die Alternative mit Unternehmenstransaktion gerade noch vorteilhaft gegenüber der Alternative ohne Transaktion erscheint.

Liegt der von einem potentiellen Verkäufer geforderte Preis unterhalb des vom Käufer ermittelten Entscheidungswerts, so ist es aus Sicht des Käufers vorteilhaft, das Unternehmen zu kaufen, denn mit einer positiven Differenz zwischen Kaufpreis und Entscheidungswert können nun zusätzliche Investitionen getätigt werden. Ist die Differenz allerdings negativ, übersteigt die Preisforderung des Verkäufers die Preisobergrenze des Käufers, so wird er der Transaktion nicht zustimmen.

2.2. Die Vermittlungsfunktion

Sollte bei nicht dominierten Verhandlungssituationen der Mindestpreis des Verkäufers niedriger sein als der Maximalpreis des Käufers, so besteht die Möglichkeit, im Zuge von Verhandlungen zu einem Ergebnis zu kommen, dass für beide Parteien vorteilhaft ist. Dem Bewerter kann in einem solchen Fall die Funktion des Schiedsgutachters zukommen, der einen fairen Einigungspreis vorzuschlagen hat.

Der Grundsatz der Berücksichtigung von Gerechtigkeitspostulaten verlangt von dem Vermittler, den Transaktionsraum zwischen den beiden Entscheidungswerten so aufzuteilen, dass der dann ermittelte Schiedswert beide Parteien zufrieden stellt. Dabei sind als äußerste Grenzen die Entscheidungswerte der Parteien anzusehen, da ein Überschreiten dieser Grenzen einer Partei zum Nachteil gereichen würde.

In der Literatur wird als „gerecht" oftmals eine hälftige Aufteilung angesehen. Alternativ wird u. a. auch eine Aufteilung nach dem Verhältnis der beiden Entscheidungswerte vorgeschlagen.

2.3. Die Argumentationsfunktion

Im Rahmen der Argumentationsfunktion ist es Aufgabe des Bewerters, eine Partei argumentativ so zu unterstützen, dass das Ergebnis der Verhandlungen möglichst den Zielvorstellungen dieser Partei entspricht. Dabei sollte der eigene Entscheidungswert immer die letzte Rückzugslinie für den Argumentationswert bilden. Die Ermittlung des Argumentationswerts ist so zu gestalten, dass sie ein hohes Maß an Nachvollziehbarkeit beinhaltet, was die Glaubwürdigkeit unterstützt. Der Argumentationswert darf jedoch in seinem Aufbau für die andere Partei keine Rückschlüsse auf den tatsächlichen Entscheidungswert zulassen. Zudem sollte der Argumentationswert aus möglichst vielen verschiedenen Parametern bestehen, die im Zuge der Verhandlungen eine gezielte Beeinflussung zulassen, um somit flexibel auf die Verhandlungstaktik der anderen Partei reagieren zu können.

Im Extremfall gelingt es, den Transaktionsraum durch zusätzliche konfliktlösungsrelevante Sachverhalte zu erweitern, indem man die Gegenpartei von Sachverhalten in Kenntnis setzt, denen diese vorher keine Beachtung geschenkt hat. Damit könnten die eigenen Preisvorstellungen durchsetzbar werden.

Im Gegensatz zu der Beratungs- und Vermittlungsfunktion ist die Argumentationsfunktion nicht in der Stellungnahme zur Durchführung von Unternehmensbewertungen des IDW enthalten. Der Berufsstand der Wirtschaftsprüfer lehnt diese parteiische Funktion mit dem Hinweis auf ihre Berufsgrundsätze ab. Die Stellungnahme des IDW sieht den Unternehmensbewerter nicht in der Argumentationsfunktion, sondern in der Funktion des „neutralen Gutachters", der einen „objektivierten Wert" ermittelt.

3. Gesamtbewertungsverfahren

3.1. Das Ertragswertverfahren

Grundsätzliche Prämisse für die Bewertung ganzer Unternehmen ist, dass für das Bewertungssubjekt nur die mit dem Bewertungsobjekt zu erzielenden Einzahlungsüberschüsse interessieren. Der Ertragswert ist somit das Resultat einer Subjekt-Objekt-Objekt-Beziehung, resultierend aus dem Bewertungssubjekt, z. B. dem Käufer oder Verkäufer des Unternehmens, dem Unternehmen selbst als Bewertungsobjekt und einer alternativen Investitionsmöglichkeit als Vergleichsobjekt.

Im Rahmen der Ermittlung des Ertrags aus dem Unternehmen wird nur das zur Erzielung der Einzahlungsüberschüsse nötige, also das betriebsnotwendige Vermögen betrachtet. Das nicht betriebsnotwendige Vermögen wird getrennt bewertet. Dazu wird die bestmögliche Verwertung angenommen, wobei für die Bewertung dann zumeist Liquidations- bzw. Veräußerungswerte zum Einsatz kommen.

Der Ertragswert (EW) des betriebsnotwendigen Vermögens ergibt sich daher aus:

$$EW = \sum_{t=1}^{T} e_t \cdot (1+i) - 1 \,,$$

mit e_t = Nettoentnahmen in der Periode t, i = Kalkulationszinssatz, t = Periode, T = Ende des Planungszeitraums.

Unter der Annahme der unendlich fortdauernden, gleich bleibenden Nettoentnahmen ergibt sich aus obiger Formel die so genannte kaufmännische Kapitalisierungsformel:

$$EW = e / i \,.$$

mit e = Nettoentnahmen und i = Kalkulationszinssatz.

Der Kalkulationszinssatz entspricht der internen Rendite des Vergleichsobjekts. Allerdings ist die Ermittlung dieses Kalkulationszinssatzes meist nur unter vereinfachenden Bedingungen möglich. Ohne diese Vereinfachungen müssten sowohl sämtliche Investitionsalternativen als auch sämtliche Finanzierungsmöglichkeiten des Bewertungssubjektes in ein sehr komplexes „Totalmodell" einbezogen werden.

In der Praxis der Unternehmensbewertung wird daher vereinfachend von dem so genannten landesüblichen Zinssatz ausgegangen, der dann mit Hilfe bestimmter Zu- oder Abschläge angepasst wird. Diese Modifikation dient der Sicherstellung der Gleichwertigkeit von Bewertungs- und Vergleichsobjekt. Diese Gleichwertigkeit wird durch die Anwendung von Äquivalenzprinzipien wie der Planungshorizontäquivalenz, Arbeitseinsatzäquivalenz, Verfügbarkeitsäquivalenz, Kaufkraftäquivalenz und der Unsicherheitsäquivalenz, die dafür sorgen, dass die beiden Objekte hinsichtlich dieser Dimensionen kongruent sind, erreicht. Nimmt man zur weiteren Vereinfachung als zukünftige Nettoentnahmen die um Zufallsschwankungen bereinigten durchschnittlichen Gewinne der letzten Jahre, wird dies als Praktikermethode bezeichnet.

Obwohl das Ertragswertverfahren als das theoretisch richtige und möglichst anzuwendende Verfahren anerkannt ist, unterliegt es vielfältiger Kritik. Als problematisch erweist sich besonders die Rechtfertigung des gewählten Kalkulationszinssatzes, der, wie oben dargestellt, auf vielfältige Art modifiziert werden kann und muss. Der starke Einfluss schon marginaler Veränderungen des Kalkulationszinssatzes auf den Ertragswert aber zeigt wie wichtig gerade eine sorgfältige Ermittlung und Begründung der gewählten Zu- oder Abschläge in der Praxis ist. Auch die einseitige Ausrichtung des Ertragswertverfahrens auf rein monetäre Zielsetzungen wird kritisiert.

3.2. Das Discounted-Cash-Flow-Verfahren

Das Discounted-Cash-Flow-Verfahren ist besonders im angloamerikanischen Raum stark verbreitet. Es gewinnt aber auch in Europa immer mehr praktische Relevanz. Anders als bei Anwendung des Ertragswertverfahrens wird beim DCF-Verfahren zunächst der Wert des Gesamtkapitals des Unternehmens berechnet (Brutto-Unternehmenswert), von dem dann der Wert des Fremdkapitals abgezogen wird (dann Netto-Unternehmenswert).

Im ersten Berechnungsschritt werden die für Zahlungen an die Kapitalgeber zur Verfügung stehenden Einzahlungsüberschüsse (Free-Cash-Flow) mit dem Gesamtkapitalkostensatz auf den Bewertungsstichtag abgezinst.

Ermittelt wird dann der Wert des Fremdkapitals als Wert der auf den Bewertungsstichtag mit dem Fremdkapitalkostensatz diskontierten an die Fremdkapitalgeber fließenden Zahlungen. Die zur Diskontierung notwendigen Zinssätze werden aus den Anforderungen der Fremd- und Eigenkapitalgeber gewonnen. Die Fremdkapitalkosten werden nur aus den herrschenden Kapitalmarktzinsen abgeleitet, wohingegen die Eigenkapitalkosten mittels eines Risikozuschlags auf die Rendite risikoloser Kapitalanlagen ermittelt werden. Dieser aus dem Capital Asset Pricing Model (CAPM) gewonnene Risikozuschlag setzt sich zusammen aus dem systematischen Risiko und der Marktrisikoprämie.

4. Einzelbewertungsverfahren

4.1. Das Substanzwertverfahren

a) Der Substanzwert als Teilrekonstruktionswert

Im Rahmen des Substanzwertverfahrens werden die Einzelwerte der Vermögensgegenstände des Unternehmens mit ihren Wiederbeschaffungskosten angesetzt und aufsummiert. Davon wird wiederum die Summe der Schulden abgezogen. Konzeptionell ist der Substanzwert somit ein Rekonstruktions- oder Wiederbeschaffungswert, der von der Idee der Neuerrichtung des Unternehmens „auf der grünen Wiese" getragen wird. Dabei werden die zu bewertenden Güter entweder mit ihren Wiederbeschaffungskosten angesetzt (Rekonstruktionsneuwert) oder gemäß ihrer Abnutzung und somit wirtschaftlichen Wertminderung abgeschrieben (Rekonstruktionsaltwert). Die bisher dargestellten Substanzwerte sind Bruttoteilrekonstruktionswerte. Erst wenn die Schulden in Abzug gebracht worden sind, wird von Nettoteilrekonstruktionswerten gesprochen.

Da in den meisten Fällen nur die materiellen und die selbständig verkehrsfähigen immateriellen Güter in die Bewertung einbezogen werden, wird auch nur von Teilrekonstruktionswerten gesprochen. Erst die Einbeziehung aller, also auch der nicht aktivierten immateriellen Güter würde zu einem Vollrekonstruktionswert führen. Dieser ist aber aufgrund praktischer Schwierigkeiten kaum ermittelbar, weshalb der Substanzwert in der Praxis immer als Teilrekonstruktionswert ermittelt wird, was diese Wertkonzeption aus theoretischer Sicht fragwürdig macht. Der Teilrekonstruktionswert wird aber bei den folgenden weiteren Bewertungsverfahren (Mittelwertmethode und Methoden der Übergewinnabgeltung) zur Ermittlung der Unternehmenswerte eingesetzt.

Dem Hinweis, dass doch ohne die betriebliche Substanz keinerlei Erträge zu erwirtschaften seien, und daher der Substanzwert erheblichen Einfluss haben müsse, lässt sich entgegenhalten, dass die betriebliche Substanz im Rahmen einer Entscheidungswertermittlung zwar sehr genau betrachtet werden muss (z. B. zur Prognose der Investitionsströme oder der Erträge), jedoch der Substanzwert keine eigene Funktion als Wert hat. Abschließend noch einige Begriffe, die in diesem Zusammenhang oft zu lesen sind:

Der originäre Firmenwert ist die Differenz zwischen Ertragswert und Teilrekonstruktionswert. Er kann positiv oder negativ sein. Der originäre Firmenwert setzt sich aus dem Wert der immateriellen Vermögensgegenstände, die nicht im Teilrekonstruktionswert erfasst sind, und dem Kapitalisierungsmehrwert (= Differenz zwischen Gesamtrekonstruktionswert und Ertragswert) zusammen.

Der derivative Firmenwert ist der entgeltlich erworbene immaterielle Unternehmenswert. Er errechnet sich als Differenz zwischen Kaufpreis für ein Unternehmen und dem Reinvermögen (Vermögen ./. Schulden). Der derivative Firmenwert darf (HGB) bzw. muss (EStG) bilanziert und anschließend abgeschrieben werden.[131]

b) Der Substanzwert im Sinne ersparter Ausgaben

Die Konzeption des Substanzwerts geht, anders als der Rekonstruktionswert, von der Differenz der Ausgaben bei Neuerrichtung und bei Übernahme eines bestehenden Unternehmens aus. Der Substanzwert im Sinne ersparter Ausgaben ist dann der Barwert der nicht getätigten Auszahlungen im Vergleich zur Neuerrichtung.

Entscheidender Unterschied zum oben dargestellten klassischen Substanzwert ist die Einbeziehung auch zukünftiger Investitionen und sonstiger Auszahlungen. Aufgrund dieser Vorgehensweise entspricht der Substanzwert im Sinne ersparter Ausgaben sowohl dem Postulat der Bewertungseinheit, der Zukunfts- und der Subjektbezogenheit. Diese subjektive Wertgröße ist unter bestimmten Annahmen mit dem Ertragswert kongruent. Die Bedeutung dieser Wertkonzeption für die Praxis hat sich beispielhaft bei der Privatisierung von Unternehmen in den neuen Bundesländern gezeigt, bei denen diese Konzeption entscheidende Hilfestellungen leisten konnte.

4.2. Der Liquidationswert

Unter dem Liquidations- oder Zerschlagungswert eines Unternehmens versteht man die Summe der mit aktuellen Veräußerungspreisen bewerteten Vermögensteile abzüglich der zum Ablösebetrag bewerteten Schulden und der Liquidationskosten. Diese Wertkonzeption erlangt dann Bedeutung, wenn ein Unternehmen nicht fortgeführt werden kann. Nach herrschender Auffassung stellt der Liquidationswert die Wertuntergrenze eines Unternehmens dar, da bei einem niedrigeren Ertragswert die Zerschlagung des Unternehmens die ökonomisch sinnvollere Alternative ist.

4.3. Weitere Bewertungsverfahren

Die folgenden Verfahren besitzen sowohl Elemente der Gesamtbewertung als auch Elemente der Einzelbewertung.

---

131 Vgl. § 255 Abs. 4 Sätze 2 und 3 HGB und § 7 Abs. 1 Satz 3 EStG.

4.3.1. Mittelwertmethode

Unter der Annahme eines vollkommenen Marktes, in dem damit zu rechnen ist, dass sehr hohe Branchengewinne Konkurrenten anlocken und der Ertragswert eines Unternehmens daraufhin sinken würde, muss ein über dem Rekonstruktionswert liegender Ertragswert als zu hoch angesehen werden. Es ist möglich, dass durch ausbrechenden Konkurrenzkampf die Gewinne und damit der Ertragswert sinken werden, der aktuelle Ertragswert somit ein schlechtes Maß ist. Da auch nicht aktivierte immaterielle Vermögenswerte sinken können, weil z.B. wichtige hoch qualifizierte Mitarbeiter nach einem Eigentümerwechsel unter Umständen das Unternehmen verlassen, ist der Ertragswert kein geeigneter Unternehmenswert.

Problemlösung ist ein Unternehmenswert, der sich als arithmetisches Mittel aus Ertragswert und dem Teilrekonstruktionswert zusammensetzt:

Unternehmenswert = (Teilrekonstruktionswert + Ertragswert) / 2

Dies gilt natürlich nur, wenn der Ertragswert größer als der Teilrekonstruktionswert ist. Der Teilrekonstruktionswert ist ansonsten die Obergrenze der Bewertung, da ein potenzieller Käufer niemals mehr für ein Unternehmen zu zahlen bereit ist, als zum Aufbau des Unternehmens notwendig wäre. Es gibt Variationen des Verfahrens, die sich dadurch unterscheiden, dass die beiden Bestandteile unterschiedlich gewichtet werden.

4.3.2. Methoden der Übergewinnabgeltung

Auch bei den Methoden der Übergewinnabgeltung gehen Ertrags- und Substanzwert in den Unternehmenswert ein. Außerdem werden wie beim Mittelwertverfahren verschiedene Risikoüberlegungen berücksichtigt. Basis bei allen Methoden ist die Ermittlung des Übergewinns. Übergewinn ist der Teil des Unternehmensgewinns (beim Ertragswert die jährlichen Entnahmen), der über die Verzinsung des Substanzwertes (als Teilrekonstruktionswert) hinausgeht. Rechnerisch ergibt sich der Übergewinn aus:

Übergewinn = konstante jährliche Nettoentnahme ./. (Teilrekonstruktionswert x landesüblicher Zinssatz)

Die Verzinsung des Teilrekonstruktionswerts wird auch als Normalgewinn bezeichnet. Die Verzinsung des Übergewinns entspricht dem Firmenwert bzw. der Differenz aus Ertrags- und Teilrekonstruktionswert. Die folgenden Methoden unterscheiden sich nun darin, in welcher Zeitspanne die Übergewinne berücksichtigt werden und ob sie nicht diskontiert oder diskontiert berücksichtigt werden.

4.3.3. Methode der nicht diskontierten Übergewinnabgeltung

Man kommt zum Unternehmenswert, indem man den Übergewinn mit der geschätzten Übergewinndauer (die Zeitspanne, in der weiterhin mit dem Übergewinn gerechnet werden kann) multipliziert und zum Teilrekonstruktionswert addiert:

Unternehmenswert = Teilrekonstruktionswert + Übergewinndauer x Übergewinn

Diese und die Methode der unbefristeten diskontierten Übergewinnabgeltung werden auch als Methoden der verkürzten Goodwillrentendauer bezeichnet. Diesen beiden Methoden liegt neben den Risikoüberlegungen auch der Gedanke zu Grunde, dass die Übergewinne in der Zukunft auf den neuen Eigentümer zurückzuführen sind und dass der vom Verkäufer geschaffene Firmenwert sich allmählich verflüchtigt.

4.3.4. Methode der unbefristeten diskontierten Übergewinnabgeltung

Bei dieser Methode wird der Übergewinn unbefristet berücksichtigt und das oben erläuterte Risiko durch die Kapitalisierung des Übergewinns mit einem höheren als dem landesüblichen Zinssatz abgegolten.

Unternehmenswert = Teilrekonstruktionswert + Übergewinn / Zinssatz für den Übergewinn.

Dieses Verfahren wird auch Methode der Übergewinnkapitalisierung genannt.

4.3.5. Methode der befristeten diskontierten Übergewinnabgeltung

Bei der Variante einer befristeten abgezinsten Übergewinnabgeltung wird der Übergewinn mit dem entsprechenden Rentenbarwertfaktor gewichtet.

4.3.6. Stuttgarter Verfahren

Eine weitere Form der Methode der Gewinnabgeltung ist das Stuttgarter Verfahren. Das Stuttgarter Verfahren ist das einzig steuerrechtlich zugelassene Verfahren zur erbschaftsteuerlichen Ermittlung des Unternehmenswertes von GmbHs und nicht notierten AGs.

Ich bedanke mich für Ihre Aufmerksamkeit.

7 Einführung in die Volkswirtschaftslehre

7.1 Teilbereiche der Volkswirtschaftslehre

1. Einleitung

Sehr geehrte Damen und Herren. Das Thema meines Vortrages lautet „Teilbereiche der Volkswirtschaftslehre“. Die Volkswirtschaftslehre wird üblicherweise in die drei Teilbereiche Wirtschaftstheorie, Wirtschaftspolitik und Finanzwissenschaft untergliedert.[132]

Abbildung 19: Teilbereiche der Volkswirtschaftslehre

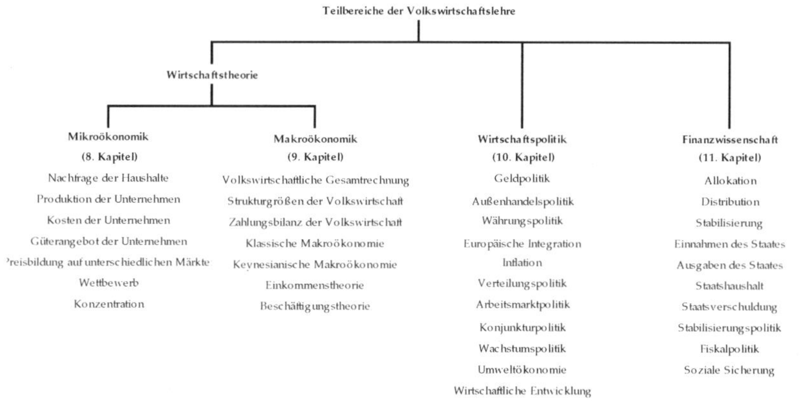

Zunächst wird im 2. Gliederungspunkt eine Beschreibung der Aufgaben und Themengebiete der Wirtschaftstheorie vorgenommen. Die Wirtschaftstheorie lässt sich in die Mikroökonomie und in die Makroökonomie unterteilen. Unter Punkt 3 erfolgt dann eine Darstellung der Aufgaben und Themengebiete der Wirtschaftspolitik. Zum Abschluss werden dann im 4. Gliederungspunkt die Aufgaben und Themengebiete der Finanzwissenschaft vorgestellt.

[132] In Anlehnung Baßeler/Heinrich/Utecht (2010), S. 1 ff. Es werden in den folgenden Kapiteln nicht alle aufgeführten volkswirtschaftlichen Themengebiete beschrieben.

2. Wirtschaftstheorie

Die Aufgabe der Wirtschaftstheorie besteht in der Analyse von Ursache-Wirkungs-Beziehungen des Wirtschaftslebens. Mit Hilfe der gefundenen Ursache-Wirkungs-Beziehungen lassen sich die wirtschaftlichen Phänomene erklären und Prognosen für die Zukunft durchführen. Die Wirtschaftstheorie lässt sich in die Mikroökonomie und in die Makroökonomie unterteilen.

2.1. Mikroökonomie

Die Mikroökonomie beschäftigt sich mit dem einzelwirtschaftlichen Verhalten der Haushalte und Unternehmen. Wichtige Teilbereiche der mikroökonomischen Theorie sind somit die Nachfrage der Haushalte, die Produktion, die Kosten und das Güterangebot der Unternehmen und die Preisbildung auf unterschiedlichen Märkten, die im Folgenden in ihren Grundlagen dargestellt werden. Sie erklären die zentralen wirtschaftlichen Verhaltensweisen der Wirtschaftssubjekte, nämlich konsumieren und produzieren, sowie die grundlegende Koordination durch den Preis. Weitere Themen sind der Wettbewerb und die Konzentration. Die Wettbewerbstheorie beschreibt den zentralen Antriebsmechanismus, seine Bedrohung und das Bemühen den Wettbewerb zu schützen.

2.2. Mikroökonomie

Die Makroökonomie beschäftigt sich dagegen mit dem gesamtwirtschaftlichen Verhalten der Haushalte und Unternehmen. Zur Betrachtung der volkswirtschaftlichen Aggregate werden Einzel- und Teilgrößen zusammengefasst.

Wichtige Teilbereiche der makroökonomischen Theorie sind die volkswirtschaftliche Gesamtrechnung, die Theorien der klassischen und keynesianischen Makroökonomik, die Strukturgrößen und die Zahlungsbilanz der Volkswirtschaft sowie die Grundmodelle zur Bestimmung des Volkseinkommens und der Beschäftigung.

3. Wirtschaftspolitik

Die Aufgabe der Wirtschaftspolitik besteht dagegen darin, bestehende Zustände oder zu erwartende Entwicklungen zu verändern. Es geht also um die Gestaltung der wirtschaftlichen Wirklichkeit. Dabei sind die Ziele selbst vorgegeben und der Wirtschaftspolitiker untersucht, mit welchen Maßnahmen oder Mitteln bestimmte vorgegebene Ziele erreicht werden können. Die Kenntnisse, die dabei für die Untersuchung der Ziel-Mittel-Relationen und die Gestaltung der wirtschaftlichen Rahmenbedingungen benötigt werden, stammen aus der Wirtschaftstheorie. Wenn beispielsweise der Wirtschaftstheoretiker eine Abhängigkeit des Preisniveaus von der Geldmenge festgestellt hat, kann der Wirtschaftspolitiker anschließend untersuchen, wie in einem bestimmten

Land die Steuerung der Geldmenge durchgeführt werden muss, damit das Ziel der Preisniveaustabilisierung erreicht werden kann. Der Wirtschaftspolitik kann die Geldpolitik, die Außenhandelspolitik, die Währungspolitik, die Europäische Integration, die Inflation, die Verteilungspolitik, die Arbeitsmarktpolitik, die Konjunktur- und Wachstumspolitik, die Umweltökonomie und die wirtschaftlichen Entwicklungen als Themengebiete zuordnen werden. Diese Themen sind aber auch Gegenstand der Wirtschaftstheorie.

4. Finanzwissenschaft

Die Aufgabe der Finanzwissenschaft besteht in der Erfassung und Analyse der Aktivitäten des Staates unter Einschluss sonstiger öffentlicher Verbände und staatlicher Sozialversicherungen. Der Gegenstand der Finanzwissenschaft umfasst somit im Wesentlichen die Allokation, die Distribution und die Stabilisierung, die öffentlichen Einnahmen und Ausgaben des Staates, den Staatshaushalt, die Staatsverschuldung, die Stabilisierungs- und Fiskalpolitik sowie die soziale Sicherung.

Ich bedanke mich für Ihre Aufmerksamkeit.

7.2 Funktionsweise der sozialen Marktwirtschaft

1. Einleitung

Sehr geehrte Damen und Herren. Das Thema meines Vortrages lautet „Die Funktionsweise der sozialen Marktwirtschaft". Das Thema genießt eine hohe Aktualität, da gerade in jüngster Zeit vermehrt Kritik an den marktwirtschaftlich orientierten Wirtschaftsordnungen geäußert wird. Im Grundgesetz wird die soziale Marktwirtschaft zwar nicht explizit als Wirtschaftsordnung genannt, doch weist das Sozialstaatlichkeitsgebot in Artikel 20 GG auf eine entsprechende Ausgestaltung der Marktwirtschaft hin. Der erste deutsche Wirtschaftsminister in der Nachkriegszeit, Ludwig Erhard, und sein Staatssekretär Alfred Müller-Armack können als Urheber unserer heutigen Wirtschaftsordnung gesehen werden.

Im Verlauf meines Vortrags werde ich zunächst im 2. Gliederungspunkt die Grundlagen und Funktionsweisen einer Volkswirtschaft darstellen. Anschließend erfolgt im 3. Gliederungspunkt eine Gegenüberstellung der idealtypischen Wirtschaftsordnungen. Im 4. Gliederungspunkt werde ich dann die Ordnungsmerkmale einer sozialen Marktwirtschaft in Abgrenzung zu einer freien Marktwirtschaft thematisieren. Im Schlussteil unter Punkt 5 erfolgen schließlich eine kritische Würdigung und eine Darstellung der Grenzen der sozialen Marktwirtschaft.

2. Grundlagen und Funktionsweise einer Volkswirtschaft

Bevor der Koordinationsmechanismus „Markt“ genauer betrachtet wird, soll der einfache Wirtschaftskreislauf ohne staatliche Aktivität und ausländische Beziehungen modellhaft dargestellt werden. Dazu werden die privaten Haushalte und Unternehmen jeweils zu einer großen Gruppe zusammengefasst.

Wenn private Haushalte Konsumgüter kaufen wollen, dann treten sie auf den Konsumgütermärkten als Nachfrager auf. Da die Haushalte den Unternehmen für ihre gekauften Produkte Geld bezahlen, fließt dem Strom der Konsumgüter von Unternehmen an die Haushalte ein wertgleicher Strom von Konsumausgaben (Geldstrom) entgegen.

Des Weiteren bieten die Haushalte den Unternehmen ihre Arbeitskraft auf den Märkten für Produktivleistungen an und bekommen von den Unternehmen im Gegenzug ein Einkommen (Geldstrom).

Wenn der Preis eines Konsumgutes steigt und daraufhin die Produktion ausgedehnt wird, dann nimmt in einer Volkswirtschaft die Nachfrage nach Produktivleistungen zu. Daher koordiniert der Marktmechanismus im klassischen Modell die Wirtschaftspläne der Wirtschaftssubjekte und hat eine automatische Tendenz zur Vollbeschäftigung und bestmöglichen Ausnutzung der Produktionsfaktoren.

Abbildung 20: Der einfache Wirtschaftskreislauf

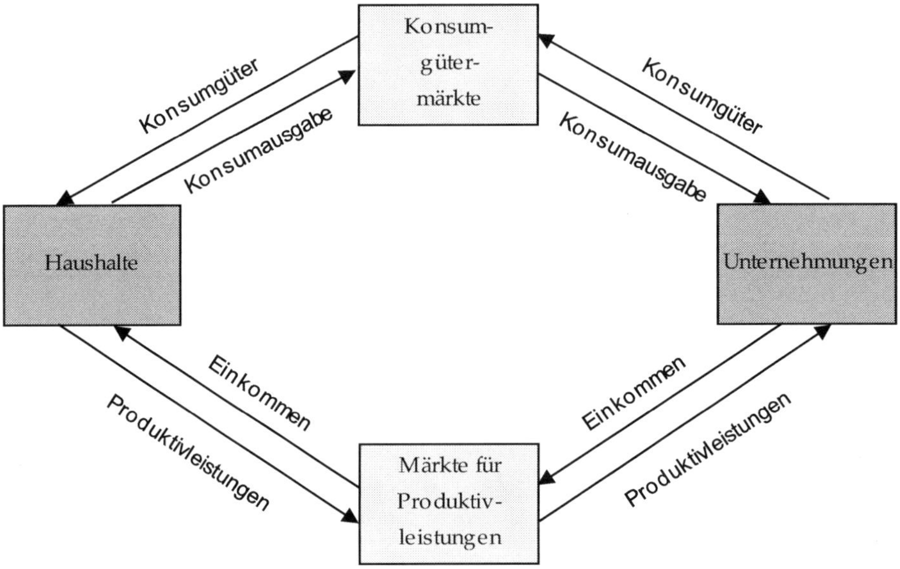

Die Grundlage einer Wirtschaftsordnung wird von den philosophischen Denkrichtungen des Individualismus und des Kollektivismus geprägt.

Im Vordergrund steht die Frage, ob der einzelne Bürger und seine Freiheitsrechte auch bezüglich seiner wirtschaftlichen Entwicklung im Vordergrund ordnungspolitischer Konzeptionen stehen sollen. Im Fall der Befürwortung muss ordnungspolitisch eine freie Marktwirtschaft als Wirtschaftsordnung gewählt werden.

Wenn jedoch die Ansicht vertreten wird, dass sich der Einzelne prinzipiell den als höherwertig betrachteten Interessen der Gemeinschaft unterzuordnen hat, so muss die Wirtschaftsordnung auf den Grundgedanken des Kollektivismus fußen und eine Zentralverwaltungswirtschaft ist die entsprechende ordnungspolitische Konsequenz.

Insgesamt geht es um die Frage, wer als Lenkungsinstanz auftritt. Das können zum einen der Markt und zum anderen der Staat sein.

3. Gegenüberstellung der idealtypischen Wirtschaftsordnungen

Unter dem dritten Gliederungspunkte möchte ich die beiden idealtypischen Wirtschaftsordnungen gegenüberstellen und damit die Begrenzungen der realen Wirtschaftsordnung „soziale Marktwirtschaft" definieren.

3.1. Unternehmensziele

Die Unternehmensziele sind bei der Zentralverwaltungswirtschaft und bei der freien Marktwirtschaft unterschiedlich.

Bei der freien Marktwirtschaft sind die Unternehmen grundsätzlich auf eine Gewinnerzielungsabsicht ausgelegt und die Gewinnerzielung ist die Motivation zu unternehmerischem Handeln.

Bei der Zentralverwaltungswirtschaft werden die Wirtschaftspläne für die Unternehmen dagegen von der staatlichen Planungsbehörde aufgestellt. Das oberste Ziel unternehmerischen Handelns und Motivationsgrundlage für die handelnden Wirtschaftssubjekte ist die Erfüllung der Produktionspläne

3.2. Ordnungsmerkmale

Bei der freien Marktwirtschaft muss der Einzelne eigene Planungen bezüglich Produktions- und Absatzmengen vornehmen. Daraus resultiert, dass die Produktionsmittel im Privateigentum stehen müssen, da nur so ein entsprechendes Dispositionsrecht möglich ist.

Bei der Zentralverwaltungswirtschaft müssen dagegen die staatlichen Planvorgaben zwingend erfüllt werden und der Großteil der Produktionsmittel muss im Eigentum des Staates liegen, um in dessen Dispositionsrahmen zu stehen.

Die weiteren Ordnungsmerkmale betreffen die wirtschaftlichen Freiheitsrechte wie z.B. die Vertragsfreiheit, die Gewerbefreiheit, die freie Berufs- und Arbeitsplatzwahl, die Konsumfreiheit, den Freihandel mit dem Ausland sowie die freie Lohn- und Preisfestsetzung. Diese wirtschaftlichen Freiheitsrechte sind grundlegend für eine Marktwirtschaft um dem Einzelnen seine individuelle Entwicklung möglichst uneingeschränkt zu ermöglichen. In der Zentralverwaltungswirtschaft können diese Rechte hingegen nicht vorhanden sein, da sonst die Erfüllung des Plans der staatlichen Planungsbehörde gefährdet oder gar nicht erst möglich ist.

3.3. Vor- und Nachteile der Marktwirtschaft

Ein großer Vorteil der marktwirtschaftlichen Ordnung besteht in der Entfaltungsmöglichkeit jedes Wirtschaftbürgers. Zudem entsteht eine große Leistungsmotivation durch die Möglichkeit der Gewinnerzielung, die zu einer besseren Versorgung der Bevölkerung mit Gütern und Dienstleistungen führt.

Ein Nachteil der marktwirtschaftlichen Ordnung besteht darin, dass ein Gemeinschaftsdenken der Bürger nicht gefördert wird und bestimmte Bevölkerungskreise keine marktfähigen Angebote unterbreiten können. Ein Gemeinschaftsdenken wird jedoch gewünscht und bildet die Grundlage für einen dauerhaften demokratischen Rechtsstaat. Des Weiteren werden nicht Gewinn bringende Güter, die aber für das Wohl der Bevölkerung sehr wichtig sind, nicht produziert, da kein Anreiz hierzu besteht. Dadurch kommt es zu einer Unterversorgung bzw. zu einem Marktversagen.

Die soziale Marktwirtschaft versucht die Vorteile der marktwirtschaftlichen Ordnung bezüglich ihrer Effizienz zu nutzen und gleichzeitig die Nachteile auszugleichen.

4. Ordnungsmerkmale der sozialen Marktwirtschaft in Abgrenzung zur freien Marktwirtschaft

Im folgenden Gliederungspunkt wird dargestellt, wie die Veränderung der reinen Marktwirtschaft hin zur sozialen Marktwirtschaft aussehen könnte.

4.1. Privateigentum

In unserer sozialen Marktwirtschaft lassen sich beim Recht auf Privateigentum gewisse Einschränkungen erkennen.

Im Grundgesetz ist das Recht auf Privateigentum festgeschrieben. Allerdings führt Privateigentum auch zu einer Verpflichtung gegenüber der Gesellschaft und eine

Enteignung als letztes Mittel zur Förderung des Gemeinwohls wird nicht ausgeschlossen.

Des Weiteren haben Arbeitnehmer bestimmte Mitbestimmungsrechte auf Unternehmens- und Betriebsebene und können dadurch Einfluss auf das betriebliche Eigentum des Unternehmers nehmen. Ein Beispiel hierfür wäre das Betriebsverfassungsgesetz.

4.2. Vertragsfreiheit

In der sozialen Marktwirtschaft wird die Vertragsfreiheit begrenzt. In deutschen Gesetzen und Verordnungen ist der Verbraucherschutz umfassend verankert. Hemmungsloses Gewinnstreben zu Lasten anderer Marktteilnehmer wird durch umfangreiche Verordnungen im BGB verhindert.

Das Gesetz gegen Wettbewerbsbeschränkung beschränkt die Möglichkeiten zur Ausnutzung von marktbeherrschenden Stellungen oder sorgt dafür, dass diese gar nicht erst entstehen.

4.3. Gewerbefreiheit und freie Berufswahl

Im Grundgesetz sind die Gewerbefreiheit und die freie Berufsausübung garantiert und ein wichtiger Baustein marktwirtschaftlicher Ordnung. Um das Sozialstaatlichkeitsziel zu erreichen, werden jedoch gewisse Einschränkungen vorgenommen. Ein Beispiel hierfür wären Befähigungsnachweise wie den Meisterzwang im Handwerk um bestimmte Berufe ausüben zu können. Ein weiteres Beispiel sind regionale Zulassungsbeschränkungen, die zum Beispiel von Ärztekammern vorgenommen werden.

4.4. Lohn- und Preisbildung mit Staatseingriffen

In einer sozialen Marktwirtschaft findet die Lohn- und Preisbildung nicht vollkommen frei statt. Die freie Preisbildung am Gütermarkt wird durch staatliche Markteingriffe in marktkonträrer oder marktkonformer Art, wie beispielsweise in der Landwirtschaft, verhindert. Löhne können ebenfalls durch zwingend einzuhaltende tarifrechtliche Vorschriften nicht uneingeschränkt durch Angebot und Nachfrage am Arbeitsmarkt gebildet werden.

5. Schluss

Zum Schluss soll noch darauf hingewiesen werden, dass die Bundesrepublik Deutschland mit der sozialen Marktwirtschaft insgesamt ein relativ hohes Wohlstandsniveau erreicht hat. Allerdings gibt es auch Grenzen, die insbesondere durch staatliche Budgetbeschränken und die daraus resultierende Staatsverschuldung gesetzt werden. Um eine funktionierende soziale Marktwirtschaft zu erreichen muss der Staat dafür sorgen, dass das Leistungsstreben und der Wettbewerb als Triebfedern der marktwirtschaftlichen Ordnung erhalten bleiben. Insofern muss der Staat immer eine laufende Abwägung zwischen dem freien Markt und den notwendigen Staatseingriffen durchführen.

Danke für Ihre Aufmerksamkeit.

7.3 Funktionsweise der Zentralverwaltungswirtschaft

1. Einleitung

Sehr geehrte Damen und Herren. Das Thema meines Vortrages lautet „Funktionsweise der Zentralverwaltungswirtschaft". Die Zentralverwaltungswirtschaft gibt es vorläufig wohl nur noch für eine Übergangsperiode in wenigen Ländern der Welt. Im Übrigen ist dieses Wirtschaftssystem durch Misserfolg obsolet geworden. Dennoch soll es in seinen Grundzügen beschrieben werden. Dies hat folgende Gründe:

- Die Beschreibung und Kritik an der kapitalistischen Marktwirtschaft von Marx als theoretisches Fundament der Zentralverwaltungswirtschaft ist von bleibendem Wert und vermittelt Einsichten in ihre Funktionsweise, die zum Verständnis „unseres" Wirtschaftssystems unverzichtbar sind. Karl Marx (1818-1883, deutscher Philosoph und Volkswirt) gehört nach wie vor zu den großen Ökonomen der Geschichte. Der entscheidende Fehler war, mit dem Marxismus an die Existenz einer „objektiven Wahrheit" zu glauben. Dagegen sollte auf Offenheit und den Wandel des Erkenntnisprozesses gesetzt werden.

- Die Vorschläge zur Gestaltung einer Wirtschaftsordnung, die eine Mischform aus dem Kapitalismus und dem Sozialismus darstellt, setzen stets auf einige Elemente der zentralen Planung und des Sozialismus. Daher sollte die Funktionsweise dieser Elemente in den Grundzügen bekannt sein.

Es sei vorab darauf hingewiesen, dass es falsch ist, aus der Kritik an einem Wirtschaftssystem darauf zu schließen, dass die Alternative besser ist. Die Alternative kann sehr wohl wesentlich schlechter sein.

Zunächst wird im 2. Gliederungspunkt eine Beschreibung der Grundkonzeption der zentralen Planung vorgenommen. Unter Punkt 3 wird dann das Grundprinzip der Mengenplanung erläutert. Zum Abschluss werden dann im 4. Gliederungspunkt die Probleme der zentralen Planung vorgestellt. Die grundlegenden Probleme der zentralen Planung liegen in der Unmöglichkeit, das Informationsproblem und das Sanktionsproblem zu lösen.

2. Grundkonzeption der zentralen Planung

Bei einer zentralgeleiteten Planwirtschaft bzw. der zentralen Planung wird versucht, die wirtschaftliche Tätigkeit der Millionen Produktions- und Konsumeinheiten (Betriebe und Haushalte) in einem zentralen Plan im Voraus aufeinander abzustimmen und festzulegen. Die Grundlage dieses Planes stellen die gesellschaftlichen Zielsetzungen und Produktionsmöglichkeiten dar. Somit bestimmen die für die Volkswirtschaft festgelegten Gesamtziele, wie z.B. das größtmögliche Wachstum oder der Ausbau bestimmter Unternehmensbereiche, über entsprechende Planauflagen zwingend die wirtschaftliche Tätigkeit der planausführenden Betriebe und Haushalte.

Im Vergleich dazu wird das wirtschaftliche Handeln beim Modell der Marktwirtschaft von den individuellen Zielen der Haushalte und Unternehmen bestimmt. Dass man in der marktwirtschaftlichen Praxis das gesamtwirtschaftliche Geschehen im Sinne bestimmter gesamtwirtschaftlicher Ziele wie z.B. der Vollbeschäftigung und der Preisstabilität zu beeinflussen versucht, beeinträchtigt diese Feststellung nicht. Denn in der marktwirtschaftlichen Praxis wird die einzelwirtschaftliche Tätigkeit nur indirekt im Rahmen der Makro- oder Globalsteuerung und nicht direkt beeinflusst.

Bei der zentralen Planung legt eine aus Experten bestehende zentrale Plankommission, auf der Grundlage ihrer Erfahrung und in Zusammenarbeit mit untergeordneten Planbehörden und den Betrieben, den politischen Entscheidungsinstanzen, die Möglichkeiten für die gesamtwirtschaftliche Produktion vor. Die politischen Entscheidungsträger wählen aufgrund ihrer gesellschaftlichen Zielvorstellungen eine Kombination aus, die damit zum verbindlichen zentralen Plan für die Volkswirtschaft wird. Die zentrale Planungskommission setzt auf dieser Grundlage die Produktion der entsprechenden Güter für die einzelnen Betriebe der Volkswirtschaft fest und ordnet eine dem Plan entsprechende Verteilung der Güter an. Die Betriebe müssen sich an die Planauflagen halten und das Ergebnis ihrer Tätigkeit der zentralen Planbehörde melden. Die zentrale Planbehörde hat dann die Aufgabe, die Durchführung zu kontrollieren.[133]

3. Grundprinzip der Mengenplanung

Das Grundprinzip der Mengenplanung stellt ein aufwendiges Verfahren dar. Die Planbehörde muss genaue Kenntnisse von den Produktionsbedingungen in den einzelnen Betrieben der Volkswirtschaft haben. Sie muss z.B. für einen bestimmten Betrieb X wissen, wie viel Arbeitskräfte und Maschinen zu Beginn der Planungsperiode (z. B. eines Jahres) zur Verfügung stehen, welche Lagerbestände an Vorprodukten im Betrieb vorhanden sind, welche zusätzlichen Vorprodukte und welche Kapitalgüter dem Betrieb X von anderen Betrieben der Volkswirtschaft oder durch Importe zu welchen Zeitpunkten zur Verfügung gestellt werden können, welche Produkte in dem

[133] Vgl. Baßeler/Heinrich/Utecht (2010), S. 76 f. sowie Bartling/Luzius (2008), S. 38.

Betrieb beim gegenwärtigen Stand des technischen Wissens mit welchen Produktionsverfahren in welcher Zeit hergestellt werden können usw. Aus der Zusammenfügung solcher Informationen für die gesamte Volkswirtschaft kann die Planungsbehörde dann letztlich die gesamten Produktionsmöglichkeiten in der Volkswirtschaft bestimmen. Wird auf dieser Grundlage der endgültige Volkswirtschaftsplan beschlossen, so kann die Planbehörde auf der Basis der bei der Planaufstellung verwendeten Informationen den einzelnen Betrieben entsprechende Planauflagen machen.

4. Probleme zentraler Planung

Die grundlegenden Probleme der zentralen Planung waren die Unmöglichkeit, das Informationsproblem und das Sanktionsproblem zu lösen.

4.1. Das Informationsproblem

Die Aufstellung des zentralen Planes erfordert die zentrale Kenntnis der vorhandenen Ressourcen, der (optimalen) Produktionsverfahren und der Präferenzen der Konsumenten.

Weil die relevanten Informationen von den Betrieben selbst geliefert werden und die Betriebe nicht an „harten" Plänen interessiert sind, die schwer zu erfüllen sind, liefern die Betriebe in der Regel nach unten manipulierte Informationen. Es resultieren dann die so genannten „weichen" Pläne, die das volkswirtschaftliche Produktionspotenzial nicht ausschöpfen. Aber selbst wenn die „richtigen" Informationen geliefert würden, bleibt zu bezweifeln, dass eine zentrale Behörde diese Informationen befriedigend verarbeiten kann.

Das Grundproblem ist die prinzipielle Unfähigkeit der Planbehörde, die Produktion optimal zu koordinieren. In kapitalistischen Marktwirtschaften existieren Knappheitspreise, und diese Knappheitspreise reflektieren hinlänglich genau die Knappheit der vorhandenen Ressourcen, den Stand moderner Produktionstechnik und die Präferenzen der Konsumenten.

Solche Knappheitspreise existieren in der Planwirtschaft nicht, und daher ist es für die Planbehörde unmöglich, den optimalen Plan zu erstellen. Die Planbehörde kann z.B. nicht wissen, ob Strom billiger durch Braunkohle- oder Atomkraftwerke produziert wird oder ob Importe wirtschaftlicher sind. Und sie kann nicht wissen, ob Automobile besser vertikal integriert in einem großen Werk oder eher dezentralisiert in kleineren Betrieben produziert werden sollten. Die Planbehörde kann mithin allenfalls einen Plan aufstellen, der in sich stimmt, aber niemals eine optimale Koordination erreichen. Die zentrale Planung vergeudet mithin volkswirtschaftliche Ressourcen.

4.2. Das Sanktionsproblem

Die Hoffnung, in Wirtschaftssystemen eine Übereinstimmung von Handlungsmotiv und gesellschaftlicher Funktion erreichen zu können, konnte nicht erfüllt werden. Es war falsch anzunehmen, dass Individuen die Interessen der Gesellschaft kennen, sich mit diesen identifizieren und nach ihnen handeln. Auch im Sozialismus verfolgen die Menschen ihre eigenen Interessen, und Leistungsanreize und Erfolgskontrollen müssen daher geschaffen werden.

Während in kapitalistischen Marktwirtschaften der Preis- und Gewinnmechanismus Leistungsanreiz und Erfolgskontrolle quasi automatisch produziert, muss dies in sozialistischen Planwirtschaften veranstaltet werden. Erfolgsmaßstab ist hier die Planerfüllung.

Planerfüllung = Istproduktion - Sollproduktion.

Aus leicht einsichtigen Gründen ist das Interesse der produktiv Tätigen dabei niemals auf eine Maximierung der Istproduktion, sondern immer auf eine Minimierung der Sollproduktion gerichtet. Dies, weil die Planerfüllung dieses Jahres die Basis für die Planfestsetzung des nächsten Jahres ist. Alle Versuche, dies zu ändern, waren erfolglos.

4.3. Fehlende Innovationsdynamik

Sozialistische Planwirtschaften sind durch einen ganz zentralen Mangel an Innovationsdynamik gekennzeichnet. Die Entwicklung neuer Produkte und die Entwicklung neuer Verfahren (Prozessinnovation) sind hier ungleich seltener als in kapitalistischen Marktwirtschaften. Dies ist einsichtig, denn in diesem Feld kumulieren sich die Informations- und Sanktionsprobleme.

Eine Prozessinnovation ist kaum planbar. Woher soll die Planbehörde wissen, wie man effizienter produziert?

Eine Produktinnovation ist ebenfalls kaum planbar, weil die Mengenplanung mit quantifizierbaren Produktionsauflagen arbeiten muss und eine Qualitätsverbesserung oder eine Neuerung nicht quantifiziert werden kann (wie soll man die Schönheit von Sommerkleidern oder den Geschmack von Wurst quantifizieren?).

Vor allem haben die Produzenten - die Betriebe und die Arbeitnehmer - kein Interesse an Innovationen. Diese würden in der Folgezeit zu entsprechend revidierten Planauflagen führen. Die Nachteile für den Betrieb würden die Vorteile bei weitem übersteigen.

4.4. Fazit: Effizienzmangel

Diese zentralen Mängel lassen sich vielfältig ergänzen. Genannt seien die folgenden Punkte:

- die Kumulation von Fehlplanungen und Planuntererfüllungen,
- die darauf folgende Neigung, „strategische Reserven" zu bilden, und die ausbleibenden Lieferungen dennoch weiter produzieren zu können,
- der schrittweise Übergang zu bilateralen Tauschgeschäften zwischen Betrieben und zwischen Endverbrauchern und
- die ausgeprägte Beharrungstendenz d.h. Fehler werden schwerer erkannt.

Eine Wertung des politischen Systems soll hier unterbleiben. Faktisch hat sich indes in allen Zentralverwaltungswirtschaften die „Unteilbarkeit der Freiheit" bestätigt: Wirtschaftliche Freiheit war ohne politische Freiheit und politische Freiheit war ohne wirtschaftliche Freiheit nicht zu realisieren.

Ich bedanke mich für Ihre Aufmerksamkeit.

8 Mikroökonomik

8.1 Nachfrage der Haushalte

1. Einleitung

Sehr geehrte Damen und Herren. Das Thema meines Vortrages lautet „Nachfrage der Haushalte". Zur Veranschaulichung wird im folgenden Vortrag der private Verbraucher (Konsument) als typischer Nachfrager gewählt. Es ist aber so, dass auch der Unternehmer Güter und Dienstleistungen nachfragt, die er im Produktionsprozess einsetzen will. Ebenso erwirbt auch der Staat Güter zur Befriedigung von Kollektivbedürfnissen. Während das Angebot durch die Produktionskosten, das Gewinnstreben und die Konkurrenzsituation der Anbieter bestimmt wird, ergibt sich die Nachfrage nach Konsumgütern in Abhängigkeit von den Preisen, vom verfügbaren Einkommen und von der Bedarfsstruktur der Nachfrager.

Abbildung 21: Bestimmungsgründe der Preisbildung[134]

Im 2. Gliederungspunkt werden die Bestimmungsgründe der Nachfrage privater Haushalte beschrieben. Anschließend erfolgt im 3. Gliederungspunkt eine Beschreibung der Nachfrage nach einem Gut in Abhängigkeit von seinem Preis. Zum Schluss erfolgt im 4. Gliederungspunkt eine Darstellung der Preis- und Einkommensempfindlichkeit der Nachfrage.

[134] In Anlehnung an Baßeler/Heinrich/Utecht (2010), S. 88.

2. Bestimmungsgründe der Nachfrage privater Haushalte

Zunächst werde ich die Bedarfsstruktur der Haushalte beschreiben. Im Anschluss werden dann die Komplexität der wirtschaftlichen Wirklichkeit, die Notwendigkeit des Modelldenkens und der Ceteris-paribus-Methode dargestellt.[135]

2.1. Bedarfsstruktur der Haushalte

Die Bedarfsstruktur eines Haushaltes ist nicht unveränderlich, sondern wird wesentlich durch die Altersstruktur des Haushalts, Produktinnovationen und Werbung bestimmt.

Das Ausmaß der Beeinflussung der Verbraucher durch die Altersstruktur des Haushalts, Produktinnovationen und Werbung ist nicht bekannt. Grundbedürfnisse wie z.B. das Bedürfnis nach Essen, Trinken, Wohnung, Kleidung oder die Wünsche nach Freiheit, Abenteuer, Unterhaltung, Gemütlichkeit etc. sind dem Menschen wohl eher angeboren. Dass allerdings der Wunsch nach Freiheit vom Rasierwasser und der Wunsch nach Abenteuern vom Rauchen einer Zigarette befriedigt werden, ist als Ergebnis der Werbung anzusehen.

2.2. Komplexität der wirtschaftlichen Wirklichkeit

Die Nachfrage eines Haushaltes ist eine Funktion einer Vielzahl von Einflussgrößen, von denen sie abhängt.

Die wirtschaftliche Wirklichkeit der Nachfrage eines Haushaltes zu erklären, ist außerordentlich schwierig. Daher ist es nahezu unmöglich, die Nachfrage eines Haushaltes in all ihren Spielarten zu beschreiben oder gar zu erklären. Als zweckmäßig hat es sich somit heraus gestellt, die für unwichtig gehaltenen Einzelheiten zu vernachlässigen und die Wirkung der Einflussgrößen nacheinander zu untersuchen.

Zum Beispiel wird es nicht oder nur unter sehr großen Schwierigkeiten möglich sein zu erklären, wie sich die Nachfrage nach Butter verändern wird, wenn der Butterpreis sinkt, das Einkommen sinkt, die Preise anderer Güter ebenfalls eine Veränderung erfahren und sich schließlich noch die Bedarfsstruktur verschiebt.

2.3. Notwendigkeit des Modelldenkens

Um mögliche Gesetzmäßigkeiten erkennen zu können, muss von Einzelheiten abgesehen werden, die für das untersuchte Problem weniger wichtig erscheinen. Vielfältige Erscheinungsformen in der Realität müssen auf ein einfaches System reduziert werden, das Modell genannt wird. Anhand dieses Modells müssen die wesentlichen Er-

135 Vgl. Baßeler/Heinrich/Utecht (2010), S. 89 ff.

kenntnisse gewonnen werden. Die Problematik besteht dabei, dass im Vorhinein nicht sicher ist, welche Einzelheiten als unwesentlich vom Wesentlichen getrennt werden können. Des Weiteren muss man bei der Anwendung der Erkenntnisse auf konkrete Probleme immer prüfen, inwieweit die Voraussetzungen und Vereinfachungen angemessen sind.

2.4. Notwendigkeit der Ceteris-paribus-Methode

Die Wirkung einer wesentlichen Einflussgröße kann nur bei Einzelbetrachtung in vollem Ausmaß erkannt werden. Daher wird in einem Denkmodell häufig angenommen, dass bis auf eine Einflussgröße alle übrigen Determinanten gleich bleiben (Ceteris-paribus-Klausel).

3. Nachfrage nach einem Gut in Abhängigkeit von seinem Preis

Zunächst werde ich die Begründung für eine fallende Nachfragekurve erläutern. Im Anschluss werde ich den Substitutionseffekt, den Einkommenseffekt sowie die Verschiebungen der Nachfragekurve darstellen.[136]

3.1. Begründung für eine fallende Nachfragekurve

Gemäß der Notwendigkeit des Modelldenkens und der Ceteris-paribus-Methode wird nun angenommen, dass Einkommen, Bedarfsstruktur und Güterpreise mit Ausnahme des Preises des Gutes, eine vorgegebene konstante Höhe bzw. Struktur haben. Um heraus zu finden, ob die Nachfrage eines Gutes vom Preis allein abhängt, kann ein Haushalt nach seiner geplanten Nachfrage bei unterschiedlichen Preisen und konstanten Preisen der übrigen Güter sowie konstantem Einkommen befragt werden. Da eine Abhängigkeit der nachgefragten Menge von ihrem Preis festgestellt werden kann, lässt sich der Preis auch als Ursache (unabhängige Variable) und die nachgefragte Menge als Wirkung (abhängige Variable) beschreiben. Eine solche Funktion wird als Nachfragefunktion bezeichnet. Sie gibt an, welche Mengen des betreffenden Gutes der Haushalt nachfragen würde, wenn der Preis des Gutes verschiedene Höhen annehmen würde, bei Konstanz des Einkommens, der übrigen Preise und der Bedarfsstruktur.

3.2. Der Substitutionseffekt

Der Substitutionseffekt beschreibt die Reaktion eines Haushalts auf eine Preisänderung für ein Gut. Der Substitutionseffekt bewirkt im Fall einer Preissenkung eine Ver-

[136] Vgl. Baßeler/Heinrich/Utecht (2010), S. 91 ff.

stärkung der Nachfrage nach dem relativ billiger gewordenen Gut zu Lasten der relativ teureren Güter.[137]

Steigt z.B. der Butterpreis und bleiben die anderen Preise konstant, so wird Butter relativ teurer, andere Güter wie Margarine und Öl relativ billiger. Dann lohnt es sich für jeden Verbraucher, das relativ teurer gewordene Gut durch das relativ billigere Gut zu ersetzen (zu substituieren).

3.3. Der Einkommenseffekt

Der Einkommenseffekt beschreibt die Reaktion eines Haushalts auf eine Preisänderung für ein Gut, die aufgrund der damit einhergehenden Realeinkommensveränderung bewirkt wird. Der Einkommenseffekt bewirkt, dass der Haushalt bei einer Preissenkung mehr von den meisten Gütern nachfragen kann als bisher.[138]

Mit Ausnahme einiger weniger Spezialfälle wird dieser (Real-) Einkommenseffekt in die gleiche Richtung wirken wie der Substitutionseffekt des in seinem Preis gestiegenen Gutes: Mit sinkendem Realeinkommen wird die nachgefragte Menge abnehmen.

3.4. Verschiebungen der Nachfragekurve

Von den Bewegungen auf der Nachfragekurve werden die Verschiebungen der Nachfragekurve unterschieden. In der Regel wird die Nachfragefunktion verschoben, wenn die übrigen Preise oder das Einkommen andere Werte annehmen oder die Bedarfsstruktur sich verändert. Beobachtungen haben bereits gezeigt, dass die nachgefragte Menge vieler Güter zugenommen hat, obwohl deren Preise gestiegen sind. Diese Beobachtung ist aber kein Beweis dafür, dass die Haushalte ceteris paribus planen, bei steigendem Preis eines Gutes weniger von diesem nachzufragen.

Die Ursachen für einen Anstieg der nachgefragten Menge bei Gütern, deren Preise gestiegen sind, können vielfältig sein. Es können beispielsweise die Einkommen gestiegen sein, die Bedarfsstruktur kann sich verändert haben oder die Preise anderer Güter können noch stärker gestiegen sein. Wenn eine allgemeine Preissteigerung erwartet wird, dann erhöht sich die nachgefragte Menge bei Gütern, deren Preise gestiegen sind, ebenfalls.

Daneben kann es Güter geben, die von einigen Haushalten mehr nachgefragt werden, gerade weil ceteris paribus ihr Preis gestiegen ist. Man spricht in diesem Zusammenhang in der Literatur auch vom so genannten Prestigeeffekt (Veblen-Effekt).

---

[137] Vgl. Alisch/Arentzen/Winter (2004), S. 2863.
[138] Vgl. Alisch/Arentzen/Winter (2004), S. 816.

Des Weiteren werden in der Realität so genannte Mitläufereffekte und Snobeffekte beobachtet. Beim Mitläufereffekt nimmt die Nachfrage eines Haushaltes nach einem Gut zu, wenn der Gesamtabsatz des Gutes auf dem Markt steigt.

Der Snobeffekt stellt das Gegenstück zum Mitläufereffekt dar. Die Nachfrage eines Snobs nimmt ab, wenn die Gesamtnachfrage nach dem Gut steigt. Dieser Zusammenhang kann dadurch erklärt werden, dass der Snob nach Exklusivität strebt und sich von der breiten Bevölkerung abheben möchte.

4. Preis- und Einkommensempfindlichkeit der Nachfrage

Zunächst werde ich die Preiselastizität erläutern. Im Anschluss werden dann die Kreuzpreiselastizität sowie die Einkommenselastizität dargestellt.[139]

4.1. Preiselastizität

Grundsätzlich nimmt die Nachfrage nach einem Gut unter sonst gleichen Bedingungen mit steigendem Preis ab. Um festzustellen, wie stark die Nachfrage auf Preisänderungen reagiert, wird in der Volkswirtschaftslehre der Begriff der Elastizität der Nachfrage nach einem Gut in Bezug auf den Preis dieses Gutes verwendet. Damit dieses Maß allgemein vergleichbar und für die Charakterisierung einer Nachfragebeziehung verwendbar ist, genügt es nicht, die absoluten Preis- und Mengenveränderungen ins Verhältnis zu setzen. Damit ein Vergleich durchgeführt werden kann, muss man die relativen Änderungen betrachten, also das Verhältnis der Änderung zur Ausgangsgröße. Somit werden bei der Elastizität zwei relative Änderungen miteinander in Beziehung gesetzt. Die Elastizität misst die Stärke eines Ursache-Wirkung-Zusammenhanges. Es gilt folgende Formulierung:

Elastizität = rel. Wirkungsänderung (in %)/ rel. Ursacheänderung (in %)

Die direkte Preiselastizität der Nachfrage bezeichnet das Verhältnis der relativen (prozentualen) Änderung der nachgefragten Menge eines Gutes bezogen auf die relative (prozentuale) Änderung des Preises dieses Gutes. Bei der direkten Preiselastizität der Nachfrage wird gemessen, um wie viel Prozent sich die nachgefragte Menge ändert, wenn sich der Preis um 1 % verändert.

Ein wichtiges Kriterium für die Interpretation ist, ob die Elastizität größer oder kleiner als 1 ist. Bei einer Elastizität zwischen unendlich und 1 spricht man von einer elastischen Nachfrage.

139 Vgl. Baßeler/Heinrich/Utecht (2010), S. 96 ff.

Bei einer elastischen Nachfrage sinkt die nachgefragte Menge um mehr als 1 Prozent, wenn der Preis um 1 % steigt. Ist die Nachfrage bei einem bestimmten Preis elastisch, so nimmt bei einer kleinen Preiserhöhung die Ausgabe für dieses Gut zu.

Eine Elastizität zwischen 1 und Null wird als unelastische Nachfrage bezeichnet. Eine Preissteigerung von 1 Prozent führt hier zu einem Nachfragerückgang von weniger als 1 Prozent. Ist die Nachfrage bei einem bestimmten Preis unelastisch, so nimmt bei einer kleinen Preiserhöhung die Ausgabe für dieses Gut zu.

4.2. Kreuzpreiselastizität

Der Zusammenhang zwischen der nachgefragten Menge X_1 eines Gutes und dem Preis P_2 eines anderen Gutes X_2 ist ebenfalls von großer Bedeutung. Der Zusammenhang kann prinzipiell drei Formen annehmen:

- Mit steigendem Preis des Gutes (Butter) steigt c. p. die Nachfrage nach einem anderen Gut (Margarine). Dieser Fall bezeichnet Substitute. Der Grad der Substituierbarkeit kann durch die Kreuzpreiselastizität gemessen werden. Die Kreuzpreiselastizität gibt an, um wie viel Prozent sich die nachgefragte Menge eines Gutes anpasst, wenn sich der Preis eines anderen Gutes um 1 % erhöht. Die Kreuzpreiselastizität beschreibt das Verhältnis der relativen Änderung der nachgefragten Menge eines Gutes zur relativen Preisänderung eines anderen Gutes. Diese Elastizität ist bei Substituten immer positiv. Je größer die Kreuzpreiselastizität ist, desto stärker werden die Nachfrager bei einseitigen Preiserhöhungen das Konkurrenzprodukt kaufen.
- Bei komplementären Gütern (z. B. Müsli und Milch) ist die Kreuzpreiselastizität negativ. Erhöht der Hersteller des Gutes seinen Preis, so beeinflusst er damit auch die Nachfrage nach komplementären Produkten anderer Hersteller negativ.
- Schließlich kann die nachgefragte Menge eines Gutes gänzlich unabhängig sein vom Preis eines anderen Gutes. In diesem Fall ist die Kreuzpreiselastizität gleich Null. Von der Preiserhöhung eines Gutes gehen dann keine Nachfragewirkungen auf das andere Gut aus.

4.3. Einkommenselastizität

Empirische Untersuchungen belegen, dass der Betrag, den man insgesamt für Konsumgüter ausgeben will mit steigendem Einkommen zunimmt. Es stellt sich dann aber die Frage, wie sich dieser Betrag auf die einzelnen Güter verteilt.

Wenn die Nachfrage nach einem Gut mit steigendem Einkommen zunimmt, spricht man von einem superioren Gut. Superiore Güter sind z.B. Reisen, teure Autos und Luxusgüter.

Wenn die Nachfrage nach einem Gut mit steigendem Einkommen abnimmt, spricht man von einem inferioren Gut. Als Beispiele wären hierfür vor allem Güter einfacher oder minderer Qualität zu nennen, wie z. B. Margarine, billiger Alkohol und billige Autos.

Etwas genauer kann man den Zusammenhang von Einkommen und Nachfrage mit Hilfe der Einkommenselastizität der Nachfrage beschreiben. Die Einkommenselastizität beschreibt das Verhältnis der relativen Änderung der nachgefragten Menge zur relativen Änderung des Einkommens. Die Einkommenselastizität gibt somit an, um wie viel Prozent die nachgefragte Menge eines Gutes ceteris paribus steigt, wenn das Einkommen um 1 % zunimmt. Mit Hilfe der Werte der Einkommenselastizität für verschiedene Produkte bzw. Produktgruppen lässt sich somit eine Aussage über die Entwicklung der Nachfrage nach diesen Gütern und damit über die wirtschaftliche Zukunft der entsprechenden Herstellergruppen treffen.

Ich bedanke mich für Ihre Aufmerksamkeit.

8.2 Güterangebot der Unternehmen

1. Einleitung

Sehr geehrte Damen und Herren. Das Thema meines Vortrages lautet „Güterangebot der Unternehmen". Welche Gütermenge wird ein Unternehmen auf dem Markt anbieten? Diese Frage ist schwer zu beantworten, wenn man die Zielsetzung des Unternehmens, die technischen Bedingungen der Produktion, die schließlich ihren Niederschlag in der Kostenfunktion finden, und die Organisation der Märkte, auf denen das Unternehmen sein Produkt verkauft bzw. auf denen es die eingesetzten Produktionsmittel erwirbt, kennt.

Zunächst erfolgt im 2. Gliederungspunkt eine Beschreibung der Gewinnmaximierung als Verhaltensannahme. Zur Vereinfachung vernachlässige ich die ergänzenden Ziele und unterstelle Gewinnmaximierung als alleiniges Unternehmensziel. Unter Punkt 3 erfolgt eine Vorstellung der gegebenen Güter- und Faktorpreise. Die Absatz- und die Beschaffungsmärkte der Unternehmen sollen Märkte mit vollständiger Konkurrenz sein, auf denen die Unternehmen als Anbieter oder Nachfrager auftreten. Anschließend wird im 4. Gliederungspunkt die Gewinnmaximierung eines Mengenanpassers beschrieben. Unter Punkt 5 erfolgt eine Darstellung der Produktionsregel der Unternehmen, nach der der Preis gleich den Grenzkosten sein muss. Die Unternehmen werden also ihre Produktion so lange ausdehnen, bis der mit der letzten Mengeneinheit verbundene zusätzliche Umsatz (Grenzumsatz), der wegen des angenommenen Konkurrenzmarktes gleich dem Preis ist, den Grenzkosten der letzten Produktionseinheit entspricht. Zum Abschluss wird dann im 6. Gliederungspunkt der Verlauf des Marktangebots beschrieben.

2. Gewinnmaximierung als Verhaltensannahme

Gewinnmaximierung als Verhaltensannahme kann bei Unternehmen grundsätzlich vorausgesetzt werden, auch wenn dies nicht in jedem einzelnen Fall zutrifft. Ergänzende Zielsetzungen können dennoch eine wichtige Bedeutung besitzen. Zur Vereinfachung vernachlässigen wir solche ergänzenden Ziele hier und unterstellen Gewinnmaximierung als alleiniges Unternehmensziel.

3. Gegebene Güter- und Faktorpreise

Die Güter- und Faktorpreise werden als gegeben angenommen. Dies impliziert, dass die Absatz- und die Beschaffungsmärkte des Unternehmens Märkte mit vollständiger Konkurrenz darstellen, auf denen das Unternehmen als Anbieter oder Nachfrager einer von sehr vielen ist. Dementsprechend soll der Preis des Produktes und sollen die Preise der Produktionsmittel für das Unternehmen vorgegebene Größen sein. Die Technik des betrachteten Unternehmens soll so sein, dass es sich steigenden Grenzkosten bei gegebenen Fixkosten gegenüber sieht. Wir betrachten also die kurze Frist.

Wenn ein Unternehmen auf dem Absatzmarkt für sein Produkt einen so geringen Marktanteil hat, dass es den Produktpreis nicht beeinflussen kann und bei dem gegebenen Produktpreis jede beliebige Menge absetzen kann, so wird es diese abgesetzte Menge so festzulegen versuchen, dass sein Gewinn maximiert wird. Man spricht auch vom Mengenanpasserverhalten des Unternehmers auf dem Absatzmarkt.

4. Gewinnmaximierung eines Mengenanpassers

Damit das Streben nach Gewinnmaximierung eines Mengenanpassers veranschaulicht werden kann, muss zunächst die Gewinnfunktion des Unternehmers ermittelt werden. Der Gewinn des Unternehmens ergibt sich dabei als Differenz aus dem Umsatz, d.h. aus der verkauften Menge multipliziert mit dem Preis und den Produktionskosten bzw. den Einkaufspreisen der verkauften Produktmenge:

$$G = x \cdot p - K(x)$$

Um herauszufinden, bei welcher Produktmenge das Unternehmen seinen Gewinn maximiert, führen wir die folgende Überlegung durch: Angenommen, das Unternehmen bietet bisher eine bestimmte Produktmenge x_0 auf dem Markt an. Bei dieser Produktmenge x_0 erzielt es den Umsatz $U_0 = x_0 \cdot p$ und die Kosten betragen

$K_0 = K(x_0)$. Wie kann das Unternehmen feststellen, ob x_0 seine Gewinn maximierende Produktmenge ist? Das Einfachste wird sein, es prüft, wie sich sein Gewinn verändert, wenn es seinen Absatz um eine Mengeneinheit erhöht oder vermindert. Überlegen wir, was passiert, wenn das Unternehmen seinen Absatz um eine Mengeneinheit erhöht. Da der Umsatz das Produkt aus abgesetzter Menge und dem fest vorgegebenen Preis ist, wird die Erhöhung des Absatzes x_0 um eine Mengeneinheit den Umsatz gerade um den Preis p erhöhen. Diese Absatz- und Umsatzerhöhung ist für das Unternehmen auch mit einer Erhöhung der Kosten verbunden, und zwar in Höhe der Grenzkosten.

Offenbar nimmt als Folge der Erhöhung der Absatzmenge um eine Einheit sein Gewinn zu, wenn der zusätzliche Umsatz, den das Unternehmen durch die zusätzliche Mengeneinheit realisiert, also der Preis, größer ist als die mit der zusätzlichen Mengeneinheit verbundenen zusätzlichen Kosten (die Grenzkosten).

5. Produktionsausweitung bis Grenzumsatz = Grenzkosten

Die Produktionsausweitung erfolgt genau so lange bis der mit der letzten Mengeneinheit verbundene zusätzliche Umsatz (Grenzumsatz), der wegen des angenommenen Konkurrenzmarktes gleich dem Preis ist, den Grenzkosten der letzten Produktionseinheit entspricht.

Wir verdeutlichen diese Überlegung grafisch, indem wir auf der Ordinate den Produktpreis sowie die als steigend angenommenen Grenzkosten des Unternehmens und auf der Abszisse die Produktions- und Absatzmenge eintragen.

Ändert sich der auf dem Markt gültige Produktpreis für das Unternehmen, so ändert sich, bei dem angenommenen Verlauf der Grenzkosten, auch seine angebotene Produktmenge: Ein steigender Produktpreis zieht eine steigende Gewinn maximierende Produkt- und Absatzmenge des Unternehmens nach sich.

Wir können also festhalten: Die steigende Grenzkostenkurve stellt die Angebotskurve des Unternehmens für unterschiedliche Marktpreise dar.

Einschränkend ist hinzuzufügen, dass der Preis langfristig so hoch sein muss, dass er die Durchschnittskosten der Produktion zumindest deckt.

6. Marktangebot

Es kann gezeigt werden, dass - bei steigenden Grenzkosten, die bei Existenz eines oder mehrerer kurzfristig konstanter Faktoren in einem Unternehmen realistisch sind - die kurzfristige Angebotskurve eines Unternehmens durch den steigenden Teil seiner Grenzkostenkurve gegeben ist.

Die Gesamtangebotsmenge auf dem Markt ergibt sich, indem bei jedem Preis die individuellen Angebotsmengen addiert werden.

Ich bedanke mich für Ihre Aufmerksamkeit.

8.3 Preisbildung bei vollkommenen Märkten

1. Einleitung

Sehr geehrte Damen und Herren. Das Thema meines Vortrages lautet „Preisbildung bei vollkommenen Märkten".

Zunächst erfolgt im 2. Gliederungspunkt eine Beschreibung der Grundlagen der Preisbildung. Dabei wird der Einfluss der Organisationsform des Marktes und der Zahl der Anbieter und Nachfrager auf den Preisbildungsprozess beschrieben. Unter Punkt 3 erfolgt eine Vorstellung der Preisbildung bei vollkommener Konkurrenz. Anschließend wird im 4. Gliederungspunkt die Börse als Marktorganisation bei vollkommener Konkurrenz beschrieben. Es stellt sich dabei die Frage, wie sich der Preisbildungsprozess innerhalb eines solchen Marktes vollziehen kann. Zum Abschluss werden dann im 5. Gliederungspunkt die Koordinationsprobleme bei Fehlen eines Auktionators beschrieben.

2. Grundlagen der Preisbildung

Die unterschiedlichen Erscheinungsformen und Ausprägungen der Märkte üben einen großen Einfluss auf den Preisbildungsprozess aus. Dabei lassen sich 2 Einflussgrößen unterscheiden, die Organisationsform des Marktes und die Zahl der Anbieter und Nachfrager. Hinsichtlich der Organisationsform sind zu unterscheiden:

- Märkte, bei denen Preise durch einen Auktionator nach Angebot und Nachfrage festgesetzt werden (Börsen). Im Regelfall handelt es sich dabei um homogene Güter, die von einer sehr großen Zahl von Anbietern produziert und einer ebenfalls sehr großen Zahl von Wirtschaftseinheiten nachgefragt werden. Es liegt somit ein sogenanntes homogenes Polypol bzw. vollständige Konkurrenz vor. Homogene Güter bedeutet, dass die von den verschiedenen Produzenten angebotenen Güter im Urteil der Nachfrager identisch sind, also perfekte Substitute darstellen (z.B. unverarbeitete Rohstoffe). Es gibt also auf Seiten der Nachfrager keine Präferenzen sachlicher, räumlicher oder persönlicher Natur in Bezug auf die einzelnen Anbieter bzw. deren Angebote. Aufgrund dessen kann es zwischen den Preisen der einzelnen Produzenten keine Unterschiede geben, da die Nachfrager bei Preisunterschieden sofort vollständig auf die preisgünstigsten Angebote ausweichen werden. Es wird sich ein einheitlicher Marktpreis einstellen, den beide Marktseiten (aufgrund ihrer „Gewichtslosigkeit“ am Markt) als ein nicht von ihnen beeinflussbares Datum ansehen. Die Wirtschaftseinheiten sind hier also Preisnehmer bzw. Mengenanpasser, d.h. sie verfügen über keine eigene Preissetzungsmacht.

- Märkte, auf denen der Preis eines Produktes durch einen Anbieter festsetzt werden kann (Preisfixierer). Eine Voraussetzung dieser Marktform besteht darin, dass der Anbieter zumindest ein gewisses Maß an Preissetzungsmacht besitzt. Dies könnte z.B. darauf begründet sein, dass die Zahl der Anbieter eher klein ist, sodass der einzelne Anbieter „Gewicht“ am Markt hat. Oder es existieren zu dem Produkt des Anbieters keine perfekten, sondern bestenfalls unvollkommene Substitute anderer Anbieter auf dem Markt. Natürlich kann auch beides gleichzeitig vorliegen. Preissetzung durch die Anbieter ist üblich für Industrie, Handwerk und Handel. Im Folgenden werden wir das Preissetzungsverhalten von Anbietern, die einer sehr großen Zahl von Nachfragern gegenüber stehen, für den Fall des Monopols (der Anbieter hat keine Konkurrenten), des Oligopols (der Anbieter hat einige wenige Konkurrenten) und des heterogenen Polypols (monopolistische Konkurrenz, der Anbieter hat viele Konkurrenten, die ähnliche Güter anbieten) untersuchen.

Von Bedeutung ist die Preisbildung auf dem Arbeitsmarkt. Hier stehen sich häufig ein Anbieter (Gewerkschaft als Vertreter der Arbeitnehmer) und ein Nachfrager (Arbeitgeberverband als Nachfrager nach Arbeit) in einem so genannten bilateralen (zweiseitigen) Monopol gegenüber. Hier hängt die Höhe des Preises der Arbeit (Geldlohnsatz) von der Stärke der Vertragsparteien (die unter anderem durch die gesamtwirtschaftliche Lage mitbestimmt wird) und von der Verhandlungsstrategie und -taktik der Tarifpartner ab.

Von Bedeutung ist auch die Festsetzung staatlicher Preise (z.B. bei Post-, Verkehrs- und kommunalen Versorgungsbetrieben) und staatlich kontrollierter Preise (insbesondere beim Agrarmarkt der Europäischen Union). Wir beschränken uns auf die Beschreibung der Preisbildung im Bereich der privaten Wirtschaft und bei staatlichen Monopolen.

3. Vollkommene Konkurrenz als Leitbild

Die Preisbildung bei vollkommener Konkurrenz besitzt Leitbildcharakter für den Koordinationsmechanismus in einer Marktwirtschaft.

Man spricht von vollkommener Konkurrenz bzw. von einem homogenen Polypol, wenn ein Markt folgendermaßen beschrieben werden kann:

- Es stehen sich auf jeder Marktseite eine sehr große Zahl von Anbietern und Nachfragern gegenüber, deren individuelle Größe für den Gesamtmarkt unbedeutend ist. Ihr jeweiliger Anteil an der Gesamtkapazität von Angebot und Nachfrage ist also verschwindend gering.

- Der Markt ist vollkommen in dem Sinn, dass alle Anbieter und Nachfrager ein praktisch identisches (homogenes) Gut handeln, dass sie über die Preise bestens informiert sind (vollkommene Transparenz), und dass sie auch ansonsten keinen Grund haben, einen Marktteilnehmer einem anderen vorzuziehen (keine persönlichen oder räumlichen Präferenzen).

4. Die Börse als Marktorganisation bei vollkommener Konkurrenz

Der Preisbildungsprozess lässt sich bei vollkommener Konkurrenz am besten mit der Auktion in Form einer Börse als Marktorganisationsform umsetzen. Bei der Börse ermittelt der Auktionator (Börsenveranstalter) über die Kauf- und Verkaufsgebote der Marktteilnehmer denjenigen Preis p*, welcher Angebot und Nachfrage ins Gleichgewicht bringt. Der Marktpreis wird auf dieser Höhe festgesetzt und die Marktteilnehmer tätigen dann ihre bei diesem Preis geplanten Käufe und Verkäufe. Es herrscht Marktgleichgewicht. Der Auktionator kann diesen Gleichgewichtspreis ermitteln, indem er für verschiedene Preise die jeweiligen Angebots- und Nachfragemengen miteinander vergleicht. Er wird also Preise „ausrufen", zu denen die Marktteilnehmer ihre jeweiligen Mengenplanungen äußern.

Abbildung 22: Marktgleichgewicht bei vollkommener Konkurrenz

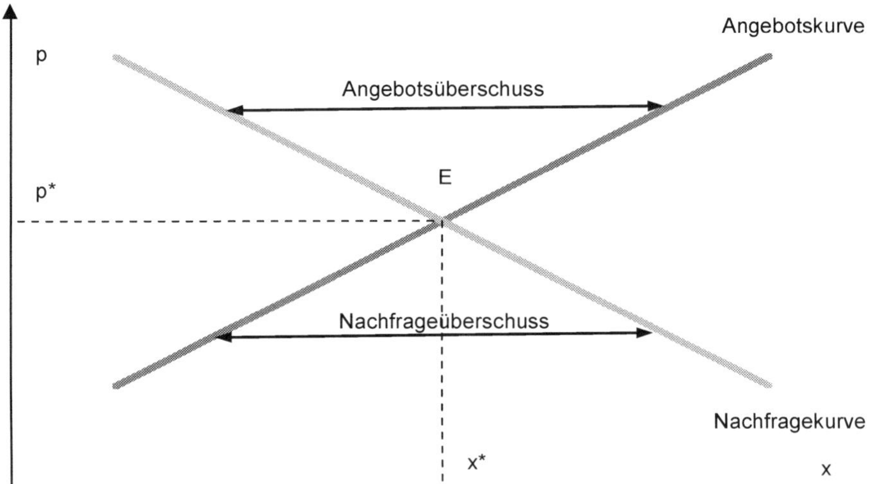

Solange noch keine Übereinstimmung von Angebot und Nachfrage hergestellt ist, wird er bei einem Nachfrageüberhang den ausgerufenen Preis erhöhen, bei einem Angebotsüberhang dagegen den ausgerufenen Preis senken. Da die nachgefragte Menge mit steigendem Preis abnimmt, die angebotene Menge dagegen zunimmt, wird über dieses „Trial-and-Error"-Verfahren schließlich der Gleichgewichtspreis bzw. Marktpreis p* gefunden, zu welchem die gewünschten Mengen x* dann gehandelt werden.

5. Koordinationsprobleme bei Fehlen eines Auktionators

Auch ohne Existenz eines den Preis festsetzenden Auktionators lässt sich ein Marktgleichgewicht bei vollkommener Konkurrenz herbeiführen. Allerdings ist der Informationsbedarf auf der Angebotsseite ungleich höher als im Auktionsfall. Jeder Anbieter muss vollkommene Information über alle wirtschaftlichen Tatbestände besitzen, welche Einfluss auf das Angebots- und Nachfrageverhalten haben. Nur dann kann er denjenigen (höchsten) Preis korrekt antizipieren, zu welchem er seine Absatzplanungen auch verwirklichen kann. Da ein solcher Informationsgrad unrealistisch ist, wird auch hier das Marktgleichgewicht bestenfalls über einen „Trial-and-Error"-Prozess erreichbar sein: Setzt das Unternehmen seinen Preis z.B. zu hoch, so wird es feststellen, dass es nicht die gewünschte Menge absetzen kann. Setzt es den Preis zu niedrig, so wird es mit einem Nachfrageüberhang konfrontiert werden, was nichts anderes bedeutet, als dass es seine Absatzmenge zu einem höheren Preis hätte verkaufen können. Die Fehleinschätzung zeigt sich hier also erst nachträglich (ex post) und ist mit entsprechenden Kosten verbunden (sei es in Form unerwünschter Lagebestände bei zu hohem Preis oder in Form entgangener Gewinne bei zu niedrigem Preis).

Dieser Problemkreis wird in der Volkswirtschaftslehre zumeist vernachlässigt. Üblicherweise wird hier lediglich auf den Zustand abgehoben, in welchem die „richtigen" Preise bereits bekannt sind, während der diesbezügliche Anpassungsprozess nicht weiter untersucht wird. Da in der Realität auf sehr vielen Märkten die Preise durch die Unternehmen gesetzt werden, sollte es jedoch klar sein, dass das theoretische Marktgleichgewicht in den seltensten Fällen (wenn überhaupt) erreicht wird. Dass die allgemeine Räumung der Märkte dennoch das zentrale Paradigma der modernen Volkswirtschaftslehre (geblieben) ist, kann allerdings dadurch gerechtfertigt werden, dass sie quasi den theoretisch möglichen Idealzustand widerspiegelt, in dessen Nähe sich die Volkswirtschaft bei im Grundsatz funktionierendem Preisanpassungsmechanismus befindet.

Ich bedanke mich für Ihre Aufmerksamkeit.

8.4 Preissetzung durch den Anbieter

1. Einleitung

Sehr geehrte Damen und Herren. Das Thema meines Vortrages lautet „Preissetzung durch den Anbieter".

Zunächst erfolgt im 2. Gliederungspunkt eine Beschreibung der Grundlagen der Preissetzung durch die Anbieter. Beispielsweise setzen die Industrie und das Handwerk zumeist selbst die Preise fest, zu denen sie ihre Produkte zu verkaufen bereit sind, anstatt die Preisbildung einem Auktionator zu überlassen. Unter Punkt 3 erfolgt eine Vorstellung der Preissetzung im Monopol. Anschließend wird im 4. Gliederungspunkt die Preissetzung im Oligopol beschrieben. Zum Abschluss erfolgt dann im 5. Gliederungspunkt eine Darstellung der Preissetzung im heterogenen Polypol.

2. Grundlagen der Preissetzung durch Anbieter

Anstatt die Preisbildung einem Auktionator zu überlassen, setzen viele Industrieunternehmen selbst die Preise fest, zu denen sie ihre Produkte zu verkaufen bereit sind. Diese Preise sollen im Allgemeinen die Herstellungskosten decken und den Produzenten einen Gewinn erbringen. In der Wirtschaftstheorie wird in diesem Zusammenhang häufig von der Gewinnmaximierungshypothese ausgegangen, d.h. es wird angenommen, dass die Anbieter nach einem maximalen Gewinn streben. Ob dies tatsächlich der Fall ist, oder ob häufig nicht eher ein „angemessener" Gewinn angestrebt wird, sei hier dahingestellt. Jedenfalls ist Gewinnstreben in einer Marktwirtschaft durchaus notwendig und auch ein legitimes Ziel, da bei Gewinnmaximierung die Kaufbereitschaft der Güternachfrager (und damit deren Bedarfsstruktur) adäquat Berücksichtigung findet.

Jede unternehmerische Planung muss sich nun im Grunde auf den Vergleich der zusätzlichen Kosten (Grenzkosten) einer Maßnahme mit dem daraus resultierenden zusätzlichen Umsatz (Grenzumsatz bzw. Grenzerlös) zurückführen lassen. Solange die Grenzkosten von Produktion und Absatz kleiner sind als der zusätzliche Umsatz, erhöht eine Produktionsausweitung den Gewinn des Anbieters (möglicherweise vermindert sie auch nur seinen Verlust). Entsprechendes gilt umgekehrt. Wenn Anbieter also nach maximalem Gewinn streben, müssten sie den Preis für ihr Produkt so festsetzen, dass bei Absatz der gemäß ihrer Preis-Absatz-Funktion zugehörigen Menge Grenzerlös gleich Grenzkosten ist.

In der Praxis scheint eine solche Grenzkalkulation jedoch häufig zu kompliziert zu sein, insbesondere da Grenzerlös und Grenzkosten oft gar nicht bekannt sind. Anbieter setzen ihre Preise deshalb häufig so, dass sie auf die Stückkosten der Produktion, die bei normaler Kapazitätsauslastung anfallen (Normalkosten), einen Aufschlag erheben.

Dass die Gewinne mit sinkender Kapazitätsauslastung sinken, ist ein Argument, mit dem Anbieter Preiserhöhungen bei sinkender Nachfrage begründen.

Es wären dann umgekehrt mit steigender Nachfrage - die bei konstantem Preis ja Gewinnspanne und Gesamtgewinn erhöht - sinkende Preise zu erwarten. Doch fehlt bei steigender Nachfrage der Druck, Preise zu senken, sofern nicht Anbieterkonkurrenz dafür sorgt. Mit der Existenz bzw. Nicht-Existenz dieser Konkurrenz wollen wir uns im Folgenden befassen.

3. Preissetzung im Monopol

Ein Monopol liegt vor, wenn auf einem Markt nur ein Anbieter vorhanden ist. Der Monopolist hat somit keine Konkurrenten, die das gleiche Gut oder ähnliche Güter produzieren. Ähnliche Güter bezeichnen solche Güter, die in einer engen Substitutionskonkurrenz zueinander stehen und damit eine hohe positive Kreuzpreiselastizität aufweisen. Der Absatz des Monopolisten ist dann nicht von den Preisen einzelner anderer Anbieter abhängig. Bei der Preissetzung im Monopol ist festzuhalten, dass ein Monopolist nicht seinen Preis und gleichzeitig unabhängig davon die Menge festsetzen kann, die er verkaufen will. Er muss sehr wohl das Verhalten der Nachfrager in Rechnung stellen und berücksichtigen, dass er in der Regel umso weniger absetzen kann, je höher er seinen Preis setzt. Er steht also einer fallenden Nachfragekurve für sein Produkt gegenüber (Preis-Absatz-Kurve). Des Weiteren ist ein Produzent eines bestimmten Markenproduktes nicht gleichzeitig Monopolist, nur weil er der einzige Anbieter dieses Markenproduktes ist. Er steht dennoch in enger Substitutionskonkurrenz mit anderen Markenprodukten der gleichen Produktgruppe. Bei der Preissetzung im Monopol ist auch zu beachten, dass ein Monopolist normalerweise die so genannte latente Konkurrenz berücksichtigen muss. Es ist möglich, dass bei sehr hohen Gewinnen auch andere Anbieter auf diesen Markt drängen, wenn auch die Tatsache, dass ein Monopol besteht, i.d.R. darauf hinweist, dass der Zugang zu diesem Markt erschwert ist oder die Marktgröße bei der gegebenen Technologie nur einem Anbieter Gewinnmöglichkeiten lässt. Da ein Monopolist nach größtmöglichem Gewinn strebt und deshalb versuchen wird, den gewinnmaximierenden Preis festzulegen, der zu einer bestimmten Absatzmenge führt, bezeichnet man die Nachfragekurve aus der Sicht des Monopolisten auch als seine Preis-Absatz-Kurve.

Welchen Punkt auf der Nachfragekurve wird er bei der angenommenen Zielsetzung realisieren? Wie schon ausgeführt, ist die grundsätzliche Überlegung die des Vergleichs zwischen Grenzerlös (Grenzumsatz) und Grenzkosten. Das Gewinnmaximum ist durch die Gleichheit von Grenzerlös und Grenzkosten gekennzeichnet. Da der Monopolist, ausgehend von einer beliebigen Preis-Mengen-Kombination auf der Nachfragekurve, seinen Absatz nur steigern kann, wenn er mit dem Preis heruntergeht, ist der Grenzerlös kleiner als der Preis. Für die zusätzlich abgesetzte Gütereinheit erhält er den (gesenkten) Preis, gleichzeitig müssen die bisher abgesetzten Produkteinheiten ebenfalls zu dem niedrigeren Preis abgesetzt werden. Die Grenzerlöskurve verläuft deshalb in ihrem ganzen Bereich unterhalb der Nachfragekurve. Man beachte, dass - abhängig von der Elastizität der Nachfrage - der Grenzerlös auch negative Werte annimmt, eben dann, wenn die aufsummierten Preiseinbußen bei der bisherigen Absatzmenge den Preis der letzten Absatzeinheit überschreiten. Durch den Punkt, in dem sich Grenzerlöskurve und Grenzkostenkurve schneiden ist die gewinnmaximierende Menge bestimmt.

Würde sich der Monopolist wie die Anbieter bei vollständiger Konkurrenz verhalten, so würde er der „Preis = Grenzkosten"-Regel folgen und die Menge x_K zum Preise P_K anbieten. Aus diesem Grund wird der Monopolist in der Volkswirtschaftslehre kritisch beurteilt: Er produziert weniger und verlangt einen höheren Preis als Anbieter unter Konkurrenzbedingungen. Allerdings ist zu dieser Argumentation anzumerken, dass sie eine Identität der aggregierten Grenzkostenkurve der Konkurrenzanbieter und der des Monopolisten unterstellt. Dies ist jedoch nicht zwingend (vermutlich nicht einmal wahrscheinlich), denn es ist nicht auszuschließen, dass die Betriebsgröße des einzelnen Anbieters Einfluss auf die einzelwirtschaftlich optimale Technologie und damit auf den Grenzkostenverlauf hat.

Was sind die Gründe für die Entstehung eines Monopols? Zwei Gründe sind zentral:

- Der Zugang zu einem Markt, auf dem aufgrund der Marktgröße mehrerer Unternehmen mit Gewinn oder zumindest Kosten deckend anbieten könnten, ist künstlich auf einen Anbieter beschränkt. Das kann z.B. durch Patente oder auch durch willkürliche staatliche Setzung bedingt sein.

- Aufgrund der gegebenen technischen Bedingungen ergeben sich für alle Ausbringungsmengen unterhalb derjenigen des Cournot'schen Punktes abnehmende Durchschnittskosten (z. B. wegen wachsender Skalenerträge oder sehr hoher Fixkosten). Der Monopolist wird dann immer zu geringeren Durchschnittskosten produzieren, als wenn dieselbe Produktmenge insgesamt von mehreren (kleineren) Unternehmen hergestellt werden würde. Infolge dessen können kleinere Unternehmen im Preiswettbewerb nicht bestehen und werden bei korrekter Einschätzung dieser Situation auf den Markteintritt verzichten. Gleichzeitig ergibt sich hieraus für mehrere Anbieter der Anreiz, sich in einem Unternehmen zusammenzuschließen, weil durch diese Konzentration dieselbe Gesamtmenge zu geringeren Durchschnittskosten produziert, der Gewinn für alle Beteiligten also erhöht werden kann. Dies ist der Fall des so genannten „natürlichen" Monopols.

4. Preissetzung im Oligopol

Man spricht von einer Preissetzung im Oligopol, wenn sich auf einem Markt nur einige wenige, relativ große Anbieter befinden. Wenn die angebotenen Produkte im Urteil der Käufer im Grunde identisch sind, dann handelt es sich um ein homogenes Oligopol, sonst um ein heterogenes Oligopol. Im Fall des heterogenen Oligopols bieten die

Oligopolisten ähnliche aber nicht identische Güter an und der Absatz eines Anbieters ist nicht nur von seinem eigenen Preis abhängig wie beim Monopol, sondern auch vom Preis aller anderen Anbieter. Je homogener die Produkte in den Augen der Käufer sind, desto größer ist die wechselseitige Abhängigkeit der Anbieter.

Beispiele für die Marktform des (heterogenen) Oligopols sind in großer Zahl zu finden: der Markt für Automobile bestimmter Klassen, Reifen, Mineralöl, Zigaretten, Stahl und Kunststoffe.

Man kann sagen, dass das Oligopol die vorherrschende Marktform einer modernen Wirtschaft ist.

Während ein Monopolist bei seiner Preissetzung nur die Reaktion der Nachfrager berücksichtigen muss und gegebenenfalls die latente Konkurrenz, hat ein Oligopolist gewissermaßen zwei Fronten zu berücksichtigen: Da der Absatz der Konkurrenten des Oligopolisten fühlbar von seinem Preis abhängt, werden diese auf seine Preisänderungen reagieren. Ein Oligopolist muss also sowohl die Marktseite der Nachfrager beobachten als auch das Verhalten seiner Konkurrenten in seine Planungen einbeziehen.

Besonders deutlich wird die wechselseitige Preisabhängigkeit bei beabsichtigten Preisänderungen, die ein Anbieter sehr sorgfältig planen muss.

Senkt ein oligopolistischer Anbieter seinen Preis, werden die Konkurrenten einen großen Teil ihres Absatzes verlieren, wenn die Nachfrager keinen wesentlichen Unterschied bei den Produkten sehen. Um den Absatzverlust zu verhindern, werden die Konkurrenten ebenfalls ihre Preise senken müssen, möglicherweise in gleichem Ausmaß oder noch stärker. So wird jeder Anbieter die auf ihn entfallende Nachfrage unter der Voraussetzung schätzen müssen, dass bei einer Preissenkung die Konkurrenten folgen werden. Die Konsequenz ist, dass jeder Anbieter sich eine Preissenkung sehr genau überlegen muss, vor allem, da er nicht sicher sein kann, dass sich nicht aus der ursprünglichen Preissenkung ein ruinöser Preiskampf entwickelt.

Erhöht ein oligopolistischer Anbieter seinen Preis, wird sein Absatz fühlbar zurückgehen, der Absatz der übrigen hingegen zunehmen, wenn diese ihre Preise konstant lassen. Während bei einer Preissenkung eines einzelnen Anbieters für diesen zu „befürchten" ist, dass die anderen folgen, muss er jetzt „befürchten", dass sie einer Preiserhöhung nicht folgen. Daher muss auch eine Preiserhöhung vom Anbieter gründlich überlegt sein.

Aus dieser Unsicherheit über die Reaktion der Konkurrenten ergeben sich Risiken für den Anbieter, der mit der Preisänderung beginnt. Dies ist eine Erklärung dafür, dass man auf oligopolistischen Märkten häufig lange Perioden fester Preise beobachten kann, auch wenn sich Kosten und Nachfrage verändern. Diese Preisstarrheit bei Kosten und/oder Nachfrageverschiebungen bezeichnet man oft mit dem Begriff „administrierte Preise".

Die Gewinnspanne und der Gesamtgewinn oligopolistischer Anbieter hängen mithin - bei vergleichsweise großer Preisstarrheit und gegebenem Stückkostenverlauf - von der Höhe der Nachfrage ab.

Wegen der starken wechselseitigen Abhängigkeit der Anbieter können sich in einem Lernprozess bestimmte Verhaltensregeln herausbilden mit dem Ziel, das Risiko von Einzelaktionen zu vermindern. Möglich ist z.B. die Anerkennung eines Preisführers. Ein Anbieter erhöht seine Preise und gibt seinen Konkurrenten damit das Signal zu Preiserhöhungen ihrerseits. Wenn sie alle ihre Preise erhöhen, so haben alle einen Vorteil, sofern die Nachfrage nicht drastisch reagiert. Falls die Konkurrenten dagegen der Preiserhöhung nicht folgen, wäre auch der Preisführer gezwungen, seinen Preis wieder zu senken, und kein Anbieter hätte dann einen Vorteil. Weitergehende Möglichkeiten, die Rivalität unter den Anbietern zu verringern, wären direkte Absprachen über gemeinsame Preisänderungen oder andere Formen eines Kartells.

Die Frage ist, ob der Wettbewerb im Oligopol seine Funktionen erfüllt. Der Wettbewerb zwischen Anbietern sollte unter anderem dafür sorgen, dass:

- die Gewinnspanne der Hersteller auf die Dauer nicht ungerechtfertigt hoch ist,
- laufend neue Produkte eingeführt werden, die den Verbraucherwünschen besser entsprechen als die alten,
- laufend verbesserte Produktionsverfahren angewendet werden, die die Herstellkosten und Preise der Produkte senken.

Grundsätzlich kann der Wettbewerb einiger weniger Anbieter diese Funktionen erfüllen. Jedenfalls besteht ein Anreiz, die eigenen Gewinne durch Produktinnovationen oder verbesserte Produktionsverfahren zu erhöhen. Allerdings ist der Druck zu Preissenkungen nicht sehr ausgeprägt, weil angenommen werden muss, dass Konkurrenten der Preissenkung folgen.

Zum Schaden der Verbraucher ist es allerdings oft einfacher, statt neue Produkte zu entwickeln, dem Verbraucher mit den Mitteln der Werbung einzureden, eine neue Verpackung oder ein neuer Werbeslogan bedeuteten ein neues Produkt. Und generell sind stets mögliche Absprachen ein einfaches Mittel, unerwünschtem Wettbewerb zu entgehen. Dass aber Absprachen getroffen werden, ist nicht die notwendige Folge oligopolistischer Märkte.

Wesentlich für unsere Wirtschaftordnung ist es, dass Kontrollmechanismen vorhanden sind, die die wirtschaftliche Macht von einzelnen Marktteilnehmern beschränken. Wichtig ist hier vor allem die Sicherung des freien Marktzuganges.

5. Preissetzung im heterogenen Polypol

Sowohl vollkommene Konkurrenz als auch Monopole gibt es in der Realität selten. Daher soll auf eine Zwischenform von Konkurrenz und Monopol hingewiesen werden: Die monopolistische Konkurrenz bzw. das heterogene Polypol. Diese Marktform ist durch das Bestehen vieler Anbieter (polypolistische Konkurrenz) gekennzeichnet, die aber nicht auf einem vollkommenen Markt ein homogenes Gut, sondern heterogene, jedoch ähnliche Güter anbieten. Dies hat - wie im Fall des heterogenen Oligopols - die Folge, dass für den einzelnen Anbieter nachfrageseitige Preisspielräume innerhalb bestimmter Grenzen existieren? Im Unterschied zum Oligopol muss der Anbieter hier jedoch aufgrund seines (verschwindend) geringen Marktanteils nicht befürchten, dass eigene Preisänderungen zu spürbaren Reaktionen der Mitanbieter auf dem Markt führen. Die Frage ist allerdings, wie groß der Preisspielraum des einzelnen Anbieters ist, innerhalb dessen Preisänderungen nur zu moderaten Anpassungen der Nachfrage nach seinem Gut führen werden („monopolistischer Preisspielraum"). Hier wird üblicherweise zwischen zwei Fällen unterschieden:

1. Der monopolistische Preisspielraum umfasst den gesamten Bereich der Preis-Absatz-Funktion des Anbieters, d.h. der Absatz passt sich durchgehend moderat an Preisänderungen des Monopolisten an.
2. Der monopolistische Preisspielraum umfasst nur einen eingeschränkten Bereich um den Durchschnittspreis der Konkurrenten herum, während jenseits dieses Bereiches von Preisänderungen des Anbieters drastische Anpassungen der Nachfrage nach seinem Gut ausgehen werden.

Zunächst soll der 1. Fall betrachtet werden: Der - monopolistischer Konkurrenz unterliegende - einzelne Anbieter sieht sich hier einer Preis-Absatz-Funktion bzw. Nachfragekurve gegenüber, welche grundsätzlich dieselbe Gestalt hat wie die Preis-Absatz-Funktion eines „echten" Monopolisten. Allerdings ist sie nur auf ein kleines Marktsegment bezogen. Das individuelle Marktgleichgewicht lässt sich für diesen Anbieter wie im Monopolfall gemäß der „Grenzerlös = Grenzkosten"-Regel bestimmen. Die gewinnmaximale Position wird wie gehabt im Cournot'schen Punkt erreicht. Das Geschehen auf einem solchen Markt wird allerdings nicht nur durch viele grundsätzlich konkurrierende Anbieter bestimmt, sondern auch durch die Möglichkeit eines leichten Marktzugangs, von dem neue Anbieter immer dann Gebrauch machen werden, wenn sie durch Extragewinne auf diesem Markt angelockt werden. Unter Extragewinnen versteht man solche Gewinne, welche über die „normale" Verzinsung des Kapitals hinausgehen. Dies ist so lange der Fall, wie der Gewinn maximierende Preis des Anbieters oberhalb der Stückkosten liegt. Mit dem Markteintritt neuer Anbieter verteilt sich dann die insgesamt vorhandene Nachfrage auf mehr Anbieter, d.h. die individuelle Preis-Absatz-Kurve verschiebt sich nach links. Dieser Prozess vollzieht sich so lange, bis der Extragewinn auf null abgebaut ist. Die neue Nachfragekurve des betrachteten Anbieters x_d ist dann Tangente der Stückkostenkurve, wobei der Tangentialpunkt gleichzeitig der neue (langfristige) Cournot'sche Punkt C' ist.

Im 2. Fall erstreckt sich der monopolistische Preisspielraum nicht über die gesamte Preis-Absatz-Funktion (was auch eine extreme Bindung der Nachfrager an die jeweiligen Anbieter voraussetzen würde), sondern er ist nach oben und unten begrenzt. Innerhalb dieses Bereiches führen Preisänderungen nur zu geringen Absatzveränderungen.

Ich bedanke mich für Ihre Aufmerksamkeit.

8.5 Wettbewerbstheorie

1. Wettbewerbsbegriff

Sehr geehrte Damen und Herren. Das Thema meines Vortrages lautet „Wettbewerbstheorie". Wettbewerb ist ein dynamisches Ausleseverfahren, bei dem die Wettbewerber wie z. B. Unternehmen das gleiche Ziel haben und außenstehende Dritte wie z. B. Käufer darüber entscheiden, wer das Ziel in welchem Umfang erreicht. Daraus kann zwischen den Wettbewerbern ein gegenseitiges Abhängigkeitsverhältnis oder eine Rivalität entstehen.

Zunächst erfolgt im 2. Gliederungspunkt eine Beschreibung der Aufgaben des Wettbewerbs. Der Wettbewerb soll den Marktteilnehmern die fundamentalen ökonomischen Freiheitsrechte gewähren. Daneben soll der Wettbewerb die optimale Allokation der Ressourcen sichern. Unter Punkt 3 erfolgt eine Vorstellung der Leitbilder und Konzeptionen der Wettbewerbspolitik. Anschließend werden im 4. Gliederungspunkt der Marktzutritt und die Marktzutrittsschranken beschrieben. An Hand der Höhe der Marktzutrittsschranken lässt sich das Potential des Wettbewerbs beurteilen. Bei den Marktzutrittsschranken lassen sich strukturelle, institutionelle und strategische Marktzutrittsschranken unterscheiden. Zum Abschluss erfolgt dann im 5. Gliederungspunkt eine Darstellung der Marktabgrenzung. Wie viele Anbieter auf einem Markt anbieten, wie hoch die Konzentration ist und wie ausgeprägt die Marktbeherrschung ist, kann nur für einen konkreten Markt untersucht werden. Die Abgrenzung eines Marktes ist äußerst schwierig.

2. Aufgaben des Wettbewerbs

Der Wettbewerb soll den Marktteilnehmern die fundamentalen ökonomischen Freiheitsrechte gewähren. Dies sind die Freiheit der Unternehmertätigkeit, Freiheit der Konsumwahl und die Freiheit der Arbeitsplatzwahl.

Daneben soll der Wettbewerb die optimale Allokation der Ressourcen sichern. Der Wettbewerb hat die Aufgabe die Produktionsfaktoren nachfrage- und kostengerecht zu lenken (Allokationsfunktion), zu Produkt- und Verfahrenserneuerungen anzuregen

(Innovationsfunktion), eine leistungsgerechte Einkommensverteilung zu gewährleisten (Verteilungsfunktion) und schließlich soll der Wettbewerb die Entstehung dauerhafter wirtschaftlicher Machtpositionen verhindern (Kontrollfunktion).

Abbildung 23: Aufgaben des Wettbewerbs

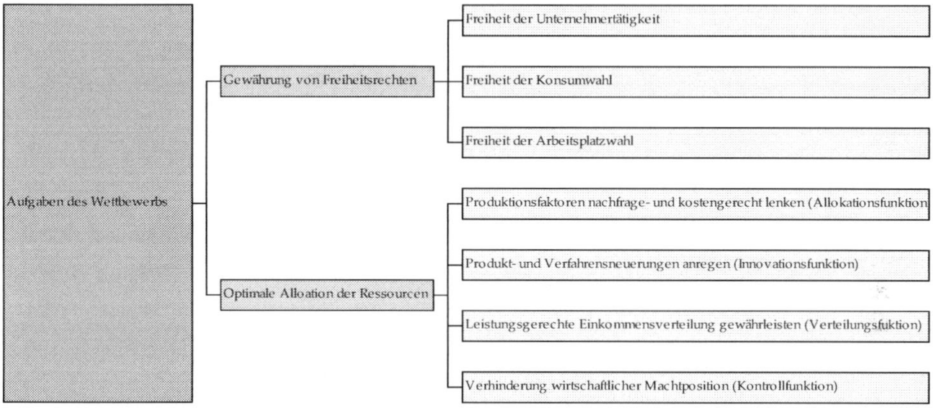

3. Leitbilder und Konzeptionen der Wettbewerbspolitik

Im Zeitablauf haben sich die Leitbilder und Konzeptionen der Wettbewerbspolitik gewandelt. Es wurden verschiedene Leitbilder der Wettbewerbspolitik entwickelt. Diese Leitbilder konkurrieren miteinander, wobei die Unterschiede nicht immer deutlich werden.

Für die Vertreter des klassischen Liberalismus wie z.B. Adam Smith (1723-1790) und John Stuart Mill (1806-1873) war ein freier Leistungswettbewerb das optimale Steuerungsinstrument der Wirtschaft. Zur Erreichung eines freien Leistungswettbewerbs sollten insbesondere staatliche Wettbewerbshemmnisse (z. B. Schutzzölle, Steuerprivilegien oder der Schutz von Berufsständen) beseitigt werden.

Die Wettbewerbstheorie verengte sich anschließend zunehmend zu einer statischen Preistheorie und zur Analyse eines vollständigen Produktions- und Tauschgleichgewichtes auf der Basis der Marktform der vollständigen Konkurrenz. Die Begründer waren insbesondere Leon Walras (1834-1910) und Alfred Marshall (1842-1924). Dieses Modell der vollständigen Konkurrenz ist als Leitbild der Wettbewerbspolitik, vor allem auf Drängen der Vertreter des Ordoliberalismus (Walter Eucken 1891-1950) später in die Konzeption des 1958 in Kraft getretenen „Gesetzes gegen Wettbewerbsbeschränkung" (GWB) eingegangen. Weil in diesem Leitbild aber einseitig die Kontrolle der wirtschaftlichen Macht im Vordergrund des Interesses stand, hingegen die dynamischen Innovationsfunktionen des Wettbewerbs und die Effizienzvorteile großer Unternehmen ausgeblendet blieben, wurde das Leitbild der vollständigen Konkurrenz sehr bald durch Leitbilder ersetzt, die die Dynamik des Wettbewerbs betonen.

Wesentlich ist die Vorstellung von Wettbewerb als einem dynamischen Prozess, in dem Unternehmen marktstrategische Vorstöße vornehmen - sie senken Preise, verbessern die Qualität der Produkte, schaffen neue Produkte oder Verfahren - und in dem Imitatoren nachstoßen, nicht sofort, aber auch nicht mit großer Verzögerung, damit der Vorsprung einholbar bleibt und die Nachfrager in ihrer Gesamtheit die Vorteile besserer und/oder billigerer Produkte erlangen. In dieser Abfolge von Innovation und Imitation wird der Wettbewerb als „Prozess der schöpferischen Zerstörung" (Schumpeter) und als „Such- und Entdeckungsverfahren" (v. Hayek) gesehen. Im Einzelnen bleiben einige Unterschiedlichkeiten der Sichtweise erhalten.

Das Leitbild des funktionsfähigen Wettbewerbs (workable competition) in Deutschland vor allem von Kantzenbach vertreten, stellt weniger auf die Marktform, sondern mehr auf die Erfüllung der erwünschten Funktionen des Wettbewerbs ab. Zu Grunde liegt hier die Vorstellung, dass die Marktstruktur insgesamt das Marktverhalten und das Marktergebnis beeinflusst bzw. bestimmt.

Bei einem solchen Wettbewerbskonzept kann die Zu- oder Abnahme der Zahl der Wettbewerber nicht ohne weiteres als Zu- oder Abnahme des Wettbewerbs interpretiert werden. Schließen sich z. B. auf einem Markt zwei Unternehmen zusammen, so können sie gerade durch diesen Zusammenschluss eine Marktstärke erlangen, die es ihnen ermöglicht, mit den übrigen Anbietern des Marktes in Wettbewerb zu treten, um so den Wettbewerb auf dem Markt in Gang zu bringen. Auch ist keineswegs sicher, dass eine zunehmende Markttransparenz sich immer positiv auf den Wettbewerb auswirkt. Häufig kann der einzelne Anbieter sogar nur im Schutze einer unvollständigen Markttransparenz seiner Konkurrenten Preissenkungen durchführen, die er bei vollkommener Markttransparenz wegen der zu befürchtenden parallelen Reaktion der Konkurrenten unterlassen müsste.

Mit dem Konzept des funktionsfähigen Wettbewerbs sind im Prinzip auch oligopolistische Märkte, die bei dem hohen Konzentrationsgrad in der Bundesrepublik Deutschland typisch sind, vereinbar. Allerdings nur, solange sichergestellt ist, dass zwischen den verbleibenden Marktparteien tatsächlich Wettbewerb herrscht. Ob und inwieweit dies im Allgemeinen der Fall ist, bleibt strittig. In der Regel wird aber angenommen, dass Märkte, die durch einen hohen Grad an Konzentration gekennzeichnet sind, für die zudem hohe Marktzutrittsschranken bestehen und die sich in der Marktsättigungsphase befinden („enge" und „reife" Oligopole), keine günstigen Wettbewerbsvoraussetzungen bieten. Infolge der starken gegenseitigen Absatzinterdependenz wird sich in der Regel eine Gruppensolidarität der Marktteilnehmer herausbilden, die einen Wettbewerb in Frage stellt.

Günstige Wettbewerbsvoraussetzungen werden häufig auf solchen Märkten vermutet, die weder eine sehr hohe noch eine sehr niedrige Wettbewerbsintensität aufweisen, sondern die sogenannte optimale Wettbewerbsintensität.

Die optimale Wettbewerbsintensität besteht bei Oligopolen, in denen aufgrund der Vielzahl der Konkurrenten die gegenseitige Abhängigkeit nicht so groß ist, dass wettbewerbliche Aktionen unterbleiben, aber auch nicht so klein, dass Reaktionen ausbleiben.

Wenngleich dieses Konzept der optimalen Wettbewerbsintensität vermutlich zu stringent ist - ein funktionsfähiger Wettbewerb ist letztlich nicht an die Erfüllung bestimmter Strukturmerkmale gebunden - so dient es doch als Grundlage für eine grobe Evaluierung der Wettbewerbsbedingungen.

4. Marktzutritt und Marktzutrittsschranken

Von grundlegender Bedeutung für den Wettbewerb ist die Möglichkeit des Marktzutritts. An Hand der Höhe der Marktzutrittsschranken lässt sich das Potential des Wettbewerbs beurteilen. Bei den Marktzutrittsschranken lassen sich strukturelle, institutionelle und strategische Marktzutrittsschranken unterscheiden.

Unter strukturellen Marktzutrittsschranken versteht man z.B. absolute Kostenvorteile, Betriebsgrößenvorteile und Produktdifferenzierungsvorteile. Diese existieren unabhängig vom aktuellen Unternehmensverhalten.

Institutionelle Marktzutrittsschranken wie z.B. die staatliche Rundfunkfrequenzvergabe beruhen auf politischen Rahmenbedingungen.

Strategische Marktzutrittsschranken sind z.B. die Limitpreisstrategie, die Schaffung von Überkapazitäten und die Produktdifferenzierungsstrategien. Diese Strategien gehen auf zutrittssperrende Handlungen der etablierten Anbieter zurück.

Für die neuen Marktteilnehmer wird der Markteintritt durch diese Marktzutrittsschranken erschwert.

5. Marktabgrenzung

Wettbewerb und Wettbewerbspolitik beziehen sich auf Märkte. Wie viele Anbieter auf einem Markt anbieten, wie hoch die Konzentration ist, wie ausgeprägt die Marktbeherrschung ist, kann nur für einen konkreten Markt untersucht werden. Die Abgrenzung eines Marktes ist äußerst schwierig.

Allgemein ist der relevante Markt der Bereich wirksamer Konkurrenz, d.h. die Produkte des Marktes sind kurzfristig substituierbar. Substitutionsmöglichkeiten können durch Substitutionselastizitäten, wie z.B. die Kreuzpreiselastizität gemessen werden. Ein hoher Wert der Kreuzpreiselastizität bedeutet, dass eine Änderung des Preises des

Gutes 1 um beispielsweise 10 Prozent bei einem anderen Gut 2 zu einer deutlich spürbaren Nachfrageänderung führt. Eine hohe Kreuzpreiselastizität wird dann als Indiz dafür genommen, dass die Güter substituierbar sind, dass zwischen ihnen Konkurrenz besteht und dass sie mithin den relevanten Markt bilden.

Da in der Praxis solche Kreuzpreiselastizitäten in der Regel nicht ermittelt werden können, stützt man sich häufig auf Befragungen und Plausibilitätserwägungen.

Es kann z.B. vermutet werden, dass Erdöl und Erdgas auf dem Brennstoffmarkt miteinander funktional austauschbar sind, während z. B. die Bildzeitung und die Süddeutsche Zeitung, obwohl beides Tageszeitungen sind, funktional sicher nicht austauschbar sind.

Ich bedanke mich für Ihre Aufmerksamkeit.

8.6 Konzentration

1. Begriff der Konzentration

Sehr geehrte Damen und Herren. Das Thema meines Vortrages lautet „Konzentration". Konzentration bezeichnet eine Ballung von Merkmalen, eine Häufung von Merkmalen auf Merkmalsträger. Untersuchungsziele der Ökonomie, bei denen Konzentration eine wichtige Rolle spielt, sind die Verteilung von Einkommen und Vermögen (Einkommenskonzentration/Vermögenskonzentration), die raumstrukturelle Bindung von Entwicklungsprozessen (Agglomerationen/Ballungsräume) und vor allem die Analyse der Bestimmungsgründe des Wettbewerbs.

Zunächst erfolgt im 2. Gliederungspunkt eine Beschreibung der Formen der Konzentration. Bei der Konzentration unterscheidet man zunächst die absolute und die relative Konzentration. Des Weiteren wird bei den Unternehmensformen der Konzentration die Fusion, der Konzern, die Gemeinschaftsunternehmung (Jointventure), die Kartelle und ein kooperatives Marktverhalten selbstständig bleibender Unternehmen unterschieden. Unter Punkt 3 erfolgt eine Vorstellung der Ursachen der Konzentration. Die Ursachen der Konzentration liegen in den ökonomischen Vorteilen der beteiligten Unternehmen bei einer Konzentration. Die ökonomischen Vorteile sind insbesondere Größenvorteile, Diversifizierungsvorteile, Finanzierungsvorteile großer Firmen und die Rahmenbedingungen des staatlichen Handelns. Anschließend werden im 4. Gliederungspunkt die Folgen der Konzentration beschrieben. Zum Abschluss erfolgt dann im 5. Gliederungspunkt eine Darstellung des Ausmaßes der Konzentration. Das Ausmaß der Konzentration wird häufig anhand der Konzentrationsrate für die verschiedenen Märkte dargestellt.

2. Formen der Konzentration

Bei der Konzentration unterscheidet man in die absolute und die relative Konzentration.

Bei der absoluten Konzentration wird die Zahl der Unternehmen im Markt, unabhängig von ihrer relativen Größe erfasst. Als übliche Maßgröße wird die sogenannte Konzentrationsrate bzw. der Konzentrationskoeffizient CR ermittelt. Gemessen wird hier der Merkmalsanteil bzw. Umsatzanteil der jeweils größten 3, oder der größten 6 oder der größten 10 Unternehmen eines Marktes usw. In Kurzform spricht man dann von CR-3, CR-6, CR-10 usw. und fügt die Konzentrationsrate an. CR-10 = 80 bedeutet dann, dass die 10 größten Firmen des Marktes 80 Prozent des Umsatzes auf sich vereinen.

Bei der relativen Konzentration wird dagegen die Unterschiedlichkeit der Größe der Unternehmen d.h. ihre Disparität erfasst. Daher stellen drei gleich große Unternehmen im Markt eine große absolute, aber gar keine relative Konzentration dar.

Eine Unternehmenskonzentration kann auftreten, wenn internes Wachstum eines Unternehmens besteht, d.h. wenn durch die Umsatzerweiterung eines bestehenden Unternehmens das Wachstum über dem Durchschnitt der anderen Gruppenmitglieder liegt. Des Weiteren kann Unternehmenskonzentration durch externes Wachstum entstehen, d.h. wenn sich mehrere Unternehmen zusammenschließen. Formen des externen Wachstums treten wesentlich häufiger als Formen des internen Wachstums auf.

Unternehmen können auf vielfältige Weise miteinander verbunden sein. Bei den Formen der Konzentration unterscheidet man die Fusion, den Konzern, die Gemeinschaftsunternehmung (Jointventure), Kartelle und ein kooperatives Marktverhalten selbstständig bleibender Unternehmen.

Bei einer Fusion vereinigen sich die Unternehmen zu einer neuen rechtlichen und wirtschaftlichen Einheit. Diese Konzentrationsform hat für die Praxis nur eine geringe Bedeutung.

Wenn mehrere rechtlich selbstständige und selbstständig bleibende Unternehmen sich zu einer wirtschaftlichen Einheit unter einheitlicher Leitung zusammenschließen, dann spricht man von einer Konzentration. Dabei ist die Einheitlichkeit der Leitung das entscheidende Merkmal.

Eine Gemeinschaftsunternehmung bzw. ein Jointventure entsteht, wenn sich mehrere Unternehmen gleichzeitig oder nacheinander an einem anderen Unternehmen beteiligen oder ein Unternehmen entsprechend neu gründen. Bei dieser Art der Zusammenarbeit ist auf Dauer eine Abnahme des Wettbewerbs zu erwarten.

Das Kartell stellt eine sehr bedeutsame Form der Konzentration dar. Es handelt sich dabei um einen Zusammenschluss juristisch und zum Teil auch wirtschaftlich selbstständig bleibender Unternehmen mit dem Ziel, den Wettbewerb zwischen den Kartellmitgliedern zu beschränken.

Beim kooperativen Marktverhalten selbstständig bleibender Unternehmen sind verschiedene Formen denkbar. Die Verhaltenskoordination kann sich auf ganz unterschiedliche Wettbewerbsparameter beziehen wie z.B. auf den Einkauf, den Vertrieb oder die Forschung und Entwicklung.

Bei den Formen strategischer Unternehmensverbindungen werden die strategische Allianz, die strategische Gruppe und die strategische Familie unterschieden.

Die strategische Allianz bezeichnet förmliche, langfristige Verbindungen von rechtlich und wirtschaftlich selbstständig bleibenden Unternehmen, die bestimmte Aspekte der Geschäftstätigkeit wie z.B. Lieferverträge, Lizenzverträge, Vertriebsverträge oder gemeinsame Forschungs- und Entwicklungsaktivitäten miteinander vereinbaren.

Die strategische Gruppe bezeichnet die Gruppe der Unternehmen in einer Branche, die dieselbe oder eine ähnliche Strategie entsprechend den strategischen Dimensionen (Lieferanten, Abnehmer, Wettbewerb) verfolgt.

Als strategische Familie werden mehrere Unternehmen bezeichnet, deren Erfolg am Markt entscheidend voneinander abhängt.

Bei den Verflechtungsebenen differenziert man in die horizontale, vertikale und diagonale Konzentration.

Eine horizontale Konzentration beschreibt Unternehmensbeteiligungen, bei denen die Unternehmen auf dem gleichen relevanten Markt tätig sind.

Eine vertikale Konzentration bezeichnet Unternehmensbeteiligungen, bei denen die Unternehmen auf vor- und/oder nachgelagerten Produktionsstufen tätig sind und in einer Abnehmer-Lieferanten-Beziehung stehen.

Die diagonale Konzentration bezeichnet Unternehmensbeteiligungen, bei denen die Unternehmen auf unterschiedlichen relevanten Märkten tätig sind und nicht in einer Abnehmer-Lieferanten-Beziehung stehen.

3. Ursachen der Konzentration

Die Ursachen der Konzentration liegen in den ökonomischen Vorteilen der beteiligten Unternehmen bei einer Konzentration. Die ökonomischen Vorteile sind insbesondere Größenvorteile, Diversifizierungsvorteile, Finanzierungsvorteile großer Firmen und Rahmenbedingungen des staatlichen Handelns.

3.1. Größenvorteile

Größenvorteile liegen vor, wenn mit wachsender Betriebsgröße die Produktionskosten langsamer wachsen als die Ausbringungsmenge, wenn also die Stückkosten der Produktion mit steigender Betriebsgröße sinken. Die Ursachen hierfür sind vielfältig und liegen z.B. in der besseren Nutzung von Maschinenkapazitäten, es müssen in größeren Produktionswerken weniger Ersatzteile bereitgestellt werden. Des Weiteren kann ein Großunternehmen Lernkurveneffekte durch Spezialisierung sehr viel besser nutzen als ein Kleinunternehmen. Des Weiteren sinken die Stückkosten mit steigender Produktionskapazität.

3.2. Diversifizierungsvorteile

Diversifizierungsvorteile liegen vor, wenn die Herstellung mehrerer Produkte durch das gleiche Unternehmen zu niedrigeren Gesamtkosten führt, als wenn die einzelnen Produkte von jeweils unterschiedlichen Unternehmen produziert würden.

Vorteile ergeben sich z. B. daraus, dass bestimmte Produktionsfaktoren oft nicht teilbar sind und daher in einer einzigen Aktivität nicht ganz verbraucht werden. Dies ist z.B. bei den Leistungen des Managements und der Verwaltung der Fall. Ähnlich wie unter den Größenvorteilen beschrieben sinken ebenfalls die Stückkosten mit steigender Produktionskapazität.

3.3. Finanzierungsvorteile

Bei großen Unternehmen bestehen die Finanzierungsvorteile darin, dass große Firmen in der Regel sowohl leichter als auch billiger Kredite erhalten als kleine Firmen. Dies hat aus der Sicht von Banken im Wesentlichen den Grund, dass das Rückzahlungsrisiko kleiner ist.

3.4. Rahmenbedingungen des staatlichen Handelns

Die Rahmenbedingungen des staatlichen Handelns begünstigen ebenfalls häufig die größeren Firmen. Oftmals werden die in Bedrängnis geratenen Großunternehmen durch Subventionen gestützt, die die Wettbewerbsposition ihrer kleineren Konkurrenten verschlechtern. Die Forschungs- und Technologiepolitik fördert ebenfalls häufig die größeren Unternehmen einer Branche oder macht die Gewährung von Mitteln davon abhängig, dass zuvor durch Unternehmenszusammenschlüsse größere Unternehmenseinheiten gebildet werden.

Die großen Betriebe einer Branche können auch eher Finanzierungserfordernisse für Umweltauflagen erfüllen.

Beim Steuersystem insbesondere bei der Gewinn- und Verlustverrechung haben große Unternehmen ebenfalls durch die staatlichen Rahmenbedingungen bessere Möglichkeiten als kleine Unternehmen.

4. Folgen der Konzentration

Die in diesem Zusammenhang stehende zentrale Frage ist die nach den Wettbewerbswirkungen einer zunehmenden Konzentration. Leider kann man diese Frage nicht eindeutig beantworten. Die Wettbewerbsbedingungen können sich verbessern, z.B. wenn viele kleine Anbieter sich zu wenigen großen Anbietern zusammenschließen, die dann als gleich starke Wettbewerber auftreten und damit einem Monopolisten die Monopolsituation nehmen („Aufholfusion").

Die Wettbewerbsbedingungen können sich auch verschlechtern, wenn den Unternehmen durch den Zusammenschluss (weitere) Macht zuwächst, die den Marktzutritt von neuen Anbietern erschwert.

In diesem Fall sind die Preise zu hoch, die Innovationstätigkeit erlahmt und die Flexibilität der Anpassung an veränderte Marktbedingungen nimmt ab.

Die Frage ob eine Konzentration Vor- oder Nachteile bringt ist somit nicht so einfach zu beantworten.

5. Ausmaß der Konzentration

Das Ausmaß der Konzentration wird häufig anhand der Konzentrationsrate für die verschiedenen Märkte dargestellt. So erstellt die Monopolkommission regelmäßig umfangreiche Berichte zum Stand der Konzentration, wobei auch andere Konzentrationsmaße verwendet werden.

In den Jahren 1990 und 2000 hat sich die Zahl der Unternehmenszusammenschlüsse weltweit vervierfacht und das Transaktionsvolumen hat sich von 450 Milliarden US-Dollar auf 3.495 Milliarden US-Dollar verachtfacht. Spektakuläre Megafusionen waren dabei der Zusammenschluss von Vodafone und Mannesmann mit einem Transaktionsvolumen von rund 200 Milliarden US-Dollar und der Zusammenschluss von AOL mit dem Medienkonzern Time Warner mit einem Volumen von rund 185 Milliarden US-Dollar.

Die Ursachen dieser Konzentrationswelle sind ganz erheblich durch die einsetzende weltweite Deregulierung der Wirtschaft und durch die Globalisierung der Weltwirtschaft verstärkt worden.

Ich bedanke mich für Ihre Aufmerksamkeit.

9 Makroökonomik

9.1 Volkswirtschaftliche Gesamtrechnung

1. Einleitung

Sehr geehrte Damen und Herren. Das Thema meines Vortrages lautet „Volkswirtschaftlichen Gesamtrechnung". Zur Quantifizierung wirtschaftspolitischer Ziele werden statistische Daten benötigt. Diese können aus der Volkswirtschaftlichen Gesamtrechnung (VGR), die in der Bundesrepublik Deutschland vom Statistischen Bundesamt in Wiesbaden erstellt wird und seit 1999 auf das Europäische System Volkswirtschaftlicher Gesamtrechnung (ESVG) umgestellt ist, bezogen werden. Zum gleichen Zeitpunkt wurde das neue System auch in den anderen Mitgliedsstaaten der Europäischen Union verbindlich eingeführt. Bausteine der VGR sind zum einen die traditionellen Volkseinkommensrechnungen, deren Beginn bis in das 17. Jahrhundert zurück reicht, und zum anderen die auf Keynes aufbauende makroökonomische Theorie.

Grundsätzlich wird vom Prinzip der doppelten Buchführung (Doppik) ausgegangen, das besagt, dass jedem Zufluss eines gesamtwirtschaftlichen Aggregates immer ein Abfluss in gleicher Höhe bei einem anderen Aggregat entspricht. Insofern ist die VGR eine nationale Buchführung, mit der - ähnlich dem betrieblichen Rechnungswesen - eine Art gesamtwirtschaftliche "Erfolgsermittlung" betrieben wird. Dabei wird der Erfolg an den Veränderungen bestimmter gesamtwirtschaftlicher Aggregate gemessen, die Auskunft über die wirtschaftliche Lage liefern sollen.

Die Basis jeder statistischen Analyse sind Daten. Bei der VGR werden sowohl primärstatistische, d.h. für einen speziellen Erhebungszweck erhobene, als auch sekundärstatistische Daten verwendet. Letztere werden für andere Zwecke (z.B. Einkommensdaten für steuerliche Zwecke) ermittelt. Um diese Daten in die VGR zu integrieren, müssen Korrekturen wegen abweichender Definitionen und Abgrenzungen vorgenommen werden, was jedoch nicht immer möglich ist. Es darf deshalb nicht verwundern, dass Zahlenangaben in Volkswirtschaftlichen Gesamtrechnungen selbst in Ländern mit qualifizierten statistischen Einrichtungen nicht besonders exakt sein können.

Zunächst werden im 2. Gliederungspunkt die Aufgaben der Volkswirtschaftlichen Gesamtrechnung erläutert. Prinzipiell wird die Volkswirtschaftliche Gesamtrechnung für zwei Aufgabenbereiche benötigt. Zum einen zielt sie auf eine adäquate Abbildung von Waren- und Dienstleistungsströmen und zum anderen auf das Bereitstellen von volkswirtschaftlichen Informationen ab. Unter Punkt 3 werden wichtige Begriffe der Volkswirtschaftlichen Gesamtrechnung erläutert und im 4. Gliederungspunkt werden die methodischen Probleme der Volkswirtschaftlichen Gesamtrechnung dargestellt. Zum Abschluss wird dann im 5. Gliederungspunkt erörtert, ob das Sozialprodukt als Wohlstandsindikator herangezogen werden kann.

2. Aufgaben der Volkswirtschaftlichen Gesamtrechnung

Prinzipiell wird die VGR für zwei Aufgabenbereiche benötigt. Zum einen zielt sie auf eine adäquate Abbildung von Waren- und Dienstleistungsströmen und zum anderen auf das Bereitstellen von volkswirtschaftlichen Informationen ab. Dabei wird das Schema der Kreislaufbeziehungen in einer Volkswirtschaft verwendet.

In der VGR werden nicht nur private Haushalte und Unternehmen als gesamtwirtschaftliche Aggregate erfasst, sondern auch der Staat und die Wirtschaftsbeziehungen mit dem Ausland.

Die durch die VGR ermöglichten Informationen sind für die Volkswirtschaftspolitik und -theorie wichtig. Die Theorie benötigt quantitative Informationen (ökonomische Daten), um aufgestellte kausale Hypothesen empirisch zu überprüfen. Werden Hypothesen nicht falsifiziert (verworfen), so können auf Basis der Daten der VGR ökonomische Prognosen erstellt werden.

Für die Volkswirtschaftspolitik sind die Daten der VGR notwendig, um Fehlentwicklungen gesamtwirtschaftlicher Größen festzustellen; sie dient damit der wirtschaftspolitischen Diagnose. Aufbauend auf dieser Diagnose können Steuerungsnotwendigkeiten erkannt und Maßnahmen zur Erreichung der gesamtwirtschaftlichen Ziele ergriffen werden. Die Wirkungen der wirtschaftspolitischen Maßnahmen beeinflussen wiederum die gesamtwirtschaftlichen Aggregate, so dass die VGR auch eine Kontrollfunktion erfüllt und Erfolg bzw. Misserfolg der Wirtschaftspolitik anzeigt.

Die VGR ist eine quantitative Abbildung volkswirtschaftlicher Prozesse. Als gesamtwirtschaftliche Buchhaltung liefert sie Informationen zur Erklärung, Prognose, Diagnose und Kontrolle des Wirtschaftsablaufes.

3. Wichtige Begriffe der Volkswirtschaftlichen Gesamtrechnung

Die VGR soll die wirtschaftlichen Tätigkeiten in einer Periode erfassen. Grundsätzlich werden realwirtschaftliche von monetären Strömungen unterschieden. Realwirtschaftliche Vorgänge betreffen die Güterentstehung und -verwendung, während die monetären Vorgänge durch die Einkommensentstehung (bzw. -verteilung) und -verwendung beschrieben werden. In der VGR unterscheidet man vier Bereiche, nämlich die

- Güterentstehung (reale Zuflüsse des Unternehmenssektors),
- Güterverteilung (reale Abflüsse aus dem Unternehmenssektor),

- Einkommensverwendung (monetäre Zuflüsse des Unternehmenssektors),
- Einkommensverteilung (monetäre Abflüsse aus dem Unternehmenssektor)

an denen die statistische Erfassung ansetzen kann. Für jeden der vier Bereiche gibt es Konten, die zusammengefügt ein Kontensystem ergeben, in welchem die Konten durch das Prinzip der doppelten„-Buchführung verbunden sind. Um Erfolgskennziffern aus diesem Kontensystem abzuleiten, sind alle vier Bereiche als Ausgangspunkt wählbar. Hier wird aus Gründen der Anschaulichkeit von der Güterentstehung (sogenanntes Produktionskonzept) ausgegangen.

Die VGR erfasst die in einem Lande getätigten Umsätze zu Marktpreisen, d.h. die Verkäufe der Unternehmen an die „Übrige Welt" (an Wirtschaftspartner, die im Ausland ihren Sitz haben: Exporte), an private Haushalte und an staatliche Stellen (Staat). Nicht alle in einer Volkswirtschaft produzierten Güter werden auch verkauft, wie Lagerbestände und Güter, die zur Stärkung der eigenen Leistungskraft dienen (selbsterstellte Anlagen). Letztere werden als Bruttoinvestition bezeichnet, sie bedeuten eine Vermögenszunahme, die produzierte, aber nicht konsumierte Güter darstellen.

Bestände der Unternehmen und selbsterstellte Anlagen bewertet man zu den Kosten ihrer Herstellung, sie ergeben zusammen mit den erfassten Umsätzen den Produktionswert einer Volkswirtschaft an.

Für jedes Unternehmen werden die Aufwendungen für Vorleistungen, Arbeitsleistungen, Abschreibungen für den Verschleiß von Maschinen und Steuern den Erträgen aus den verkauften Gütern und Dienstleistungen an Haushalte und Unternehmen im Inland und Ausland, sowie an staatliche Stellen und selbsterstellte Anlagen gegenübergestellt. Daraus werden die Gewinne als Residualgröße ermittelt. Sie entstehen, wenn die Erträge größer als die Aufwendungen sind. Aggregiert man alle Erträge von allen Unternehmen einer Volkswirtschaft, erhält man den nationalen Produktionswert. Bei den folgenden Ableitungen gesamtwirtschaftlicher Erfolgskennziffern werden wir zunächst die linke Seite (Güterentstehung) und dann die rechte Seite (Güterverwendung) des gesamtwirtschaftlichen nationalen Produktionskontos erklären, das die Produktionskonten der einzelnen Unternehmen zusammenfasst.

Die Verwendung des Produktionswerts als Erfolgskennziffer für die wirtschaftliche Tätigkeit führt jedoch zu Verzerrungen, weil hierbei Mehrfachzählungen vorgenommen werden. Eine solche Mehrfachzählung ist die Folge eines mehrstufigen Produktionsprozesses. Die erfolgten Umsätze zwischen Unternehmen (Vorleistungen) verschiedener Produktionsstufen müssen heraus saldiert werden, der Produktionswert muss also um diese Vorleistungen bereinigt werden. Die Vorleistungen würden sonst als Leistung des herstellenden und auch als Leistung des kaufenden Unternehmens doppelt erfasst.

An dieser Stelle sei darauf hingewiesen, dass das Produktionskonzept nur neuerstellte Güter und Dienstleistungen einer Periode erfasst. Damit steigern reine Vermögensübertragungen zwischen den Wirtschaftssubjekten nicht die Leistungskraft einer

Volkswirtschaft (z.B. Stipendiengewährung, Aktienerwerb), da lediglich die Verfügungsgewalt über das Vermögen geändert wird.

Subtrahiert man vom Produktionswert die Vorleistungen und unterstellte Bankgebühren, ergibt sich die (bereinigte) Bruttowertschöpfung. Dieses Konzept kann jedoch wegen der staatlichen Einflüsse Verzerrungen aufweisen. Von der Bruttowertschöpfung müssen daher noch die Einflüsse auf die Markttransaktionen, die durch Staatsinterventionen hervorgerufen werden, eliminiert werden. Der Staat erhebt einerseits Gütersteuern zu denen alle Steuern und ähnliche Abgaben gehören, die für gehandelte Waren und Dienstleistungen geleistet werden, und zahlt andererseits Gütersubventionen. So schlägt ein Kaufmann im Normalfall die Mehrwertsteuer auf den Kaufpreis. Dadurch steigen in der gesamten Volkswirtschaft die Preise. Umgekehrt führen Gütersubventionen - staatliche Zuschüsse an Unternehmen - im Normalfall über verringerte Kosten zu sinkenden Preisen. Um die durch Steuern und Subventionen veränderten Markttransaktionen zu bereinigen, werden Gütersteuern abgezogen und die Gütersubventionen addiert. Durch diese Korrektur erhält man das Bruttoinlandsprodukt (BIP). Schließlich gelangt man zum Bruttonationaleinkommen, wenn man zum Bruttoinlandsprodukt den Saldo der Primäreinkommen - wie z.B. Arbeitnehmerentgelte und Vermögenseinkommen - zwischen Inländern und der übrigen Welt abzieht (bzw. addiert).

Ist dies nun eine adäquate Größe, um den Wirtschaftsprozess abzubilden? Nein, denn es wird nicht der Kapitalverschleiß beachtet. Die Wertminderungen (z.B. Abnutzung von Anlagen), die als Abschreibungen bezeichnet werden, müssen abgezogen werden. Nach Abzug der Abschreibungen vom Bruttonationaleinkommen erhält man das Nettonationaleinkommen (Primäreinkommen). Das Volkseinkommen ergibt sich, wenn man noch die Produktions- und Importabgaben an den Staat subtrahiert und die staatlichen Subventionen hinzufügt.

In der Öffentlichkeit werden die folgenden Größen stark beachtet: Die Höhe des Bruttoinlandsprodukts, des Bruttonationaleinkommens und die Höhe des Volkseinkommens. Diese Größen werden zu laufenden Preisen berechnet, was für einen temporalen Vergleich neue Probleme aufwirft.

Das Bruttoinlandsprodukt erfasst den Wert der in einer Periode erzeugten Güter und Dienstleistungen, die im Inland entstanden sind. Damit erfasst es auch das Einkommen von Produktionsfaktoren im Inland, die im Besitz von Ausländern sind. Das Bruttonationaleinkommen ist ein „Inländer"-Produkt, da hierzu auch das Einkommen von Produktionsfaktoren im Ausland hinzugerechnet wird, die sich im Besitz von Inländern befinden. Das Volkseinkommen beschreibt alle wirtschaftlichen Zu- und Abflüsse in einer Periode und ist bereinigt von staatlichen preisverzerrenden Interventionen.

Nachdem nun die Entstehung des Volkseinkommens dargestellt wurde, schließt sich die Frage nach der Einkommensverwendung an. Diese Frage beantwortet uns die rechte Seite des nationalen Produktionskontos. Die Güter können vom Staat ausgegeben werden (G). Des Weiteren können sie privat konsumiert (C) oder investiert (I) werden. Mit Investitionen werden im Folgenden die Bruttoinvestitionen abzüglich der Abschreibungen bezeichnet. Auch Exporte (X), d.h. Güterabflüsse in das Ausland, sind möglich. Da wir eine nationale Erfolgsrechnung anstreben, interessieren uns die Importe (M), Güter, die im Ausland hergestellt werden, für die binnenwirtschaftliche Leistungskraft nicht. Sie werden deshalb von den Exporten subtrahiert. Formal ausgedrückt, ergibt sich das Volkseinkommen für eine offene Volkswirtschaft von der Verwendungsseite wie folgt:

(1) $Y=I+C+X-M+G$.

Grundsätzlich entspricht jedem Güterstrom ein entgegen gerichteter Geldstrom. Die fundamentale Identität, dass die Summe aller Geldströme immer gleich der Summe aller bewerteten Güterströme ist, zeigt uns, dass die güterwirtschaftlich entstandene Produktion dem Volkseinkommen entspricht: Es bleibt noch zu untersuchen wie das Volkseinkommen verteilt wird um im Anschluss daran nochmals auf die Verwendungsseite zurückzukommen.

Bei der Einkommensverteilung unterscheidet man zwischen dem Einkommen aus unselbständiger Arbeit (überwiegend Einkommen aus Löhnen und Gehältern) und dem Einkommen aus Unternehmertätigkeit und Vermögen (überwiegend Einkommen von Selbständigen sowie Dividenden).

Für zwei verschiedene Zwecke kann das Volkseinkommen verwendet werden. Die Wirtschaftssubjekte (Unternehmen, private Haushalte, Staat) können die ihnen zufließenden Einkommen Y in der Periode ihrer Entstehung wieder verbrauchen d.h. konsumieren (C), sie können das Einkommen aber auch dem Konsum entziehen und für zukünftige Perioden "aufheben"; man spricht von "Ersparnissen" (S). Algebraisch erhalten wir:

(2) $Y=C+S$.

Um die Kreislaufbeziehungen in einer offenen Volkswirtschaft im Rahmen der VGR zu verdeutlichen, ermitteln wir aus den Gleichungen (1) und (2) durch Gleichsetzung folgende fundamentale Identität:

(3) $M+S=I+X+G$.

Injektionen regen die wirtschaftlichen Aktivitäten an. Investitionen, Exporte (Nachfrage des Auslandes) und Staatsausgaben erhöhen die gesamtwirtschaftliche Nachfrage. Vernachlässigen wir den Außenbeitrag und den staatlichen Einfluss, sind in einer geschlossenen Volkswirtschaft die Ersparnisse, das sind die "Absickerverluste" aus dem Wirtschaftskreislauf, immer gleich den Investitionen, d.h. den Injektionen in den Wirtschaftskreislauf. Diese fundamentale Beziehung ist eine rein buchhalterische (expost) Identität, die keine wirtschaftspolitischen Schlussfolgerungen ermöglicht, aber Ansatzpunkte (z.B. Erhöhung der Investitionen) zur Belebung des Wirtschaftskreislaufs anzeigt.

4. Methodische Probleme der VGR

Die aus der VGR ermittelten Größen Volkseinkommen und das Bruttonationalprodukt werden sowohl national als auch international zu Vergleichen herangezogen. National werden z.B. die Änderungen des Volkseinkommens im Zeitablauf miteinander verglichen (sogenannte Längsschnittsanalysen), um Aussagen über die Entwicklung der wirtschaftlichen Aktivitäten zu gewinnen. Da Veränderungen prinzipiell auf zwei Ursachen zurückgeführt werden können, sind solche Längsschnittsanalysen nicht unproblematisch.

Zum einen kann das Ausmaß der wirtschaftlichen Transaktionen, d.h. eine Veränderung des Niveaus der realwirtschaftlichen Güterproduktion, zum anderen ein verändertes Preisniveau die Ursache für statistisch ermittelte Volkseinkommensvariationen sein. Sollen die realwirtschaftlichen Vorgänge abgebildet werden, so folgt für eine Längsschnittsanalyse, dass die Daten um Preisniveauänderungen bereinigt werden müssen. Die Bereinigung von Preisniveauänderungen wird mit Hilfe eines auf ein Basisjahr bezogenen Preisindexes vorgenommen. Das Preisniveau des Basisjahres ist die Grundlage für die Berechnungen des von den Preisen bereinigten Volkseinkommens. Realwirtschaftliche Güterströme verschiedener Jahre werden also mit den Preisen des Basisjahres multipliziert. Die sich hierdurch ergebenden Volkseinkommen unterscheiden sich dann nur noch durch Veränderungen der realwirtschaftlichen Größen und sind damit im Zeitablauf vergleichbar. Gesamtwirtschaftliche Aggregate, die mit Hilfe eines Basisjahres ermittelt werden, nennt man z.B. reales Volkseinkommen bzw. reales Bruttonationaleinkommen. Das nominelle Volkseinkommen bzw. nominelle Bruttonationaleinkommen bezeichnet Größen, die mit den jeweils in der Periode herrschenden Preisen berechnet werden.

Bei internationalen Analysen vergleicht man von mehreren Ländern die Volkseinkommen eines bestimmten Jahres miteinander (sogenannte Querschnittsanalysen), um Aussagen über die unterschiedlichen Leistungsfähigkeiten der Volkswirtschaften zu machen. Problematisch bei diesen Querschnittsanalysen ist die Vergleichbarkeit der in verschiedenen Währungen errechneten Sozialprodukte. Um die Vergleichbarkeit herzustellen, werden die Sozialprodukte in eine einheitliche Währung - üblicherweise in US-Dollar - umgerechnet. Die Umrechnung erfolgt mit Hilfe des Wechselkurses, der angibt, wie viel man für eine Währung (z.B. Euro) bei Umtausch in eine andere Währung (z.B. Dollar) bekommt. Bildet der Wechselkurs das Verhältnis vom inländischen zum ausländischen Preisniveau korrekt ab (über den Markt), spricht man von der "Kaufkraftparität" einer Währung.

Stellen die Wechselkurse die Kaufkraftparität her, was allerdings wegen staatlicher Eingriffe unwahrscheinlich ist, können die Volkseinkommen verschiedener Länder miteinander verglichen werden, indem dasjenige des einen Landes in Währungseinheiten eines anderen Landes berechnet wird. In der Realität bilden sich die Wechselkurse oft aber nicht nach der Kaufkraftparität, sie werden vielmehr manchmal politisch festgelegt. Solche politisch festgelegten Wechselkurse entsprechen höchstens im

Ausnahmefall den Kaufkraftparitäten. Kapitalströme können den Wechselkurs ebenfalls verzerren, so dass die in Fremdwährung umgerechneten Volkseinkommen beim Vergleich nicht die tatsächlichen einheimischen Werte widerspiegeln.

Da der Wechselkurs sich nur durch den Umtausch handelbarer Güter (und Kapitalströme) bildet, folgen daraus weitere Probleme für den internationalen Vergleich. In das Volkseinkommen fließen aber auch nicht-handelbare Güter (z.B. Verkäufe von neuerstellten Häusern, Dienstleistungen) ein, für die es in den Ländern unterschiedliche Preise geben kann, weil der Außenhandel nicht für einen Preisausgleich sorgt und was daher bei internationalen Vergleichen zu weiteren Verzerrungen führen kann. So sind die relativen Preise von international nicht gehandelten Gütern zu gehandelten Gütern in den Entwicklungsländern tendenziell niedriger als in den Industrieländern, woraus für die Entwicklungsländer niedrigere Volkseinkommen folgen.

Methodische Probleme für die Ermittlung des Bruttonationalprodukts ergeben sich auch bei der Verwendung des Produktionskonzeptes der VGR. Da nur die marktbewerteten Transaktionen erfasst werden und viele Transaktionen der Wirtschaftssubjekte in den Entwicklungsländern nicht über den Markt abgewickelt werden, wird das Volkseinkommen dort tendenziell zu niedrig ausgewiesen. Weitere Probleme ergeben sich aus der Schwarzarbeit, aus do-it-yourself Handwerksleistungen oder nicht erfassten privaten Transaktionen (z.B. Verkäufe von selbsterzeugtem Gemüse unter Privatleuten oder Babysittern). Beispielsweise erhöht die Tätigkeit einer angestellten Haushaltsgehilfin das Sozialprodukt, wenn sie dafür Lohn erhält. Heiratet diese Haushaltsgehilfin ihren Vorgesetzten und verrichtet damit die Haushaltsaufgaben unentgeltlich zum Wohl der Familie, sinkt das Sozialprodukt im Vergleich zur Ausgangslage.

5. Sozialprodukt als Wohlstandsindikator

Vielfach wird das Bruttonationaleinkommen pro Kopf der Bevölkerung zum internationalen Wohlstandsvergleich herangezogen. Nun stellt sich jedoch die Frage, ob mit Hilfe des Bruttonationaleinkommens Wohlstandsaussagen möglich sind. Bei der Ermittlung des Sozialproduktes erfassen wir lediglich die über den Markt laufenden wirtschaftlichen Transaktionen. Stellen in einem Land die Haushalte viele Güter selber her (Entwicklungsländer: Brot wird selber gebacken, Wäsche selber gewaschen), während sie in anderen Ländern über den Markt zur Verfügung gestellt werden (USA: Bäcker backt Brot, Wäscherei wäscht Wäsche), so wird das Pro-Kopf-Einkommen zu niedrig ausgewiesen. Bei den Vergleichen müssten auch die jeweiligen Zeiteinsätze (Jahresarbeitsstunden) und die Nebenwirkungen (Umweltschäden) berücksichtigt werden.

Ein methodisches, aber auch bei Wohlstandsvergleichen anfallendes Problem sind die beim privaten Konsum und bei der Produktion anfallenden externen Effekte. Unter externen Effekten verstehen wir solche Wirkungen des Handelns eines Wirtschaftssubjektes auf ein anderes Wirtschaftssubjekt, die nicht in die Wirtschaftsrechnungen der

Verursacher eingehen. Bei Unternehmen äußern sich solche externen Effekte in Kosten, die anderen auferlegt werden. Externe Kosten verursacht ein Unternehmen z.B. durch Verschmutzungen der Umwelt, die in seiner betriebswirtschaftlichen Kalkulation nicht enthalten sind. Auch durch Unternehmen induzierte Gesundheitsschäden oder die Kosten der regionalen Konzentration laufen nicht über den Markt und werden damit in der VGR nicht erfasst. Ebenso werden die schon in Kapitel 10.4. aufgeführten unentgeltlichen Haushaltsleistungen nicht erfasst, obwohl der Wohlstand eines Volkes unter Einbeziehung dieses Sachverhaltes größer ist.

Externe Nutzen von privaten Haushalten und von Unternehmen müssten zum Nationaleinkommen addiert, externe Kosten subtrahiert werden, denn die externen Nutzen stellen Wohlfahrtsgewinne einer Gesellschaft dar, hingegen die externen Kosten Wohlfahrtsverluste. So führt in der VGR die Beseitigung von Umweltschäden zu einem höheren Bruttonationaleinkommen; eigentlich müssten diese Ausgaben als Vorleistungen abgezogen werden.

Für einen aussagekräftigen Wohlstandsvergleich müsste auch die Freizeit monetär bewertet und in die VGR einbezogen werden. Würden z.B. zwei Länder ein gleich hohes Pro-Kopf-Einkommen bei unterschiedlicher Arbeitsleistung vorweisen, so sollte das Land mit der größeren Freizeit wohlstandsmäßig höher eingestuft werden.

Die Einkommensverteilung wirkt sich auch auf die Wohlfahrt eines Landes aus. Je weniger extrem die Verteilung ist, desto höher ist der Wohlstand eines Landes zu beurteilen. Im Jahre 1995 entfielen in Brasilien, als Extrembeispiel, 47,9% des gesamten Sozialproduktes auf 10% der Bevölkerung, die ärmsten 20% erhielten nur 2,5%. Verteilungsaspekte müssten daher beim Wohlstandsvergleich mit einbezogen werden. Die Berücksichtigung mehrerer Merkmale führt aber zu Gewichtungsproblemen. Welches Gewicht soll der Verteilungsaspekt im Vergleich zum Pro-Kopf-Einkommen haben? Da die Gewichtungsprobleme nicht lösbar sind, dient das Pro-Kopf-Einkommen ersatzweise als Wohlstandsindikator.

Ferner werden in der VGR alle öffentlich bereitgestellten Güter (z.B. Bildung, Infrastruktur, Gesundheitswesen usw.) nur mit den Kosten ihrer Produktion erfasst, da für sie i.a. keine Marktpreise existieren. Kostensteigerungen (z.B. Erhöhung der Beamtengehälter) führen dann, obgleich keine realen Veränderungen vorliegen, zu einer Steigerung des Sozialproduktes. Des Weiteren haben Staatsleistungen häufig den Charakter von Vorleistungen und müssten eigentlich vom Bruttonationaleinkommen abgezogen werden. So sind etwa Bildungsausgaben und Ausgaben für die Infrastruktur Vorleistungen für nachgelagerte Aktivitäten (z.B. Erfindungen bei Bildungsausgaben), die, um Doppelzählungen zu vermeiden, subtrahiert werden müssten.

Summa summarum müsste man, um aus dem eindimensionalen Sozialprodukt ein multidimensionales "Wohlstandsprodukt" zu machen, alle sozialen Aspekte monetär bewerten und in die VGR integrieren. Es stellt sich allerdings die Frage, ob wirklich alle sozialen Fakten monetär bewertet werden können. Inwieweit sind Krankheiten beruflich bedingt, wieweit lassen sich die Schmerzen monetär bewerten? Die bisher durchgeführten Korrekturen haben sich bislang nicht durchsetzen können. Das Pro-Kopf-Einkommen ist als Wohlstandsindikator nur beschränkt tauglich - wir haben aber keinen besseren Indikator zur Verfügung. Da das Pro-Kopf-Einkommen die genannten Schwächen aufweist, sollten dieser Größe Sozialindikatoren zur Seite gestellt werden, die ein besseres Bild über den Wohlstand eines Landes vermitteln können. Sozialindikatoren sind bspw. Lebenserwartung bei der Geburt, tägliches Kalorienangebot pro Kopf in Prozent des Bedarfs, Einwohner je Arzt, u.v.m. Die vereinten Nationen ermitteln seit 1990 einen "Human Development Index", der in den jährlich erscheinenden „Berichten über die menschliche Entwicklung" (Human Development Report) publiziert wird und die Indizes zur Lebenserwartung bei Geburt, der Bildung und des BIP zusammenfasst. Auch gesellschaftliche und politische Bedingungen bestimmen den Wohlstand eines Landes. Dafür aber wertfreie Indikatoren zu entwickeln, ist nicht unproblematisch und geht über die ökonomische Analyse hinaus.

Ich bedanke mich für Ihre Aufmerksamkeit.

9.2 Basismodelle der klassischen Makroökonomie

1. Einleitung

Sehr geehrte Damen und Herren. Das Thema meines Vortrages lautet „Basismodelle der Makroökonomie". Eine zentrale Aufgabe der Makroökonomik besteht darin zu ermitteln, welche Faktoren die Höhe des Inlandsproduktes und der Beschäftigung bestimmen. Um die kaum überschaubare wirtschaftliche Wirklichkeit zu vereinfachen, werden zusammengefasste Größen betrachtet. Eine weitere Vereinfachung besteht darin, dass weitgehend von der ökonomischen Aktivität mit dem Ausland abgesehen wird (Modell der geschlossenen Volkswirtschaft) und zudem eine kurz- bis mittelfristige Analyse durchgeführt wird. In der kurzfristigen Analyse wird dabei unterstellt, dass die im betrachteten Zeitraum stattfindenden Veränderungen im Bestand und der Qualität der Produktionsfaktoren (Arbeit, Kapital, Boden und technisches Wissen) zumindest relativ so klein sind, dass sie vernachlässigt werden können. Außerdem wird häufig davon ausgegangen, dass Güterpreise und/oder Geldlöhne nicht voll flexibel - im Extremfall vollkommen starr - sind. In der mittelfristigen Betrachtungsweise werden die Bestände der Produktionsfaktoren weiter als konstant, die Preise aber als flexibel angesehen, sodass die Märkte über Preisanpassungen geräumt werden.

Wie in kaum einem anderen Zweig der Ökonomie konkurrieren in der makroökonomischen Analyse der Beschäftigung verschiedene Erklärungsansätze. Es lässt sich aber rechtfertigen, nur von zwei Erklärungsmustern (Paradigmen) zu sprechen. Auf der einen Seite steht die klassische Makroökonomik die durch den Monetarismus und die Neue Klassische Makroökonomik neu begründet und verfeinert wurde. Auf der anderen Seite steht die keynesianische Makroökonomik, geprägt durch den Engländer John Maynard Keynes (1883-1946).

Zunächst wird im 2. Gliederungspunkt eine Beschreibung der Interdependenz der Märkte vorgenommen. Unter Punkt 3 wird die keynesianische Makroökonomik beschrieben. Im 4. Gliederungspunkt wird dann dargestellt, inwieweit sich die Basismodelle der klassischen Makroökonomik von den Modellen der keynesianischen Makroökonomik unterscheiden. Die Basismodelle der klassischen Makroökonomie lassen sich unterteilen in den Arbeitsmarkt, in den Gütermarkt und in den Geldmarkt.

2. Interdependenz der Märkte

Das wirtschaftliche Geschehen auf den einzelnen Märkten einer Volkswirtschaft ist miteinander verbunden. Letztlich kann man sagen, dass die Nachfrage nach den verschiedenen Gütern wie auch das Angebot der Güter jeweils von den Preisen aller Güter abhängt, wenn auch teilweise fast unmerklich. Da man im Rahmen einer ökonomischen Analyse nicht Millionen von Märkten gleichzeitig betrachten kann, ist die wirtschaftliche Wirklichkeit auf eine überschaubare Anzahl wesentlicher Zusammenhänge zu vereinfachen. Im Einklang mit der üblichen makroökonomischen Darstellungsweise wird die Zahl der betrachteten Märkte auf vier reduziert:

- den gesamtwirtschaftlichen Arbeitsmarkt,
- den gesamtwirtschaftlichen Gütermarkt,
- den gesamtwirtschaftlichen Geldmarkt und
- den gesamtwirtschaftlichen Wertpapiermarkt (der für die Gesamtheit der Märkte steht, auf denen zinstragende Aktiva gehandelt werden).

Mit dem extrem hohen Aggregationsgrad werden also Unterschiede zwischen den verschiedenen Arten von Gütern und Wertpapieren ignoriert. So wird auf dem Gütermarkt das homogene Inlandsprodukt gehandelt, das trotzdem fiktiv in Vorleistungen, Konsum- Investitions-, Export- und Importgüter aufgespalten wird.

Für jede rational handelnde Wirtschaftseinheit gilt, dass sie Ausgaben (Käufe) für die unterschiedlichen Zwecke (z. B. auch für den Erwerb von Wertpapieren oder von Bankguthaben) nur in Höhe der geplanten Einnahmen (Verkäufe) aus den unterschiedlichen Quellen (z.B. auch durch Verschuldung oder Auflösung von Bankguthaben oder Bargeldbeständen) veranschlagen wird. Was für die einzelnen Wirtschaftseinheiten gilt, gilt hier auch für die Summe der von allen Wirtschaftseinheiten auf allen Märkten geplanten Ausgaben (Käufe), die der Summe der auf allen Märkten geplanten Einnahmen (Verkäufe) entspricht.

Für die vier makroökonomischen Märkte gilt: Ist der Wert der Käufe und Verkäufe auf drei Märkten ausgeglichen, so muss dies auch auf dem vierten Markt der Fall sein. Dadurch wird die übliche Vorgehensweise, bei makroökonomischen Modellen nur drei Märkte zu untersuchen, gerechtfertigt. Meist wird der Wertpapiermarkt vernachlässigt, eine Vorgehensweise, die wir hier übernehmen wollen.

Auf dem Arbeitsmarkt wird Arbeit gegen Lohn getauscht. Arbeitsanbieter sind die Wirtschaftseinheiten, die ihre Arbeitskraft verkaufen wollen und Arbeitsnachfrager sind die Wirtschaftssubjekte, die diese Arbeitskraft im Produktionsprozess einsetzen wollen.

Auf dem Gütermarkt wird die gesamte Marktproduktion einer Volkswirtschaft — also das Inlandsprodukt und die erforderlichen Vorleistungen — angeboten und nachgefragt. Im Folgenden setzen wir der Einfachheit halber die Produktion mit dem Inlandsprodukt gleich, vernachlässigen also die Vorleistungen. Anbieter von Gütern sind die Unternehmen, Nachfrager die privaten Haushalte, die Unternehmen und der Staat.

Der dritte Markt, den wir im Folgenden immer betrachten werden, ist der Geldmarkt. Als Geld wird das Zahlungsmittel bezeichnet, das im Tauschprozess zur Erfüllung von Verbindlichkeiten akzeptiert wird und gleichzeitig als Wertaufbewahrungsmittel dienen kann. Auf den ersten Blick entzieht sich der Geldmarkt der üblichen Vorstellung von einem Markt. Aber ebenso wie für andere Güter existiert auch für Geld ein Angebot und eine Nachfrage. Zu jedem Zeitpunkt existiert in einer Volkswirtschaft eine bestimmte Menge an Geld, ein Geldbestand, der von irgendwelchen Wirtschaftseinheiten gehalten - d.h. nachgefragt - wird.

3. Keynesianische Makroökonomik

Die keynesianische Makroökonomik wurde geprägt durch den Engländer John Maynard Keynes (1883-1946). Eine bestimmte Interpretation seiner Theorie, das IS/LM-Modell, hat sich nach dem 2. Weltkrieg über viele Jahren in den ökonomischen Lehrbüchern zu einem relativ starren Lehrgebäude entwickelt. Als Antwort auf die Herausforderung durch die Neue Klassische Makroökonomik hat auch der Keynesianismus eine Neubegründung und Verfeinerung seines Paradigmas versucht. Hier sind die Rationierungstheorie und der Neue Keynesianismus zu unterscheiden. Eine Zwitterstellung nimmt die neoklassische Synthese ein: Einerseits folgt sie im Hinblick auf die Angebotsseite weitgehend der klassischen Makroökonomik, andererseits enthält sie keynesianische Modellelemente, insbesondere im Hinblick auf die Determinanten der Güternachfrage.

4. Das klassische Modell

Der Begriff Klassik wird leider nicht einheitlich verwendet: Meist versteht man darunter das theoretische Gedankengebäude von Adam Smith, David Ricardo und anderen Ökonomen des 18. und frühen 19. Jahrhunderts. Gerade in dem Problembereich der makroökonomischen Beziehungen zwischen Güter-, Geld- und Arbeitsmarkt hat es sich indes eingebürgert, den Begriff Klassik auch für das Gedankengebäude der Ökonomen, die gegen Ende des 19. Jahrhunderts bis zum Erscheinen von Keynes' „General Theory" (1936) gelehrt haben, zu verwenden, also etwa Walras, Fisher und Pigou, obwohl sonst für diese Zeit der Begriff Neoklassik gebräuchlicher ist.

Kennzeichnend für das klassische System ist die Vorstellung einer vollständigen Flexibilität von Zinsen, Preisen und Löhnen und einer sehr raschen Anpassung der Wirtschaftssubjekte an veränderte Bedingungen. Im Fall eines Ungleichgewichtes reagieren die Preise jeweils schneller als realisierte Angebots- und Nachfragemengen und führen direkt zum Gleichgewicht zurück (Stabilität des Gleichgewichtes).

4.1. Der Arbeitsmarkt

Der Arbeitsmarkt ist das Herzstück der klassischen Analyse des Wirtschaftsprozesses. Auf dem Arbeitsmarkt stellen sich nach Vorstellung der Klassiker stets der Vollbeschäftigungs-Reallohnsatz und die gleichgewichtige Arbeitsmenge ein. Hierfür sorgt bei flexiblen Löhnen der Lohnmechanismus.

Besteht Arbeitslosigkeit, so wird die Konkurrenz unter den Arbeitslosen den Lohnsatz so lange sinken lassen, bis Vollbeschäftigung erreicht ist. Entsprechendes gilt (nur mit umgekehrtem Vorzeichen), wenn die Arbeitsnachfrage größer ist als das Arbeitsangebot. Bei gegebenem Kapitalstock und gegebener Produktionstechnik bestimmt dann die Vollbeschäftigungs-Arbeitsmenge die reale Produktion.

4.2. Der Gütermarkt

Das der Vollbeschäftigung entsprechende Produktionsniveau wird von den Unternehmen nur dann erstellt, wenn das aus der Produktion resultierende Güterangebot auf eine gleich große Güternachfrage trifft. Diese Bedingung wird im System der Klassik als gesamtwirtschaftlich immer erfüllt angesehen. Man geht von der Gültigkeit des Sayschen Theorems aus, wonach sich jedes Güterangebot gesamtwirtschaftlich seine entsprechende Nachfrage schafft (J. Baptiste Say, französischer Nationalökonom 1767-1832).

Das Saysche Theorem stützt sich im Wesentlichen auf zwei Überlegungen:

1. Jeder Produktion entspricht ein in gleicher Höhe geschaffenes Einkommen. Trotzdem ist nicht sichergestellt, dass das gesamte Einkommen für Güterkäufe verwendet wird und damit das gesamte Angebot auch nachgefragt wird. Hier kommt die zweite Überlegung ins Spiel.

2. Der Zinsmechanismus sorgt dafür, dass das gesamte Einkommen jeweils auch nachfragewirksam ausgegeben wird. Würde nämlich ein Teil des Vollbeschäftigungseinkommens nicht ausgegeben, so würde es gespart. Da Geld im System der Klassik nur zu Transaktionszwecken (d.h. zu Käufen von Gütern und Vermögensti-

teln) verwendet wird und nicht als Wertaufbewahrungsmittel, würde die Ersparnis unmittelbar als zusätzlicher Kredit angeboten. Der Zins wird sich dabei stets so anpassen, dass dieser Kredit auch nachgefragt, d.h. zur Finanzierung von Investitionen (und damit einer entsprechenden Güternachfrage) verwendet werden wird.

Der Nachfrageausfall an einer Stelle wird in der Sicht der Klassiker also durch eine Nachfrageerhöhung an anderer Stelle gerade ausgeglichen. Dafür sorgt letztlich der Zins, der eine solche Höhe erreicht, dass die Vollbeschäftigungsproduktion auch nachgefragt wird.

Da das Vollbeschäftigungs-Güterangebot über das Arbeitsmarktgleichgewicht und die Produktionsfunktion bestimmt wird, ergibt sich dadurch der Gütermarkt. Damit sind sämtliche realen Größen des Systems bestimmt: das reale Inlandsprodukt, die Beschäftigung, der Reallohnsatz und der (reale) Zins. Man spricht deshalb von einem angebotsseitig determinierten Modell. Lediglich die Aufteilung der Produktion auf Konsum und Investition wird über den Zins nachfrageseitig bestimmt.

4.3. Der Geldmarkt

Geld wird aus der Sicht der Klassiker nur zu Transaktionszwecken, letztlich also zur Durchführung von Güterkäufen verwendet. Kassenhaltung zum Zwecke der Vermögenshaltung ist für die Klassiker irrational, da es ökonomischer ist, eine verzinsliche Anlage zu wählen.

Das Geld spielt also in diesem System nur eine geringe Rolle: Es bestimmt lediglich die Höhe der absoluten Preise (das Preisniveau), hat aber keinerlei Einfluss auf die relativen Preise und den realen Sektor der Wirtschaft. In diesem Sinne spricht man von der klassischen Dichotomie, der Trennung von realem und monetärem Bereich der Wirtschaft, und der klassischen Neutralität des Geldes, d.h. Geld liegt wie ein „Schleier" über den realen Transaktionen, beeinflusst diese aber nicht.

Ich bedanke mich für Ihre Aufmerksamkeit.

10 Wirtschaftspolitik

10.1 Ursachen der Arbeitslosigkeit und Arbeitsmarktpolitik

1. Einleitung

Sehr geehrte Damen und Herren. Das Thema meines Vortrages lautet „Ursachen der Arbeitslosigkeit und Arbeitsmarktpolitik". Die Arbeitslosigkeit stellt marktwirtschaftlich organisierte Volkswirtschaften vor immer größer werdende Probleme. Die Höhe und die Entwicklung der Arbeitslosigkeit ist eine wichtige volkswirtschaftliche Kennzahl in Deutschland, die zusammen mit der Steuerpolitik ganz erheblichen Einfluss auf Wahlentscheidungen hat.

In meinem Vortrag wird im 2. Gliederungspunkt zunächst der Begriff der Arbeitslosigkeit erläutert. Im 3. Gliederungspunkt werden dann die Formen und Folgen der Arbeitslosigkeit dargestellt. Unter Punkt 4 meines Vortrages werden dann arbeitsmarktpolitische Maßnahmen präsentiert. Im Schlussteil wird der Einfluss der Lohnpolitik der Tarifparteien analysiert und die Grenzen staatlicher Arbeitsmarktpolitik aufgezeigt.

2. Begriff der Arbeitslosigkeit

Auf dem Arbeitsmarkt findet eine freie Preisbildung durch Angebot und Nachfrage aufgrund von zahlreichen Reglementierungen nicht statt. Der Gleichgewichtswert auf dem Arbeitsmarkt bildet den Reallohn ab. Es ist der Tauschwert für Arbeit und der Punkt, bei dem Arbeitsangebot und Arbeitsnachfrage gleich groß sind. An diesem Punkt spricht man von Vollbeschäftigung.

Wenn die Nachfrage nach Arbeitskräften das Angebot übersteigt, dann spricht man von Überbeschäftigung. In Deutschland tritt diese Situation aber nur in Teilsegmenten des Arbeitsmarktes auf.

Die meisten Teilarbeitsmärkte sind dadurch gekennzeichnet, dass Unterbeschäftigung herrscht, also das das Angebot an Arbeit größer ist als die Nachfrage.

Im Fall der Unterbeschäftigung besteht kein Gleichgewicht nach den Marktgesetzen und die Preise müssten eigentlich sinken. Wegen der Reglementierung auf dem Arbeitsmarkt ist dies aber nicht möglich.

Die Arbeitsmarktpolitik umfasst die Anstrengungen und Theorien mit dem Ziel wieder ein Gleichgewicht auf dem Arbeitsmarkt herzustellen.

Für die Messung der Arbeitslosigkeit, also der Unterbeschäftigung, werden die Erwerbspersonen statistisch erfasst. Das sind Arbeitnehmer, Selbständige, mithelfende Familienangehörige und Erwerbslose im Alter von 15 bis unter 65 Jahren. Als Arbeitslose werden in der Statistik nur die Personen aufgeführt, die bei einer Arbeitsagentur als Arbeitssuchende gemeldet sind. Die Arbeitslosenquote ergibt sich dann als prozentuales Verhältnis zwischen den Arbeitslosen nach der genannten Definition und den zivilen Erwerbspersonen. Bei den Erwerbspersonen werden die Wehr- und Ersatzdienstleistenden nicht berücksichtigt. Wie die Erwerbslosenquote der BRD zeigt, hatte die Erwerbslosenquote im Jahr 2005 mit 10,56 % der Erwerbspersonen ihren Höchststand erreicht.

Abbildung 24: Erwerbslosenquote der BRD[140]

Jahr	Bevölkerung (Einwohner)	Erwerbspersonen (in Mio.)	Erwerbslose (in Mio.)	Erwerbslosenquote (in % der Erwerbspersonen)
2009	81 851	43.466	3.295	7,58
2008	82 120	43.361	3.141	7,24
2007	82 263	43.258	3.602	8,33
2006	82 366	43.246	4.250	9,83
2005	82 464	43.314	4.573	10,56
2004	82 501	42.956	4.160	9,68
2003	82 520	42.551	3.918	9,21
2002	82 482	42.517	3.523	8,29
2001	82 340	42.402	3.193	7,53
2000	82 188	42.175	3.137	7,44
1999	82 087	41.742	3.403	8,15

3. Formen und Folgen der Arbeitslosigkeit

Im dritten Gliederungspunkt werden die Formen und Folgen der Arbeitslosigkeit dargestellt. Bei den Formen wird eine Unterscheidung nach den primären Ursachen der Arbeitslosigkeit vorgenommen.

140 Eigene Berechnungen in Anlehnung an Daten vom Statistischen Bundesamt.

3.1. Einteilung der Arbeitslosigkeit nach den Ursachen

Bei den Ursachen der Arbeitslosigkeit lässt sich die konjunkturelle, strukturelle, technologische, saisonale und die friktionelle Arbeitslosigkeit unterscheiden.

Die konjunkturelle Arbeitslosigkeit tritt auf, wenn die Güternachfrage kleiner als das Güterangebot ist und die Unternehmen deshalb ihre Personalbestände reduzieren.

Im Laufe eines Konjunkturzyklus treten immer wieder Abschwünge und Rezessionen auf, die zu einer solchen Arbeitslosigkeit führen.

Des Weiteren gibt es die strukturelle Arbeitslosigkeit, die Auftritt, wenn bestimmte Branchen, wie zum Beispiel der Bergbau an Bedeutung verlieren. Von struktureller Arbeitslosigkeit wird aber auch gesprochen, wenn durch mangelnde oder falsche Qualifikation die Arbeitssuchenden nicht zu den angebotenen Arbeitsplätzen passen.

Eine weitere Form der Arbeitslosigkeit ist die technologische Arbeitslosigkeit, die durch neue Technologien beziehungsweise Rationalisierungsmaßnahmen entsteht.

Von saisonaler Arbeitslosigkeit spricht man beispielsweise in der Landwirtschaft oder der Baubranche, wenn die Nachfrage nach Arbeit stärkeren jahreszeitlichen Schwankungen unterliegt.

Eine weitere Form der Arbeitslosigkeit ist die friktionelle Arbeitslosigkeit, die durch Wohnortwechsel oder bei einem Ausbildungsende vorkommt.

3.2. Folgen der Arbeitslosigkeit

Die volkswirtschaftlichen Folgen der Arbeitslosigkeit sind zum einen, dass Arbeitslose trotz vorhandenem Potential nicht zur Steigerung des Bruttoinlandsproduktes beitragen. Zudem werden die Staatshaushalte zweifach belastet, da Arbeitslose einerseits keine Beiträge und Steuern zahlen und andererseits staatliche Transfers erhalten.

Die betriebswirtschaftlichen Folgen der Arbeitslosigkeit sind vor allem schwankende Arbeitsmärkte, die zu Personalfreisetzungs- und Personalbeschaffungskosten führen Diese sollten möglichst klein gehalten werden. Durch konjunkturelle Arbeitslosigkeit geht den Unternehmen vorhandenes Know How verloren, das später zu hohen Kosten neu aufgebaut werden muss.

Auch die persönlichen Folgen von Arbeitslosigkeit können ganz erheblich sein. Insbesondere bei Jugend- und Langzeitarbeitslosigkeit zeigen sich bei den Betroffenen sozialpsychologische Folgen, die schwer zu korrigieren sind.

4. Maßnahmen der Arbeitsmarktpolitik

Im vierten Gliederungspunkt werden die Maßnahmen der Arbeitsmarktpolitik präsentiert. Dabei werden die Maßnahmen bei konjunktureller, struktureller, saisonaler und friktioneller Arbeitslosigkeit vorgestellt.

4.1. Maßnahmen bei konjunktureller Arbeitslosigkeit

Bei konjunktureller Arbeitslosigkeit kann das Instrumentarium der allgemeinen Konjunkturpolitik angewendet werden.

Bei der klassischen Fiskalpolitik lassen sich nachfrage- oder angebotsorientierte Ansätze unterscheiden.

Die Güternachfrage kann angebotsorientiert durch die Schaffung von Investitionsanreizen, wie die Verbesserung von Abschreibungsmöglichkeiten oder eine Steuersenkung, realisiert werden.

Auf der Nachfrageseite können staatliche Investitionen erhöht oder private Konsumanreize geschaffen werden. Beispiele hierfür wären die vermehrte oder verlängerte Zahlung von Kurzarbeitergeld, die bei der Verhinderung von konjunktureller Arbeitslosigkeit hilft und die Zahlung von Gründungszuschüssen an Unternehmer.

4.2. Maßnahmen bei struktureller Arbeitslosigkeit

Bei struktureller Arbeitslosigkeit kann durch bewusste Standortpolitik die Schaffung von Arbeitsplätzen in strukturschwachen Räumen erfolgen. Beispiele hierfür wären Sonderabschreibungen oder niedrige Hebesätze bei der Gewerbesteuer. Die individuelle Mobilität von Arbeitnehmern lässt sich durch Fahrtkostenzuschüsse oder die steuerliche Berücksichtigung einer doppelten Haushaltsführung erhöhen.

Eine große Bedeutung zur Bekämpfung der strukturellen Arbeitslosigkeit haben die Aus- und Fortbildungsmaßnahmen sowie Eingliederungs- und Gründungszuschüsse.

4.3. Maßnahmen bei saisonaler Arbeitslosigkeit

Bei saisonaler Arbeitslosigkeit kann beispielsweise durch Winterbauförderung in der Baubranche die Schaffung von Arbeitsplätzen erfolgen. Auch Zeitarbeitsfirmen, dienen zur Verringerung der saisonalen Arbeitslosigkeit, da die Arbeitnehmer bei den Zeitarbeitsunternehmen eine feste Anstellung haben und saisonabhängig in verschiedenen Branchen eingesetzt werden können.

4.4. Maßnahmen bei friktioneller Arbeitslosigkeit

Bei friktioneller Arbeitslosigkeit können offene Stellen zum Beispiel durch ein verbessertes Informationssystem für die Arbeitslosen entstehen.

Zudem können die Arbeitsagenturen private Vermittler beauftragen oder eine Bewerbungsunterstützung anbieten. Das Bestreben nach einer geringen friktionellen Arbeitslosigkeit kann auch durch die frühe Meldepflicht der zukünftigen Arbeitslosen schon bei Beginn der Kündigungsfrist und ein genügend großer Abstand zwischen Erwerbseinkommen und Arbeitslosenbezügen unterstützt werden.

5. Schluss

Zum Schluss des Vortrages soll verdeutlicht werden, dass der staatlichen Arbeitsmarktpolitik oftmals nur eine Anreizwirkung zukommt. Der Staat hat nur einen begrenzten Spielraum zur Schaffung nachhaltiger Arbeitsplätze in einer Marktwirtschaft. Einen weiteren nicht unerheblichen Einfluss zur Schaffung neuer Arbeitsplätze haben die Arbeitgeberverbände und Gewerkschaften, im Rahmen ihrer grundgesetzlich gesicherten Tarifautonomie.

Die Kaufkrafttheorie geht in diesem Zusammenhang davon aus, dass höhere Löhne grundsätzlich eine höhere Nachfrage auf dem Gütermarkt implizieren und in der Folge ein Zuwachs an Arbeitsplätzen entsteht. Die Forderung einer produktivitätsorientierten Lohnpolitik hält dem entgegen, dass Reallohnsteigerungen nur im Rahmen des allgemeinen Produktivitätsfortschritts sinnvoll sind, ansonsten geht eine inflationäre Wirkung von den Lohnsteigerungen aus, die wiederum kontraproduktiv für den Arbeitsmarkt ist.

Danke für Ihre Aufmerksamkeit.

10.2 Ziele der Wirtschaftspolitik

1. Einleitung

Sehr geehrte Damen und Herren. Das Thema meines Vortrages lautet „Ziele der Wirtschaftspolitik“. Das „Gesetz zur Förderung der Stabilität und des Wachstums der Wirtschaft" stammt aus dem Jahre 1967 und gibt die Ziele für wirtschaftspolitisches Handeln von Bund, Ländern und Kommunen vor. Diese Ziele stellen grundlegende volkswirtschaftliche Ziele dar.

Im folgenden Vortrag wird im 2. Gliederungspunkt das „Oberziel: Gesamtwirtschaftliches Gleichgewicht" dargestellt. Im 3. Punkt werden dann „die vier Unterziele": „stabiles Preisniveau", „hoher Beschäftigungsstand", „außenwirtschaftliches Gleichgewicht" sowie „angemessenes und stetiges Wirtschaftswachstum" beschrieben. Im 4. Gliederungspunkt erfolgt eine Darstellung der Zielbeziehungen. Die vier Ziele des Stabilitätsgesetzes können grundsätzlich in unterschiedlicher Zielbeziehung zueinander stehen. In der Schlussbetrachtung, im Gliederungspunkt 5, wird ein Ausblick auf zwei weitere wichtige wirtschaftspolitische Ziele außerhalb des Stabilitätsgesetzes vorgenommen.

4. Zielbeziehungen

Die vier Ziele des Stabilitätsgesetzes können grundsätzlich in unterschiedlicher Zielbeziehung zueinander stehen.

2. Oberziel: Gesamtwirtschaftliches Gleichgewicht

Bund und Länder werden im Artikel 109 Absatz 2 des Grundgesetzes und im § 1 Absatz 1 Satz 1 des Stabilitätsgesetzes darauf verpflichtet, bei ihrer Haushaltswirtschaft den Erfordernissen des gesamtwirtschaftlichen Gleichgewichtes Rechnung zu tragen.

Ein gesamtwirtschaftliches Gleichgewicht wird genau dann auf den Märkten erreicht, wenn die Angebotsmenge der Nachfragemenge entspricht. In diesem Zusammenhang spricht man wirtschaftspolitisch auch von Stabilitätspolitik, weil das Gleichgewicht auf Dauer erreicht werden soll. Die vier Unterziele werden dabei als gleichrangig betrachtet. Die Stabilitätspolitik soll die Ziele fördern, welche gerade am wenigsten erreicht werden. In Zeiten hoher Inflationsraten muss die Bekämpfung des Preisanstiegs an erster Stelle stehen. Dagegen muss der Staat Maßnahmen zur Förderung der Beschäftigung ergreifen, wenn hohe Arbeitslosigkeit besteht.

3. Die vier Unterziele

Die vier Unterziele, die im Stabilitätsgesetz das Oberziel gesamtwirtschaftliches Gleichgewicht konkretisieren sind ein stabiles Preisniveau, ein hoher Beschäftigungsstand, außenwirtschaftliches Gleichgewicht sowie ein stetiges und angemessenes Wirtschaftswachstum. Da die gleichzeitige Erreichung dieser vier Ziele besonders schwierig zu realisieren ist, spricht man auch vom magischen Viereck.

Abbildung 25: Magisches Viereck der Wirtschaftspolitik

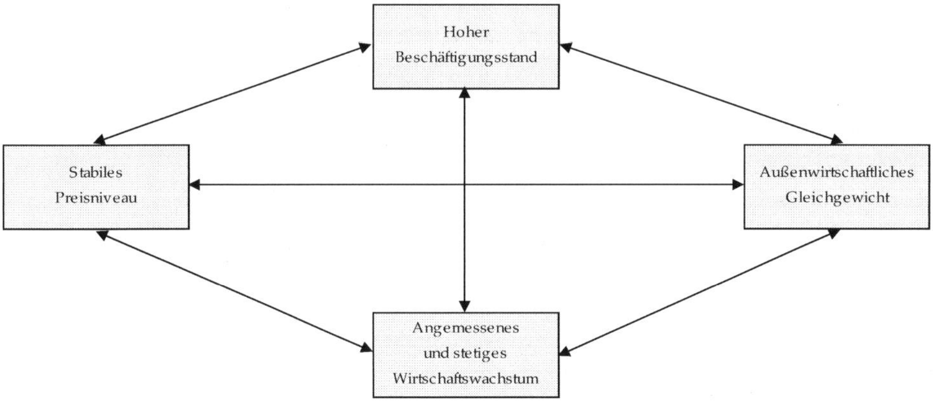

3.1. Stabiles Preisniveau

Ein stabiles Preisniveau wird in der wirtschaftpolitischen Praxis durch die Höhe der Inflationsrate gemessen. Die Inflationsrate wird vom statistischen Bundesamt über einen Verbraucherpreisindex ermittelt. Der Verbraucherpreisindex setzt sich wiederum zusammen aus dem Konsum eines durchschnittlichen Haushalts in der Bundesrepublik Deutschland. Der Durchschnitt wird aus den monatlichen Preisen für einen Warenkorb mit circa 750 Waren- und Dienstleistungen ermittelt. Die Waren werden zunächst gewichtet, zu einem Index gebündelt und für ein Basisjahr wird der Wert des Warenkorbes gleich Hundert gesetzt. Die aus den Preisveränderungen abgeleitete Indexentwicklung wird als Inflationsrate bezeichnet.

Eine niedrige Inflationsrate ist auch sozialpolitisch wünschenswert, da eine hohe Inflation insbesondere die Geldvermögenssparer und die Bezieher von Transfereinkommen trifft. In diesen Fällen können die Einkommenssteigerungen nicht mit der Inflationsrate Schritt halten.

Eine Dämpfung der Inflationsrate kann vom Staat insbesondere durch eine gemäßigte Ausgabenpolitik erreicht werden.

Des Weiteren kann die Inflationsrate durch die Geldmengenpolitik der Europäischen Zentralbank gesteuert werden. Diese unterliegt nicht dem direkten Einfluss der Regierung.

3.2. Hoher Beschäftigungsstand

Ein hoher Beschäftigungsstand kann durch die Arbeitslosenquote gemessen werden. Die Arbeitslosenquote ist eine Kennzahl, die das prozentuale Verhältnis der registrierten Arbeitslosen zu den zivilen Erwerbspersonen erfasst.

Eine Senkung der Arbeitslosenquote kann durch staatliche Arbeitsmarktpolitik erreicht werden. Den Arbeitsagenturen stehen hierfür Instrumente zur Mobilitätsförderung, Eingliederungszuschüsse oder Bildungsmaßnahmen zur Verfügung.

Ein hoher Beschäftigungsstand bringt volkswirtschaftlich gesehen eine Effizienzsteigerung, da die arbeitslosen Bevölkerungsteile zu einer Wohlstandssteigerung beitragen können. Allerdings kann eine staatliche Wirtschaftpolitik lediglich die Voraussetzungen zur Beschäftigung verbessern oder das Anreizsystem zur Beschäftigungsaufnahme gestalterisch beeinflussen. Die Möglichkeiten zur tatsächlichen Schaffung von Arbeitsplätzen durch den Staat sind somit begrenzt.

3.3. Außenwirtschaftliches Gleichgewicht

Ein außenwirtschaftliches Gleichgewicht ist dann erreicht, wenn die Leistungsbilanz ausgeglichen ist, d.h. der Wert der Exporte muss dem Wert der Importe entsprechen.

Ein Land mit den Importüberschüssen wird mittelfristig Zahlungsschwierigkeiten und einen Devisenmangel zu verzeichnen haben, was dann wiederum die volkswirtschaftliche Entwicklung hemmt.

In Deutschland besteht ein deutlicher Überschuss des Wertes der Warenexporte über den Wert der Warenimporte. Dies wird durch die staatliche Wirtschaftpolitik gefördert. Im Gegenzug überwiegen die Dienstleistungsimporte gegenüber den Dienstleistungsexporten. Diese Situation entsteht durch die Dienstleistungsimporte im Zuge von Urlaubsreisen und stellt eine Kompensation zu den überschüssigen Warenexporten dar.

3.4. Angemessenes und stetiges Wirtschaftswachstum

Das Ziel des stetigen und angemessenen Wirtschaftswachstums wird durch die Entwicklung des realen Bruttoinlandsproduktes gemessen. Dabei wird festgestellt, wie sich der inflationsbereinigte Wert der produzierten Güter und Dienstleistungen in einer Periode entwickelt hat. Eine Aufgabe der Wirtschaftspolitik besteht darin, die Umweltbelastung durch zusätzlich produzierte Güter und Dienstleistungen gering zu halten und somit ein qualitatives Wirtschaftswachstum zu erreichen. Dies kann durch Investitionsanreize wie dem Erneuerbare-Energien-Gesetz umgesetzt werden.

4. Zielbeziehungen

Die vier Ziele des Stabilitätsgesetzes können grundsätzlich in unterschiedlicher Zielbeziehung zueinander stehen. Es können Zielharmonien, Zielindifferenzen oder Zielkonflikte auftreten. Zielharmonien wie z.B. das Wirtschaftswachstum und der hohe Beschäftigungsstand werden grundsätzlich angestrebt. Dagegen kann die Förderung von Wachstum und Beschäftigung durch vermehrte Staatsausgaben zu einer inflationären Entwicklung und damit zu einem Zielkonflikt führen.

5. Schluss

Zum Schluss soll erwähnt werden, dass die vier wirtschaftspolitischen Ziele des magischen Vierecks um weitere Ziele z.B. zum magischen Sechseck erweitert werden können. Als fünftes und sechstes Ziel der Wirtschaftspolitik wird oftmals eine gerechte Einkommens- und Vermögensverteilung sowie die Erhaltung einer lebenswerten Umwelt genannt. Insbesondere anhand von steuerpolitischen Maßnahmen, wie z.B. der Einkommensteuerprogression, der Gestaltung der Erbschaftsteuer sowie der Mineralölsteuer können diese Ziele erreicht werden. Allerdings ist das magische Sechseck noch schwerer im Gleichgewicht zu halten. Eine besondere Herausforderung ist es, zwischen den Zielen Wirtschaftswachstum und hoher Beschäftigungsstand einerseits sowie Umweltschutz andererseits eine Zielharmonie zu finden.

Vielen Dank für Ihre Aufmerksamkeit.

10.3 Konjunktursteuerung

1. Einleitung

Sehr geehrte Prüfungskommission, sehr geehrter Herr Prüfungsvorsitzender. Ich habe mich für das Thema „Konjunktursteuerung" entschieden.

Durch die staatlichen Konjunkturpakete und den weltweiten konjunkturellen Abschwung hat dieses Thema in jüngster Zeit eine große Aktualität erlangt.

Da steuerrechtliche Veränderungen auch zur Steuerung der Binnenkonjunktur eingesetzt werden, müssen sich Steuerberater oftmals mit den Auswirkungen der Konjunktursteuerung beschäftigen.

Ich werde zunächst in Punkt 2 kurz auf den Begriff der Konjunktur und auf die Konjunkturindikatoren eingehen. Anschließend werde ich im 3. Gliederungspunkt die Ursachen konjunktureller Schwankungen darstellen. Im 4. Punkt erfolgt eine Beschreibung der Möglichkeiten der Konjunktursteuerung, wobei dabei zwischen nachfrageorientierter sowie angebotsorientierter Konjunkturpolitik unterschieden wird.

Darüber hinaus gibt es noch die Konjunkturpolitik der Zentralbanken. Im 5. Gliederungspunkt beschreibe ich die aktuellen praktischen Maßnahmen der Konjunkturpolitik. Zum Schluss erfolgt in Punkt 6 eine abschließende Beurteilung der Möglichkeiten der Konjunktursteuerung.

2. Konjunktur und Konjunkturindikatoren

Unter „Konjunktur" werden zyklische Schwankungen des Wirtschaftsprozesses im Zeitablauf verstanden. Im allgemeinen Sprachgebrauch versteht man unter Konjunktur die gesamtwirtschaftliche Lage.

Besonders seit der Industrialisierung in den Industriestaaten Anfang des 19. Jahrhunderts traten diese konjunkturellen Schwankungen deutlich zutage. Ein viel bekannteres und älteres Beispiel konjunktureller Schwankungen wurde bereits im alten Ägypten beschrieben, und zwar ein landwirtschaftlicher Zyklus von sieben „fetten" Jahren und sieben „mageren" Jahren.

Die kurzfristigen Schwankungen haben eine Zykluslänge von ca. vier bis sechs Jahren und können in vier Phasen eingeteilt werden:

- Aufschwung (Bruttoinlandsprodukt und Beschäftigung steigen),
- Boom/Hochkonjunktur (Bruttoinlandsprodukt steigt, es herrscht Vollbeschäftigung, es gibt inflationäre Tendenzen, Zinsen steigen),
- Abschwung (Konjunktureinbruch, Wachstumsraten sinken, Inflationäre Tendenzen nehmen ab und Arbeitslosigkeit tritt auf),
- Depression/Krise (Bruttoinlandsprodukt nimmt real ab, Massenarbeitslosigkeit, Deflationsgefahr).

Die heutige Konjunkturanalyse versucht, die Schwankungen durch bestimmte Maßgrößen, Konjunkturindikatoren genannt, statistisch zu erfassen. Im Hinblick auf den Faktor Zeit werden Frühindikatoren, Präsenzindikatoren und Spätindikatoren unterschieden:

- Frühindikatoren (Auftragseingänge, Einzelhandelsumsätze und Umfragen) kündigen den zukünftigen Konjunkturverlauf an,
- Präsenzindikatoren (industrielle Produktion, Kapazitätsauslastung und das Bruttoinlandsprodukt) zeigen die aktuelle Konjunkturlage an und
- Spätindikatoren (Preise und Arbeitslosenkurve) zeigen die vergangene Konjunkturlage.

Durch technische Erfindungen kann ein grundlegender Strukturwandel ausgelöst werden. Dies führt zu den so genannten „langen Wellen" bzw. „Kondratieff-Zyklen", die nach dem russischen Entdecker Nikolai D. Kondratieff einen Zeitraum von durchschnittlich 50 Jahren betragen.

3. Ursachen konjunktureller Schwankungen

Bei der Systematisierung der Ursachen konjunktureller Schwankungen unterscheidet man in „exogene" und „endogene" Ursachen bzw. Faktoren. Als exogene Faktoren gelten alle Größen, die von außen auf den Wirtschaftsprozess einwirken. Endogene Faktoren sind Größen, die aus dem Wirtschaftsprozess heraus entstehen und auf seinen Verlauf Einfluss nehmen.

4. Möglichkeiten der Konjunktursteuerung

Unter Punkt vier meiner Gliederung werde ich jetzt die Konzepte staatlicher Konjunkturpolitik und die Konjunktursteuerung der Zentralbank darstellen. Dabei werde ich insbesondere die angebotsorientierte und die nachfrageorientierte Konjunkturpolitik beschreiben.

4.1. Angebotsorientierte Konjunkturpolitik

Die angebotsorientierte Konjunkturpolitik beruht auf der Denkrichtung der Klassiker der Nationalökonomie. Der österreichischen Nationalökonom Schumpeter hat den Standpunkt vertreten, dass nur durch die staatliche Förderung von dynamischen und risikofreudigen Pionierunternehmern Wachstum und Beschäftigung entstehen kann.

Der Staat kann Pionierunternehmer dadurch fördern, dass er durch die Beseitigung von Investitionshemmnissen ein gutes Investitionsklima schafft, durch die Geldpolitik für genügend Liquidität sorgt und durch die Finanzpolitik für eine geringe Staatverschuldung sorgt, um die Kapitalmärkte nicht zu belasten und ein niedriges Zinsniveau zu ermöglichen. Des Weiteren sollte die Lohnpolitik grundsätzlich produktivitätsorientiert und flexibel sein und die Steuerpolitik sollte für eine Entlastung der Bürger sorgen. Der amerikanische Ökonom Laffer konnte über die Laffer-Kurve nachweisen, dass bei zu hohen Steuersätzen die Steuereinnahmen des Staates sinken, da die Steuerwiderstände der Bürger sehr stark ansteigen.

4.2. Nachfrageorientierte Konjunkturpolitik

Der Nationalökonom John Maynard Keynes forderte dagegen eine aktive antizyklische Fiskalpolitik. Nach empirischen Untersuchungen setzte er sich für eine nachfrageorientierte Konjunkturpolitik des Staates ein. Der Staat soll sich in rezessiven Phasen verschulden (deficit-spending) um die Güternachfrage der Bürger zu fördern und um selbst als Nachfrager aufzutreten.

In Aufschwung- und Boomphasen muss dieses Staatdefizit dann zurückgeführt werden. Des Weiteren sollte in Boomphasen eine Konjunkturausgleichsrücklage gebildet werden.

Dies kann der Staat durch die Gestaltung der Steuerpolitik und der Abschreibungsbedingungen, durch Förderung von Investitionen und die Vergabe von Staatsaufträgen erreichen.

Probleme der nachfrageorientierten Konjunkturpolitik stellen allerdings die Verdrängungseffekte bei privaten Investitionen (crowding-outs) dar.

4.3. Konjunktursteuerung der Zentralbank

Die EZB ist nach dem Maastricher Vertrag primär auf das wirtschaftpolitische Ziel der Preisniveaustabilität festgelegt. Dennoch kann und soll sie auch die konjunkturpolitischen Bemühungen der Regierungen unterstützen, wenn dabei keine Gefahr einer Inflation oder Deflation besteht.

Die EZB bietet den Geschäftsbanken niedrige Refinanzierungszinssätze an. Dadurch können die Geschäftsbanken ihren Kunden wiederum günstige Kreditkonditionen anbieten. Eine Nachfragesteigerung auf dem Gütermarkt und damit eine Konjunkturbelebung entsteht, wenn die Kunden der Banken vermehrt Kredite nachfragen und mit dem Geld konsumieren und investieren.

Die konjunkturelle Wirkung kann aber nur eintreten, wenn die Wirtschaftssubjekte genügend Vertrauen in ihre wirtschaftliche Zukunft haben und Kredite aufnehmen.

Die Gefahr einer Stagflation ist dann gegeben, wenn die Güternachfrage trotz niedriger Zinsen nicht zunimmt. In diesem Fall stagniert das Wirtschafswachstum bei steigenden Preisen.

5. Aktuelle praktische Maßnahmen der Konjunkturpolitik

Die Konjunkturpakete I und II, die von der Bundesregierung beschlossen wurden, die Wiedereinführung der steuerlich anerkannten degressiven Abschreibung in Höhe von 25 % sowie die Zahlung einer „Umweltprämie“ für zu verschrottende Altwagen bei Kauf eines Neuwagens stellen aktuelle staatliche Maßnahmen zur Schaffung privater Investitionsanreize dar.

Eine steuerpolitische Maßnahme zur Konjunktursteuerung ist die ein- oder zweijährige KfZ-Steuerbefreiung bei der Zulassung von Neuwagen.

6. Schluss

Zum Schluss werden die Probleme und Grenzen der staatlichen Konjunkturpolitik dargestellt.

Eine Erhöhung der staatlichen Ausgabenpolitik führt zu Erhöhungen der Güternachfrage und der Geldmenge. Diese Erhöhungen können das wirtschaftspolitische Ziel der Preisniveaustabilität gefährden.

Das Hauptproblem der staatlichen Konjunkturpolitik liegt in der Erhöhung der Staatsverschuldung. Die Verschuldung der öffentlichen Haushalte schränkt die Handlungsfähigkeit zukünftiger Generationen und des Staates allgemein erheblich ein.

Bei ansteigender Konjunktur nach einer staatlichen Konjunkturpolitik müssen die Erleichterungen wieder zurückgenommen werden. Dies ist politisch schwer durchsetzbar.

Danke für Ihre Aufmerksamkeit.

10.4 Geldpolitik der europäischen Zentralbank

1. Einleitung

Sehr geehrte Damen und Herren, das Thema meines Vortrages lautet „Die Geldpolitik der europäischen Zentralbank". Die Geldpolitik der europäischen Zentralbank hat für die marktwirtschaftliche Ordnung eine große Bedeutung.

Wenn die Geldversorgung nicht funktioniert und Liquiditätsengpässe folgen, dann treten in einer Volkswirtschaft existenzielle Probleme auf. Dies wurde insbesondere durch die Wirtschafts- und Finanzkrise der letzten Jahre deutlich.

Die europäische Zentralbank mit ihrem Sitz in Frankfurt steht an der Spitze des Bankensystems im Euroraum. Sie ist die Bank, bei der sich die einzelnen Geschäftsbanken refinanzieren und sich die notwendigen Mittel zur Kreditgewährung für ihre Kunden besorgen.

Im folgenden Vortrag sollen in Punkt 2 zunächst die Ziele der Geldpolitik der EZB und die Messung der Zielerreichung beschrieben werden. Anschließend wird in Punkt 3 das Instrumentarium zur Zielerreichung vorgestellt. Im 4. Gliederungspunkt wird dann die Bedeutung der Deutschen Bundesbank im Rahmen des Systems der europäischen Zentralbanken und damit die Durchsetzung der Geldpolitik beschrieben. Zum Schluss folgen im Gliederungspunkt 5 eine Zusammenfassung und eine Abgrenzung zur Geldpolitik in den USA.

2. Allgemeines

Zunächst sollen die Ziele der EZB und deren Messung beschrieben werden.

2.1. Geldpolitische Ziele und Geldmengenbegriff

Die Satzung des ESZB legt als klares Primärziel der europäischen Zentralbank die Preisstabilität fest. Das ESZB unterstützt darüber hinaus die allgemeine Wirtschaftspolitik in der EU, um beispielsweise Wirtschaftswachstum und einen hohen Beschäftigungsstand zu erreichen. Das Ziel der Geldpolitik der EZB muss also immer an der Verhinderung einer Inflation oder Deflation ausgerichtet sein. Zur Zielerreichung definiert die Zentralbank ein Wachstum des harmonisierten Verbraucherpreisindexes HVPI im Euro-Raum, das unter, aber nahe bei zwei Prozent liegt. Um dieses Ziel umzusetzen, muss die EZB unabhängig von den Regierungen der Mitgliedstaaten sein. Dies ist eine schwierige Aufgabe, denn bei schwacher Konjunktur tendieren Regierungen dazu, auf Kosten von Preissteigerungen, eine expansive Geldpolitik zu fordern.

Zur Erreichung der angestrebten Inflation von unter zwei Prozent beobachtet die EZB die Geldmenge M3. Die Geldmenge M3 setzt sich zusammen aus dem Bargeldumlauf und den Sichteinlagen der Nichtbanken, was zusammen als Geldmenge M1 bezeichnet wird. Dazu kommen die Einlagen mit vereinbarter Laufzeit bis zu zwei Jahren und Einlagen mit einer Kündigungsfrist bis zu drei Monaten, was als Geldmenge M2 bezeichnet wird. Die Geldmenge M2 wird darüber hinaus um Anteile an Geldmarktfonds, Geldmarktpapieren und Bankschuldverschreibungen mit einer Laufzeit bis zu zwei Jahren erweitert. Die Summe dieser Größen wird dann M3 genannt.

Abbildung 26: Geldmengenkonzepte[141]

Symbol	Eingeschlossene Vermögensobjekte
C	Bargeldumlauf
M1	Bargeldumlauf + Täglich fällige Einlagen
M2	M1 + Einlagen mit vereinbarter Laufzeit von bis zu zwei Jahren + Einlagen mit vereinbarter Kündigungsfrist von bis zu drei Monaten
M3	M2 + Repogeschäfte + Geldmarktfondsanteile und Geldmarktpapiere + Schuldverschreibungen

[141] Vgl. Monatsberichte der Europäische Zentralbank.

2.2. Zwei Säulen Strategie

Bei der Geldpolitik stützt sich die EZB auf zwei Säulen. In der ersten Säule erfolgt eine wirtschaftliche Analyse mit einer Beobachtung der Inflationsentwicklung. Dazu werden gesamtwirtschaftliche Größen, wie z.B. Löhne und Gehälter, die Wechselkurse, das Bruttoinlandsprodukt oder die langfristigen Zinssätze analysiert, welche die Inflationsentwicklung beeinflussen.

Bei der zweiten Säule erfolgt eine monetäre Analyse, die einen Referenzwert für die Entwicklung der Geldmenge M3 abbildet. Durch die Beobachtung dieser Entwicklung werden frühzeitig Inflationssignale erkannt.

Wenn eine schwache Konjunktur gegeben ist, dann wird die EZB eine expansive Geldpolitik anstreben. Im Falle einer Inflationsgefahr, wird die EZB dagegen eine kontraktive Geldpolitik betreiben.

3. Geldpolitische Instrumente

Unter Gliederungspunkt drei werden die geldpolitischen Instrumente für eine expansive und kontraktive Geldpolitik dargestellt.[142]

3.1. Offenmarktpolitik

Das wichtigste Instrument der Geldpolitik ist die Offenmarktpolitik. Unter Offenmarktpolitik versteht man dabei den An- und Verkauf von Wertpapieren gegen Zentralbankgeld durch die Zentralbank.

Bei Offenmarktgeschäften erhalten die Geschäftsbanken im Rahmen eines Auktionsverfahrens Zentralbankgeld von der EZB gegen Zinszahlungen. Das Zentralbankgeld wird den Instituten in einem so genannten Tenderverfahren zugeteilt.

Zur Orientierung legt die EZB einen Mindestbietungssatz fest, der Leitzins oder Hauptrefinanzierungssatz genannt wird. Die Angebote haben eine Laufzeit von einer Woche.

Die Vergabe kann als Mengen- oder als Zinstender erfolgen. Die EZB legt beim Mengentender den Zinssatz absolut fest und die Geschäftsbanken können lediglich die gewünschte Geldmenge angeben. Die Zuteilung erfolgt quotal, da die Tender regelmäßig überzeichnet sind.

Die Geschäftsbanken haben beim Zinstender dagegen die Möglichkeit neben der gewünschten Zentralbankgeldmenge auch einen Zinssatz anzugeben, den Sie zu zahlen bereit sind. Bei der quotenmäßigen Zuteilung kommen dann die Bieter mit höheren Zinssätzen zuerst zum Zug.

---

[142] Vgl. Baßeler/Heinrich/Utecht (2010), S. 556 ff.

Weitere Offenmarktgeschäfte sind die längerfristigen Refinanzierungsgeschäfte, die auch Wertpapierpensionsgeschäfte genannt werden. Die Geschäftsbanken erhalten dabei von der EZB gegen die Hinterlegung von Wertpapieren Zentralbankgeld. Bei den Feinsteuerungsoperationen kann die EZB Schnelltender vergeben oder Termineinlagen von Banken annehmen.

3.2. Ständige Fazilitäten

Zur Sicherung der Preisniveaustabilität steht der Europäischen Zentralbank auch die Politik der ständigen Fazilitäten zur Verfügung. Ständige Fazilitäten sollen den Geschäftsbanken entweder die Möglichkeit geben, einen Liquiditätsbedarf gegen Zinszahlung über die Spitzenrefinanzierungsfazilität bis zum nachfolgenden Geschäftstag zu decken, oder über die Einlagefazilität einen Liquiditätsüberschuss anzulegen. Die ständigen Fazilitäten bestehen aus der Spitzenrefinanzierungsfazilität und der Einlagefazilität. Bei dieser Möglichkeit sind unattraktive Zinssätze gegeben. Der Zinssatz für die Spitzenrefinanzierungsfazilität stellt einen Höchst- und der Zinssatz für die Einlagefazilität einen Mindestsatz für Tagesgeld auf dem Geldmarkt dar. Die Spanne zwischen den beiden Zinssätzen wird als Zinskorridor bezeichnet. In der Mitte dieser Spanne liegt im Allgemeinen der Hauptrefinanzierungssatz.

Die EZB wird somit die Zinssätze für die genannten Geschäfte senken, wenn sie eine expansive Geldpolitik betreiben und Konjunktur fördernd wirken möchte. Die EZB wird dagegen die Zinssätze anheben, wenn die Inflation bekämpft werden soll.

3.3. Mindestreservepolitik

Die Geschäftsbanken sind verpflichtet, ein bestimmtes Guthaben bei der EZB zu unterhalten. Dieses Konto wird Mindestreserve genannt. Die Höhe der Mindestreserve einer Bank entspricht dem Prozentsatz der Verbindlichkeiten, welche das Kreditinstitut gegenüber ihren Kunden auf Konten hat.

Die Mindestreserve dient dazu, die Geldmarktzinsen zu stabilisieren, eine strukturelle Liquiditätsknappheit herbeizuführen und möglicherweise die Geldmengensteuerung zu erleichtern. Die Mindestreserve wird marktgerecht verzinst.

Die EZB kann durch Erhöhung oder Senkung des Mindestreservesatzes somit eine kontraktive beziehungsweise expansive Geldpolitik betreiben.

3.4. Devisenmarktinterventionen

Die EZB kann Devisenmarktinterventionen vornehmen, wenn sie der Meinung ist, dass Wechselkursfehlbewertungen am Markt vorhanden sind, welche die Inflationsziele oder andere angestrebte wirtschaftpolitische Ziele negativ beeinflussen.

Beispiele für Devisenmarktinterventionen sind der Ankauf von Euro gegen Dollar, um den Eurokurs zu stützen, oder der Verkauf von Dollar, um für ein Sinken des Eurokurses zu sorgen. Im Allgemeinen handelt sich dabei um konzertierte Aktionen an denen auch andere Zentralbanken teilnehmen, denn ein abgestimmtes Verhalten sorgt für eine bessere Wirkung am Devisenmarkt.

4. Die Bundesbank im System des ESZB

Die Deutsche Bundesbank ist die Zentralbank der Bundesrepublik Deutschland. Damit ist sie ein integraler Bestandteil des Europäischen Systems der Zentralbanken. Sie führt als nationale Zentralbank die gemeinsame Geldpolitik des Europäischen Systems der Zentralbanken in Deutschland durch und greift hierzu auf die genannten geldpolitischen Instrumente zurück.

5. Schluss

Die einheitliche Geldpolitik der EZB bezüglich ihres Ziels der Preisniveaustabilität war bisher sehr erfolgreich, denn die Inflationsrate lag so gut wie immer im vorgegebenen Zielbereich.

Im Vergleich zur amerikanische Zentralbank, dem Federal Reserve System oder kurz Fed, hat die EZB andere Aufgaben. Das Hauptziel der EZB liegt in der Preisniveaustabilisierung. Die Fed hat dagegen mehrere gleichberechtigte Ziele nebeneinander. Diese wären die Preisstabilität, das Wirtschaftwachstum und der hohe Beschäftigungsstand. Zudem trägt der Kongress die Verantwortung für die Geldpolitik und kann die Fed jederzeit steuern. Im Gegensatz zur EZB besteht eine Unabhängigkeit im Sinne der EZB-Satzung bei der Fed nicht. Diese Tatsachen erklären sicherlich, warum die Geldpolitik in den USA oftmals sehr kurzfristig ausgerichtet ist und Zinserhöhungen nur sehr zaghaft erfolgen.

Danke für Ihre Aufmerksamkeit.

10.5 Aktuelle Wirtschafts- und Finanzkrise

1. Einleitung

Sehr geehrte Damen und Herren. Das Thema meines Vortrages lautet „Aktuelle Wirtschafts- und Finanzkrise". Die Zunahme der internationalen Kapitalströme und der sich sowohl geografisch als auch horizontal immer weiter ausbreitende Anlagehorizont für Investoren führte in der Literatur bereits zu zahlreichen Analysen und Veröffentlichungen, die sich der Funktionsweise, der Struktur und der Integration der verschiedenen Finanzmärkte sowie der damit verbundenen Chancen und Risiken gewidmet haben.[143] Als Wirtschafts- und Finanzkrise wird die Phase einer deutlich negativen Entwicklung des Wirtschaftswachstums einer Volkswirtschaft bezeichnet. Dabei kann die Wirtschaftskrise eine einzelne Volkswirtschaft, mehrere Volkswirtschaften oder die gesamte Weltwirtschaft betreffen.

Eine Volkswirtschaft steht niemals still und unterliegt ständigen Veränderungen. Sie ist gekennzeichnet durch einen Trend, d.h. durch eine langfristig anhaltende Zunahme des realen Inlandsproduktes und des gesamtwirtschaftlichen Produktionspotentials, sowie durch konjunkturelle Schwankungen, d.h. Veränderungen des Inlandsproduktes, die eine gewisse Regelmäßigkeit aufweisen. Das Grundmuster des Konjunkturverlaufes weist eine Krise (Depression), einen Aufschwung (Expansion), eine Hochkonjunktur (Boom) sowie einen Abschwung (Rezession) auf.[144]

Wenn eine Volkswirtschaft nicht wächst und somit der volkswirtschaftliche Output zwischen zwei Zeitpunkten stagniert, spricht man auch von einer Stagnation. Die Rezession bezeichnet dagegen den beginnenden und sich allmählich verstärkenden Rückgang der wirtschaftlichen Aktivität. Dabei sinken Nachfrage, Produktion, Investition, Gewinne und Beschäftigung.

Als Depression bezeichnet man eine lang andauernde Rezession. Die Depression ist durch starke Arbeitslosigkeit und geringe Kapazitätsauslastung gekennzeichnet. Darüber hinaus ist das Vertrauen in die wirtschaftliche Entwicklung und die Bereitschaft, Investitionen zu tätigen, gering.

Ich werde zunächst in Punkt 2 auf die Theorien zur Entstehung von Wirtschaftskrisen eingehen. Anschließend werde ich im 3. Gliederungspunkt die Inflationskrisen darstellen. Inflationen entstehen durch eine schnelle Ausweitung der Geldmenge. Im 4. Punkt erfolgt eine Beschreibung der Finanzmarktkrisen. Finanzmarktkrisen sind durch einen Rückgang der Vermögenswerte und die Zahlungsunfähigkeit zahlreicher Unternehmen der Finanzwirtschaft und anderer Branchen gekennzeichnet. Anschließend werde ich im 5. Gliederungspunkt die Finanz- und Wirtschaftskrise ab 2007 darstellen. Zum Schluss erfolgt in Punkt 6 eine Beschreibung der Folgen von Wirtschaftskrisen.

2. Theorien zur Entstehung von Wirtschaftskrisen

Theorien zur Entstehung von Wirtschaftskrisen lassen sich in exogene und endogene Theorien unterteilen. Exogene Theorien führen Krisen auf äußere Ursachen zurück. Dagegen sehen endogene Theorien die Ursache von Krisen in der Wirtschaft selbst.

143 Vgl. Vgl. u.a. Jandura (2000), Füss (2004) und Herrmann (2005).
144 Vgl. Baßeler/Heinrich/Utecht (2010), S. 883.

2.1. Exogene Theorien

Bei exogenen Theorien bzw. monetaristisch-neoklassisch orientierten Theorien wird von einer grundsätzlichen Stabilität eines marktwirtschaftlichen Systems ausgegangen. Wirtschaftskrisen resultieren somit aus exogenen Schocks oder aus einer verfehlten Wirtschaftspolitik.

Die Ursachen der amerikanischen Finanz- und Wirtschaftskrise ab 2007 wird von liberalen Ökonomen wie z.B. Michael Wohlgemuth, vor allem durch staatliche Interventionen begründet. Die staatlichen Interventionen waren der geldpolitische Expansionismus, der eine hohe Liquidität verursachte, der politische Dirigismus, der Allokationen in sozialpolitisch gewünschte Bahnen lenkt und die rechtspolitische Einladung zum Moral Hazard durch erleichterte oder ungeklärte Haftungsbedingungen.

2.2. Endogene Theorien

Bei endogenen Theorien werden die Ursachen von Krisen in der Wirtschaft selbst gesehen. Prominente Vertreter von endogenen Theorien sind Marx, Hobson und Keynes.

Bei der Arbeitswerttheorie von Karl Marx wird die Verteilung des Reichtums einer Nation sowie die Entwicklung auf lange Sicht durch den Akkumulationsprozess des Kapitals erklärt. Marxens „Methode des Aufsteigens vom Abstrakten zum Konkreten" impliziert, dass die Gesellschaftsformation des Kapitalismus als eine Totalität, d.h. ein dialektisch gegliedertes Ganzes, betrachtet wird, das in abstrakte Momente analytisch zerlegt, hernach wieder in zunehmend konkreten Schritten der Realität angenähert wird. Die Marxsche Theorie liefert somit lediglich Modelle, die durch historische Analyse eines jeden Krisenzyklus empirisch konkretisiert werden müssen.

Bei der Unterkonsumtionstheorie von Hobson werden Wachstumskrisen durch eine geringe volkswirtschaftliche Nachfrage ausgelöst. Die niedrige Nachfrage kann aus einem starken Rückgang der Kaufbereitschaft der Konsumenten resultieren. Die Kaufbereitschaft der Konsumenten hängt vom Vertrauen der Konsumenten in die zukünftige wirtschaftliche Entwicklung ab. Das Vertrauen kann z.B. durch schlechte Wachstumsaussichten, Unsicherheit des eigenen Arbeitsplatzes, große Naturkatastrophen, Rohstoffverknappungen, Kriegsgefahr oder Terroranschläge beeinträchtigt werden.

John Maynard Keynes hat bereits zur Beendung der Weltwirtschaftskrise 1929 eine Theorie entwickelt, wie die fehlende Nachfrage durch staatliches Eingreifen ausgeglichen werden kann. Durch die hohen Wachstumsraten, die Vollbeschäftigung und die niedrigen Inflationsraten sah sich die keynesianisch geprägte Wirtschaftspolitik der Bundesrepublik von 1966 bis Ende der 70er Jahre bestätigt und glaubte optimistisch an Möglichkeiten, gesamtwirtschaftliche Abläufe zu steuern. Die Krise der 70er Jahre mit dem bisher recht seltenen Phänomen der Stagflation kann auf die Vollbeschäftigungspolitik zurückgeführt werden.

3. Inflationskrisen

Inflationen entstehen durch eine schnelle Ausweitung der Geldmenge. Bei einer extrem hohen Inflation spricht man von einer Hyperinflation. Sie entsteht, wenn der Staat durch eine extrem expansive Geldpolitik Ausgaben zu finanzieren versucht, die die Wirtschaftskraft einer Volkswirtschaft weit übersteigen.

Wenn eine Stagnation des Wirtschaftswachstums bzw. eine Rezession mit einer anhaltenden und hohen Inflation auftritt, so spricht man von einer Stagflation.

Zu einer Inflationskrise kann es auch durch exogene Schocks kommen. Dies ist dann der Fall, wenn die Preise für Vorprodukte wie z.B. für Rohstoffpreise steigen und daraus ein Inflationsdruck sowie ein Nachfragerückgang resultiert.

Ein dauerhafter Rückgang der Preise wird dagegen als Deflation bezeichnet und kann zu Wirtschaftskrisen führen. Die Reduzierung der Geldmenge in den USA um 30 % zwischen den Jahren 1929 und 1933 wird von den Monetaristen als Hauptursache der Weltwirtschaftskrise angesehen.

4. Finanzmarktkrisen

Finanzkrisen sind durch einen Rückgang der Vermögenswerte und die Zahlungsunfähigkeit zahlreicher Unternehmen der Finanzwirtschaft und anderer Branchen gekennzeichnet. Eine Finanzkrise beeinträchtigt die ökonomische Aktivität im betroffenen Land. Finanzkrisen werden ausgelöst durch die Unsicherheit seitens der Anleger über die Vorteilhaftigkeit der Anlage in einem Land. Die Unsicherheit eines Landes kann durch eine hohe Volatilität der Aktienmärkte quantifiziert werden.[145] Finanzkrisen sind auch gekennzeichnet durch Ineffizienzen an den Finanzmärkten.[146] Je kürzer die durchschnittliche Frist des in einem Land angelegten Kapitals ist, umso größer ist die Gefahr einer Finanzkrise. Begünstigt werden Finanzkrisen durch unsichere konjunkturelle Aussichten und durch politische Unsicherheiten.

Wenn die Finanzkrise durch den Zusammenbruch des Bankensystems ausgelöst wurde, spricht man auch von einer Bankenkrise. Im Falle von Bankenkrisen sind dies in der Regel ein schlecht funktionierendes Bankensystem, eine unzureichende Bankenaufsicht oder die schlechte gesamtwirtschaftliche Lage, die dazu führt, dass die Banken eine große Zahl an Forderungen abschreiben müssen und so in eine finanzielle Schieflage geraten.

---

145 Zur Quantifizierung der Volatilität bei Aktienmärkten vgl. Herrmann (2005), S. 155 ff.

146 Die Effizienz an den Finanzmärkten lässt sich mit Hilfe von Korrelations- und Kointegrationsanalysen nachweisen. Vgl. Füss/Herrmann (2005), S. 29 ff.

5. Finanz- und Wirtschaftskrise ab 2007

Die Finanz- und Wirtschaftskrise ab 2007 ist eine Krise, die im Frühsommer 2007 mit der US-Immobilienkrise bzw. der Subprimekrise begann. Aus dieser Krise resultierten zahlreiche Unternehmensinsolvenzen der Finanzbranche und seit Ende 2008 ist auch die Realwirtschaft betroffen.

Die Krise wurde durch stark fallende Immobilienpreise in den USA ausgelöst. Gleichzeitig konnten immer mehr Kreditnehmer ihre Kreditraten nicht mehr bezahlen. Die Gründe für die Zahlungsschwierigkeiten lagen in den stark gestiegenen Zinsen und in dem fehlenden Einkommen. Da über einen Weiterverkauf der Kredite (Verbriefung) die Kredite in aller Welt verstreut waren, weitete sich die Krise international aus.

Seit Ende 2008 sind weite Teile der Weltwirtschaft von der Krise betroffen. Die Wirtschaft schrumpfte unter anderem in Deutschland, Frankreich und den USA. In den Vereinigten Staaten wird der anhaltend stärkste Wirtschaftsrückgang seit dem Ende des Zweiten Weltkriegs gemeldet. Gravierend sind auch die Auswirkungen in der Türkei sowie in Japan, Südkorea und Italien. Viele Schwellenländer wie China, Russland, Indien und Brasilien verzeichneten eine Verringerung ihrer Wachstumsrate.

6. Folgen von Wirtschaftskrisen

In jeder Krise gibt es Gewinner und Verlierer. Denn es kommt durch den Krisenablauf zu einer Umverteilung von Einkommen und Vermögen.

Durch außergewöhnlich hohe Bilanzverluste und die Zunahme von Konkursen verändert sich die Unternehmensdemografie stark, insbesondere im sogenannten „Mittelstand". Doch aus Sicht einiger Kapitaleigner oder im Hinblick auf eine wettbewerbsfähigere Unternehmenslandschaft werden Wirtschaftskrisen nicht immer nur negativ bewertet. In der Politik kann eine wirtschaftliche Krise unter günstigen Umständen den notwendigen Reformdruck erzeugen, um die die Krise verursachenden bzw. verstärkenden strukturellen Probleme zu lösen.

Insbesondere ärmere Bevölkerungsschichten sind gesamtheitlich die Verlierer und tragen am schwersten unter den wirtschaftlichen Folgen der Krise. Der dramatische und anhaltende Anstieg der Arbeitslosigkeit bedeutet für viele Dauerarbeitslosigkeit und einen sozialen Abstieg. Er führt bei vielen zu gesundheitlichen Schäden wie Depression bei verringerter Möglichkeit, medizinische Betreuung in Anspruch nehmen zu können. Die Krise erhöht auch die wirtschaftliche und soziale Unsicherheit. Ein OECD-Bericht vom April 2009 sieht den Anteil der informellen Arbeit derzeit auf einem Rekordstand auf über der Hälfte der weltweit Erwerbstätigen und schätzt, dass er bis 2020 auf 2/3 ansteigen wird.

Für welchen politischen Ausweg sich die Regierung eines jeweiligen Staates entscheidet, hängt ab vom Zusammenwirken dieser fünf Punkte:

- die wirtschaftliche Position der maßgeblichen gesellschaftlichen Kräfte und das politische Gewicht ihrer Vertretungsorgane (Gewerkschaften, Arbeitgeberverbände),
- die Fähigkeit der politischen Akteure, Koalitionen zwischen Parteien, Gruppen und Vereinigungen zu bilden,
- die Bereitschaft und das Vermögen des Staats, in die Tätigkeit der Unternehmen einzugreifen,
- die (mehr oder weniger liberalen) Traditionen des Staates und
- die Position des jeweiligen Staates innerhalb des geopolitischen Machtgefüges.

Negative Folge einer Wirtschaftskrise ist häufig die Zunahme der sozialen Spannungen. Manche Wirtschaftskrisen haben zu Bürgerkriegen und anderen kriegerischen Konflikten geführt, indem Konfliktpotenziale erhöht oder schon bestehende Konflikte verschärft wurden.

Ich bedanke mich für Ihre Aufmerksamkeit.

11 Finanzwissenschaft

11.1 Begründung staatlicher Finanzwirtschaft

1. Einleitung

Sehr geehrte Damen und Herren. Das Thema meines Vortrages lautet „Begründung staatlicher Finanzwirtschaft". Gemäß der Überzeugung von der prinzipiellen Optimalität der Marktwirtschaft wird dem Staat im Bereich der Wirtschaft nur die Aufgabe einer Korrektur marktwirtschaftlicher Ergebnisse übertragen, die Korrektur des Marktversagens, insbesondere die Bereitstellung öffentlicher Güter und die Vermeidung externer Effekte, der Ungleichheit der Einkommens- und Vermögensverteilung und der Schwankungen der wirtschaftlichen Aktivitäten.

Daher wird staatliches Handeln oft den Bereichen:

- der Allokation (vor allem Bereitstellung öffentlicher Güter),
- der Distribution (Umverteilung von Einkommen und Vermögen) und
- der Stabilisierung (vor allem von Konjunktur und Wachstum)

zugeordnet. Diese drei Bereiche werden im Folgenden beschrieben.

2. Staatliche Allokationspolitik

Im Bereich staatlicher Allokationspolitik soll der Staat Güter bereitstellen, die der Markt nicht oder nicht in ausreichendem Umfang bereitstellt, obwohl die Bürger als Individuen diese Güter begehren und im Prinzip auch bereit wären, für diese Güter zu zahlen. Dies sind die so genannten öffentlichen Güter. Ein wichtiger Bereich ist die innere und äußere Sicherheit, also Polizei, Justiz und Landesverteidigung oder der Verkehr und die Infrastruktur.

Des Weiteren übernimmt der Staat die Bereitstellung solcher Güter, deren Konsum oder auch Nicht-Konsum gesellschaftspolitisch begründet wird. Man spricht von meritorischen bzw. demeritorischen Gütern. Sofern ein Mehrkonsum erreicht werden soll, wie z.B. bei Bildung und Ausbildung, spricht man von meritorischen Gütern. Wenn der Konsum reduziert werden soll, wie z. B. bei Alkohol und Rauschgift, spricht man von demeritorischen Gütern. Das Grundproblem eines solchen Konzeptes ist die

Schwierigkeit, eine allgemein akzeptierte Basis für solche Werturteile zu finden, die sich über die offenbarten Präferenzen der Bürger hinwegsetzt.

Die klassische Begründung für Eingriffe in die Konsumentensouveränität ist die mögliche Existenz so genannter verzerrter Präferenzen aufgrund unvollkommener Information und/oder Irrationalität bzw. Willensschwäche.

Das klassische Beispiel ist die Behauptung der systematischen Unterschätzung künftiger Bedürfnisse und künftiger Kosten (die mangelnde Weitsicht). Im Fall der systematischen Unterschätzung der Zukunft entsteht mithin eine verzerrte Wahrnehmung in der Abwägung von Kosten und Nutzen einer Aktivität. Bei meritorischen Gütern gilt: Die gegenwärtigen Kosten und Unannehmlichkeiten sind hoch, bekannt und sofort spürbar, während der zukünftige Nutzen relativ unbekannt ist und erst in der Zukunft anfällt. Dies gilt für den Erwerb von Humankapital durch Bildung, Aus- und Weiterbildung und für den Erwerb von Gesundheit durch Sport und eine gesunde Lebensweise. Die Meritorik begründet z.B. die Schulpflicht und die Pflicht der Bürger, sich gegen die Risiken von Alter und Krankheit zu versichern. Es müssen aber keine staatlichen Schulen oder staatlichen Versicherungen sein.

Bei demeritorischen Gütern gilt: Der Nutzen aus ihrem Konsum ist bekannt, fällt in der Gegenwart an und ist relativ hoch, während die Kosten relativ unbekannt sind und erst in der Zukunft anfallen. Dies gilt für die klassischen Suchtmittel wie Alkohol, Rauschgift und Tabak, die meist verboten oder hoch besteuert sind.

Eine weitere Begründung für staatliche Allokationspolitik liefert die Existenz externer Effekte, also Wirkungen, die von Aktivitäten ausgehen, ohne dass die Verursacher dafür bezahlen müssen oder dafür bezahlt werden.

Das klassische Beispiel sind Umweltschäden, die bei einer Produktion anfallen oder Umweltleistungen, die z.B. die Forstwirtschaft erbringt. Hier greift der Staat regulierend ein. Wichtige positive externe Effekte liefern z.B. auch das Wissen oder die Forschungsleistung einer Gesellschaft. Daher und wegen ihrer Meritorik wird Wissenschaft und Forschung überwiegend staatlich finanziert.

In vielen Fällen kommen mehrere Begründungen staatlicher Allokationspolitik zusammen. Ein klassisches Beispiel ist der Impfschutz. Zum einen erscheint es gerechtfertigt, die Bürger zu ihrem „Glück zu zwingen", sie also meritorisch zu zwingen, sich gegen Krankheiten impfen zu lassen, zum anderen, und dies ist in diesem Fall sicher wichtiger, steigt mit der Zahl der Geimpften auch der gesellschaftliche Nutzen, weil die Wahrscheinlichkeit von Epidemien verringert wird. Es entsteht ein positiver externer Effekt, der den staatlichen Impfzwang und auch seine subventionierte Durchführung legitimiert.

Und schließlich muss dafür Sorge getragen werden, dass in den Fällen gravierender Transparenzmängel, wie bei Arzneimitteln oder generell bei medizinischen Leistungen, entweder Transparenz hergestellt oder die Qualität der Produkte überwacht wird. Daher gibt es ein Bundesaufsichtsamt für das Gesundheitswesen oder einen technischen Überwachungsverein (TÜV) und unzählige andere Ämter, z.B. im Bereich der Lebensmittelüberwachung oder der Funktionsfähigkeit von Kinderspielzeug.

Weil die Ökonomie aber von der prinzipiellen Optimalität des Marktes überzeugt ist, gilt in all diesen Feldern staatlicher Allokationspolitik der Grundsatz, so wenig staatliches Handeln wie möglich zuzulassen.

In vielen Fällen sorgt der Markt schon für eine Lösung, etwa durch die Einrichtung der „Stiftung Warentest“ oder generell dadurch, dass der Markenname eines Herstellers glaubwürdig Qualität verspricht. Und meist reicht eine kollektiv organisierte Finanzierung einer Aktivität, sie muss nicht durch „Beamte“ ausgeführt werden. Professoren müssen nicht Beamte sein, genauso wenig wie Lehrer. Und generell muss beachtet werden, dass nicht nur ein Marktversagen möglich ist, sondern dass immer auch ein Staatsversagen in Rechnung gestellt werden muss

3. Staatliche Distributionspolitik

Staatliche Distributionspolitik ist im Wesentlichen eine Umverteilung von Einkommen und Vermögen und eine Politik der sozialen Sicherung. Eine solche Politik ist notwendig, weil die Grundelemente der kapitalistischen Marktwirtschaft - Privateigentum an Produktionsmitteln und Steuerung durch den Preismechanismus im freien Wettbewerb - zwar grundsätzlich für eine hohe Effizienz der Produktionsweise sorgen, aber nicht zugleich soziale Gerechtigkeit bieten.

Effizienz und Gerechtigkeit stehen vielmehr in einem unaufgelösten Spannungsverhältnis. Hier muss ein staatlich organisierter Kompromiss gefunden werden, ein Kompromiss, der auf der einen Seite die Anreiz- und Lenkungsfunktion des Marktes nicht verschüttet, auf der anderen Seite aber auch den armen Gruppen der Bevölkerung die Möglichkeit zur Teilhabe an der Produktion der Gesellschaft bietet. Diesen Kompromiss zu finden, ist die wohl schwierigste Aufgabe der Wirtschaftspolitik.

4. Staatliche Stabilisierungspolitik

Staatliche Stabilisierungspolitik wird meist damit begründet, dass eine Marktwirtschaft nicht automatisch zu Vollbeschäftigung, Preisstabilität und angemessenem Wirtschaftswachstum führt, sondern dass der Staat hier korrigierend eingreifen kann bzw. muss. Diese Positionen sind strittig. Unstrittig ist nur, dass der Staat, vertreten durch eine unabhängige Zentralbank, für Preisstabilität zu sorgen hat.

Inwieweit es notwendig, möglich und sinnvoll ist, durch eine stabilisierende Fiskalpolitik Konjunkturschwankungen zu glätten, unterliegt wechselnden Einschätzungen; entsprechende Instrumente sind aber entwickelt worden. Und Wachstumspolitik beschränkt sich in der Regel auf das Setzen geeigneter Anreize sowie auf die staatliche

Schaffung der Infrastruktur und die Förderung von Bildung, Forschung und technischem Wandel.

Diesen im Überblick beschriebenen Zielen im Bereich der Allokation, Distribution und Stabilisierung sollten die Instrumente des Staates, die Staatseinnahmen, die Staatsausgaben und die Gestaltung der Stabilisierungspolitik entsprechen.

Ich bedanke mich für Ihre Aufmerksamkeit.

11.2 Staatseinnahmen

1. Einleitung

Sehr geehrte Damen und Herren. Das Thema meines Vortrages lautet „Staatseinnahmen". Staatliche Einnahmen sind vor allem Steuern und Sozialbeiträge. Daneben aber auch Zölle und Kredite, Gebühren, Zinsen und sonstige Einnahmen wie Münzeinnahmen oder Geldstrafen. Die eindeutig wichtigsten Einnahmen des Staates sind Steuern.

Ich werde zunächst in Punkt 2 die Einnahmen des Staates beschreiben. Anschließend werde ich im 3. Gliederungspunkt die Steuern als wichtigste Einnahmequelle beschreiben. Im 4. Punkt erfolgt eine Beschreibung weiterer Einnahmequellen des Staates, die eine größere Bedeutung haben.

2. Einnahmen des Staates

Im Jahr 2009 machte sich die Wirtschafts- und Finanzkrise in den Haushalten von Bund, Ländern, Gemeinden deutlich bemerkbar.

Die Einnahmen sind erstmals seit 2004 wieder deutlich gesunken. Im Jahr 2009 hatte der Staat insgesamt Einnahmen in Höhe von 1 067,7 Mrd. Euro. Das waren 2,2 % weniger als im Vorjahr.

Das Steueraufkommen, das gut die Hälfte der Gesamteinnahmen ausmacht, sank im Jahr 2009 um 4,5 %. Der Grund lag im Wesentlichen in einem starken Rückgang der Einkommensteuer, die um 6,7 % geringer als im Jahr 2008 ausgefallen ist. Des Weiteren ist das Körperschaftsteueraufkommen im Jahr 2009 um 55,3 % geringer ausgefallen als im Vorjahr. Die Einnahmen aus der nicht veranlagten Einkommensteuer vom Ertrag (Zinsabschlagsteuer und vor allem Steuern auf Dividenden) lagen ebenfalls mit 16,2 % unter dem Aufkommen des Vorjahres. Vergleichsweise stabil blieben hingegen noch die Einnahmen aus der Lohnsteuer (– 2,3 %) und der veranlagten Einkommensteuer (+ 2,4 %).

Einen weiteren starken Rückgang gab es bei der Gewerbesteuer, die gegenüber dem Vorjahr um 18,1 % zurückgegangen ist.

Dagegen hat sich die Umsatzsteuer mit + 1,2 % bedingt durch die hohe Nachfrage nach Neuwagen aufgrund der gewährten Umweltprämie gegenüber dem Vorjahr erhöht.

Höhere Einnahmen als im Vorjahr konnte der Staat aus Verkäufen (+ 3,3 %) und aus Vermögenseinkommen (+ 3,0 %) erzielen, zu denen Zinseinnahmen, der abgeführte Gewinn der Deutschen Bundesbank sowie sonstige Ausschüttungen und Pachten zählen.

Abbildung 27: Staatseinnahmen

Staatseinnahmen	2007	2008	2009	Veränderung 2009 gegenüber 2008
	in Mrd. €			in %
Verkäufe aus Markt- und Nichtmarktprodukten	46,9	47,6	49,2	3,4
Sonstige Subventionen	0,4	0,4	0,5	25,0
Vermögenseinkommen	18,2	18,3	18,8	2,7
Steuern	576,3	592,6	565,8	-4,5
Sozialbeiträge	399,8	408,1	411,0	0,7
sonstige laufende Transfers	14,0	14,8	13,6	-8,1
Vermögenstransfers	9,7	10,1	8,8	-12,9
Summe der Einnahmen des Staates	**1.065,3**	**1.091,9**	**1.067,7**	**-2,2**

3. Steuern

3.1. Grundsätze der Besteuerung

Steuern sind Zwangseinnahmen des Staates ohne spezielle Gegenleistung. Die Gegenleistung wird den Bürgern vielmehr in allgemeiner Form ohne Zurechnung auf den einzelnen Steuerzahler erbracht.

Hauptzweck der Steuererhebung ist die Erzielung von Einnahmen, die der Staat benötigt, um seine Aufgaben im Bereich der Allokation zu erfüllen. Weitere Ziele sind die Umverteilung von Einkommen und Vermögen, die Beeinflussung regionaler und sektoraler Wirtschaftsstrukturen oder die Stabilisierung von Konjunktur und Wachstum.

Effizienz, Transparenz und Billigkeit der Besteuerung erfordern einfache durchschaubare Steuern, deren Erhebungskosten gering sind. Daher sollten die Steuersätze einfach gestaltet werden, die Bemessungsgrundlagen möglichst breit sein, mit wenigen Ausnahmetatbeständen. Diese Prinzipien können aber mit dem Ziel der Gerechtigkeit kollidieren, weil damit individuelle Lebenslagen nicht berücksichtigt werden.

Das Ziel der Steuerneutralität erfordert, dass die Allokation der Ressourcen möglichst wenig beeinflusst wird. Der Wettbewerb der Marktteilnehmer soll möglichst wenig verzerrt werden. Dies kann durch eine einheitliche Besteuerung aller Unternehmer und aller Produkte erreicht werden.

Des Weiteren sollte die Besteuerung der Stabilisierungs- und Wachstumspolitik dienen und Leistungsanreize schaffen.

Darüber hinaus sollte die Besteuerung eine sozial gerechte Umverteilung von Einkommen und Vermögen zulassen und fördern.

3.2. Wichtige Steuern in der Bundesrepublik Deutschland

In der Volkswirtschaftlichen Gesamtrechnung werden direkte und indirekte Steuern unterschieden. Direkte Steuern, wie z.B. die Einkommensteuer und die Erbschaftsteuer, berücksichtigen die persönliche Leistungsfähigkeit, d.h. die persönlichen Lebensumstände und Vermögensverhältnisse des Steuerzahlers. Bei direkten Steuern trägt derjenige, der die Steuer an das Finanzamt abführt, auch die wirtschaftliche Last der Steuer.

Indirekte Steuern, wie z.B. die Umsatzsteuer und alle speziellen Verbrauchssteuern, berücksichtigen dagegen die persönliche Leistungsfähigkeit des Steuerzahlers nicht. Zugleich wird vermutet, dass sie überwälzt werden, dass also der Steuerzahler nicht die wirtschaftliche Last der Besteuerung trägt. Indirekte Steuern berücksichtigen die persönliche Leistungsfähigkeit nicht. Des Weiteren lassen sich Steuern nach der Stellung im Wirtschaftskreislauf gliedern. Nach der Stellung im Wirtschaftskreislauf lassen sich Steuern unterscheiden, die bei der Einkommensentstehung anfallen, Steuern, die bei der Einkommensverwendung anfallen und Steuern, die auf das Vermögen und den Vermögensverkehr erhoben werden.

Abbildung 28: Wichtige Steuern in Deutschland

Steuern bei der Einkommensentstehung	Steuern bei der Einkommensverwendung	Steuern auf Vermögen[1]
- Einkommensteuer - Körperschaftsteuer - Gewerbesteuer	- Umsatzsteuer - Einfuhrumsatzsteuer - Zölle - Sonstige Verbrauchsteuern	- Grundsteuer - Erbschaft- und Schenkungsteuer

[1] Die Vermögensteuer wird seit dem 1.01.1997 nicht mehr erhoben

Eine Analyse des Steueraufkommens der letzten Jahre zeigt, dass der Aufkommensanteil der Steuern, der bei der Einkommensentstehung anfällt in den letzten Jahren, trotz Umsatzsteuererhöhung zum 1.01.2007 von 16 % auf 19 %, deutlich zugenommen hat.

Insgesamt lag der Steueraufkommensanteil im Jahr 2008 sowohl bei den Steuern, die bei der Einkommensentstehung anfallen, als auch bei den Steuern, die bei der Einkommensverwendung anfallen bei 47 %. Eine zentrale Bedeutung für die Einnahmen der Bundesrepublik Deutschland haben daher Steuern, die bei der Einkommensentstehung anfallen, insbesondere die Einkommensteuer, die oft als Königin der Einkommensteuer bezeichnet wird. Bei der Einkommensteuer werden die Einkünfte von natürlichen Personen aus sieben Einkunftsarten besteuert. Als Einkunftsart kommen Einkünfte aus Land- und Forstwirtschaft, Gewerbebetrieb, selbständiger Arbeit, unselbständiger Arbeit, Kapitalvermögen, Vermietung und Verpachtung sowie aus sonstigen Einkünften in Betracht. Die größte Bedeutung der Steuern, die bei der Einkommensverwendung anfallen, hat die Umsatzsteuer. Die Umsatzsteuer stellt eine allgemeine Verbrauchsteuer dar und belastet die vom Endverbraucher erworbenen Güter und Dienstleitungen.

Abbildung 29: Aufkommen wichtiger Steuern in Deutschland[147]

Steuerarten	2005	2006	2007	2008	2005	2006	2007	2008
	In Mill. €				In % des gesamten Steueraufkommens			
Einkommensteuer	145.626	159.715	181.769	204.614	32	33	34	36
Körperschaftsteuer	16.333	22.898	22.929	15.868	4	5	4	3
Gewerbesteuer	32.129	38.369	40.116	41.037	7	8	7	7
Gesamte Steuern der Einkommensentstehung	**194.088**	**220.982**	**244.814**	**261.519**	**43**	**45**	**45**	**47**
Umsatzsteuer	108.440	111.318	127.522	130.789	24	23	24	23
Einfuhrumsatzsteuer	31.273	35.370	42.114	45.200	7	7	8	8
Spezielle Verbrauchsteuern	86.579	86.509	86.704	86.122	19	18	16	15
Zölle	3.378	3.880	3.983	4.002	1	1	1	1
Gesamte Steuern der Einkommensverwendung	**229.670**	**237.077**	**260.323**	**266.113**	**51**	**49**	**48**	**47**
Grundsteuer	10.248	10.398	10.713	10.807	2	2	2	2
Erbschaft- und Schenkungsteuer	4.097	3.763	4.203	4.771	1	1	1	1
Gesamte Steuern auf Vermögen[1]	**14.345**	**14.161**	**14.916**	**15.578**	**3**	**3**	**3**	**3**
Sonstige Steuern	13.976	16.224	18.190	17.972	3	3	3	3
Insgesamt	**452.079**	**488.444**	**538.243**	**561.182**	**100**	**100**	**100**	**100**

[1] Die Vermögensteuer wird seit dem 1.01.1997 nicht mehr erhoben

147 Vgl. Statistisches Jahrbuch 2009 vom Statistischen Bundesamt.

3.3. Der Steuertarif

Der Steuertarif und die Steuerbemessungsgrundlage spielen für die Berechnung der steuerlichen Belastung des Einzelnen eine entscheidende Rolle. Beim Steuertarif unterscheidet man den progressiven Tarif, den proportionalen Steuertarif und den regressiven Tarif. Wenn mit steigender Bemessungsgrundlage die steuerliche Belastung stärker steigt als die Bemessungsgrundlage, spricht man vom progressiven Tarif. In diesem Fall nimmt der Durchschnittssteuersatz mit wachsender Bemessungsgrundlage zu. Es gilt:

$$\frac{T_2}{Y_2} > \frac{T_1}{Y_1}.$$

Der Tarif beginnt im Nullpunkt und steigt dann progressiv an.

Abbildung 30: Steuertarif mit direkter Progression

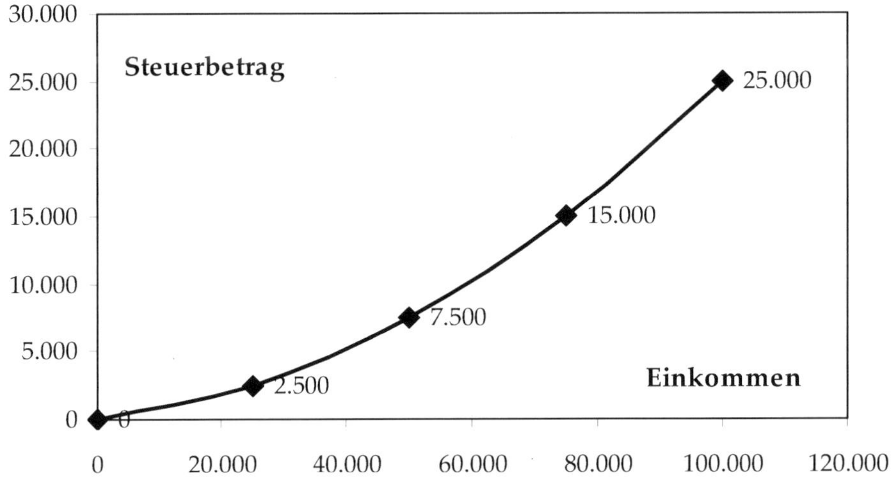

Abbildung 31: Steuertarif mit indirekter Progression

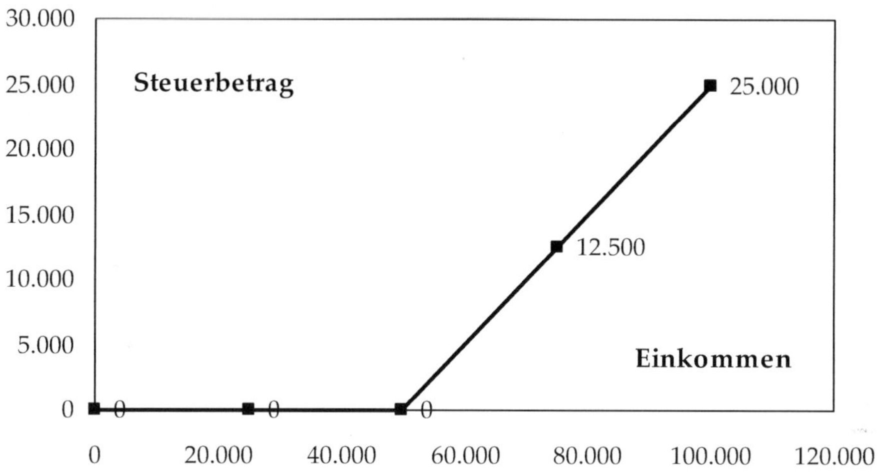

Tariftechnisch lässt sich die so genannte indirekte Progression durch den Einbau eines Freibetrages in einen linearen Steuertarif erreichen. In diesem Fall nimmt der Durchschnittssteuersatz ebenfalls mit wachsender Bemessungsgrundlage zu.
Es gilt wie bei der direkten Progression:

$$\frac{T_2}{Y_2} > \frac{T_1}{Y_1}.$$

Ein proportionaler Steuertarif liegt vor, wenn die durchschnittliche steuerliche Belastung, wie im Fall der Mehrwertsteuer, immer gleich hoch ist.

Sehr selten sind regressive Tarife, bei denen mit wachsender Bemessungsgrundlage das Ausmaß der steuerlichen Belastung abnimmt. Eine regressive Steuer stellt eine Kopfsteuer dar, bei der jeder Staatsbürger unabhängig von seiner Einkommenshöhe einen bestimmten Steuerbetrag zu entrichten hat.

Neben dem Durchschnittssteuersatz spielt in der steuerpolitischen Diskussion der Grenzsteuersatz eine besondere Rolle. Er gibt an, wie viel Steuern man zusätzlich entrichten muss, wenn die Bemessungsgrundlage (z.B. das Einkommen) um eine Einheit steigt. Für höchste Einkommen wird der Grenzsteuersatz auch häufig Spitzensteuersatz genannt.

3.4. Steuerwirkungen

Die wichtigste Steuerwirkung ist die Steuerüberwälzung, die man als den gelungenen Versuch des Steuerschuldners bezeichnen kann, die ihm auferlegte Steuern im Preisbildungsprozess auf andere Marktteilnehmer zu verlagern.

Bei direkten Steuern, wie z.B. der Einkommensteuer, ist eine Überwälzung auf andere Marktteilnehmer grundsätzlich kaum möglich. Bei indirekten Steuern, wie z.B. der Umsatzsteuer, kann dagegen eine Überwälzung der Steuer stattfinden. Inwieweit eine Überwälzung der Steuerlast vom Nachfrager auf den Anbieter stattfinden kann, hängt von der Elastizität der Nachfragekurve ab. Je elastischer die Nachfrager reagieren, je flacher also die Nachfragekurve verläuft, desto besser gelingt es den Nachfragern, die Steuerlast auf die Anbieter abzuwälzen. Und je elastischer die Anbieter reagieren, je flacher also die Angebotskurve verläuft, desto besser gelingt es den Anbietern, die Steuerlast auf die Nachfrager zurückzuwälzen.

Da beispielsweise die Nachfrage nach Mineralöl relativ unelastisch ist, wird die Last der Mineralölsteuer überwiegend von den Nachfragern getragen.

4. Weitere staatliche Einnahmen

4.1. Erwerbseinkünfte

Neben den Steuern zählen auch die Erwerbseinkünfte des Staates zu den Einnahmen. Sie entstehen z.B. durch die Bundesdruckerei oder die Beteiligung an VW. Sie haben im Vergleich zu den Steuern aber nur eine untergeordnete Bedeutung.

4.2. Beiträge

Bei Beiträgen wie z.B. den Straßenanliegerbeiträgen, bietet der Staat im Gegensatz zu den Steuern eine Gegenleistung. Beiträge sind „einseitig festgesetzte und ohne Rücksicht auf individuelle Inanspruchnahme oder Erwünschtheit der zu finanzierenden Veranstaltungen geforderte Geldleistungen solcher Gruppen von Personen oder Institutionen, welche wirklich oder vermeintlich aus dieser Veranstaltung einen wirtschaftlichen Sondervorteil haben. Hier gilt das Äquivalentprinzip. Problematisch ist das Auffinden eines richtigen Indikators für die Ermittlung der Inanspruchnahme der staatlichen Leistungen.

4.3. Gebühren

Darüber hinaus gibt es Gebühren wie z.B. die Gebühren für die Ausstellung eines Reisepasses. Gebühren sind im Gegensatz zu den Steuern Entgelte, die der Staatsbürger für Leistungen des Staates zu entrichten hat, die ihm direkt einen Vorteil verschaffen. Gebühren sind also einseitig vom Staat festgesetzte Entgelte für die direkte Inanspruchnahme oder Veranlassung einer speziellen Leistung des Staates. Die Festlegung von Gebühren kann nach dem Äquivalenzprinzip erfolgen, da sie Entgelte für Sondernutzungen darstellen.

Die Besonderheit von Gebühren besteht darin, dass sie keinen unmittelbaren Zwangscharakter haben. Bei Gebühren besteht im Vergleich zu den Beiträgen die Möglichkeit, sich durch eine Nichtinanspruchnahme der staatlichen Leistung zu entziehen.

4.4. Öffentliche Kredite

Eine weitere wichtige Einnahmequelle des Staates stellen die öffentlichen Kredite dar. Dabei handelt es sich aber nur um Einnahmen auf Zeit, da die Kredite in der Regel wieder zurückgezahlt werden müssen.

Die Kredite erhält der Staat hauptsächlich aus den Ersparnissen der privaten Wirtschaftssubjekte für eine gewisse Zeit und zahlt diese mit einer Verzinsung nach einem festgelegten Zeitraum wieder zurück.

Ich bedanke mich für Ihre Aufmerksamkeit.

11.3 Staatsausgaben

1. Einleitung

Sehr geehrte Damen und Herren. Das Thema meines Vortrages lautet „Staatsausgaben". Staatsausgaben sind im Zeitablauf meist gestiegen. Die Entwicklung der Ausgaben der öffentlichen Hand zeigt, dass seit den 70er-Jahren des 19. Jahrhunderts die öffentlichen Ausgaben nicht nur absolut, sondern auch relativ gemessen am Volkseinkommen bzw. Sozialprodukt beträchtlich gestiegen sind. Der Anteil der Staatsausgaben am Volkseinkommen stieg von 1980 bis 2009 von 12,6 % auf über 63 %.[148]

Ich werde zunächst in Punkt 2 die Staatsquote beschreiben. Dabei werden der Begriff der Staatsquote, die Aussagefähigkeit der Staatsquote sowie die Entwicklung der Staatsausgaben und der Staatsquote erläutert.

148 Nach Veröffentlichungen des Statistischen Bundesamtes betrugen die Staatsausgaben im Jahr 2009 1.145 Mrd. Euro bei einem Volkseinkommen von 1.815 Mrd. Euro.

2. Staatsquote

2.1. Begriff der Staatsquote

Die Staatsquote beschreibt den Anteil der gesamten Staatsausgaben am nominalen Bruttoinlandsprodukt zu Marktpreisen aus.

$$\text{Staatsquote} = (\text{Staatsausgaben} / \text{BSP}) \cdot 100$$

Die Ausgaben des staatlichen Sektors umfassen dabei nach der volkswirtschaftlichen Gesamtrechnung die Ausgaben der Gebietskörperschaften und der Sozialversicherungsträger.

Die allgemeine Staatsquote setzt sich aus der Staatsquote im engeren Sinne, der Transferquote und der Zinsquote zusammen:

- Staatsquote i.e.S. = (Ausgaben f. d. Staatsbedarf / BSP) · 100
- Transferquote = (gesamte Transferzahlungen / BSP) · 100
- Zinsquote = (Zinszahlungen des Staates / BSP) · 100

Die Staatsquote im engeren Sinne ergibt sich somit, indem die Staatsausgaben um die Transferzahlungen und Zinszahlungen an die privaten Wirtschaftssubjekte bereinigt werden.

2.2. Aussagefähigkeit der Staatsquote

Für die Beurteilung der Staatstätigkeit und ihre Entwicklung im Zeitablauf hat die Staatsquote eine nicht zu unterschätzende Bedeutung. Dabei spielt die richtige Interpretation eine wichtige Rolle.

Da ein beträchtlicher Teil der Staatsausgaben den privaten Wirtschaftssubjekten wieder zufließt, bedeutet eine Staatsquote von 50 % nicht, dass der Staat die Hälfte der in einer Volkswirtschaft erstellten Sachgüter und Dienstleistungen in Anspruch genommen hat. Eine Staatsquote von 50 % zeigt aber, dass der Staat einen starken Einfluss auf die Ströme des Wirtschaftskreislaufs ausübt.

In Zeiten der Rezession steigt die Staatsquote stark an, da die Regierung durch Ausdehnung der Staatsausgaben die Konjunktur ankurbeln möchte.

2.3. Entwicklung der Staatsausgaben und der Staatsquote

Staatsausgaben und die Ausgaben der Sozialversicherungen, sind im Zeitablauf meist gestiegen. Die Entwicklung der Staatsausgaben von 1980 bis 2009 zeigt einen deutlichen Anstieg. Die Staatsausgaben haben absolut von 379 Milliarden Euro im Jahr 1980 auf 1.145 Milliarden Euro im Jahr 2009 zugenommen. Pro Kopf haben sie von 6.157

Euro auf 20.168 Euro zugenommen. Dies entspricht einer Zunahme von 202 Prozent absolut und von 228 Prozent pro Kopf.

Abbildung 32: Staatsausgaben und Staatsquote[149]

Staatsausgaben und Staatsquote[1]	1980	2000	2009	Veränderung 2009 gegenüber 1980 in %
Staatsausgaben (in Mrd. Euro)	379	981	1.145	202
Staatsausgaben pro Kopf (in Euro)	6.157	11.691	20.168	228
Staatsquote (in %)	47	48	48	1

[1] Die Ermittlung der Staatsquote 2009 entspricht dem vorläufigen Ergebnis der Volkswirtschaftlichen Gesamtrechnung; Stand: Februar 2010.

Die Staatsquote, der Anteil der Staatsausgaben am BIP, ist im betrachteten Zeitraum stabil geblieben. Eine deutliche Zunahme war in den Jahren davor erkennbar. Ab 1980 hat sich die Staatsquote auf dem Niveau von knapp 50 Prozent stabilisiert. Die Staatsausgaben haben sich also im Verhältnis zum BIP nicht mehr erhöht.

In der Struktur der Staatsausgaben fällt zunächst der sehr hohe Anteil für die soziale Sicherung auf, der über 50 Prozent beträgt.

Im Jahr 2009 sind die Ausgaben des Staates (1.145 Mrd. Euro) gegenüber dem Vorjahr um 5 % gestiegen. Von den großen Ausgabenkategorien wuchsen insbesondere die Vorleistungen (+5,6 %), die sozialen Sachleistungen (+5,7 %) und die monetären Sozialleistungen an private Haushalte (+5,4 %) überdurchschnittlich. Die Ursachen für die Erhöhungen der sozialen Sachleistungen sowie der monetären Sozialleistungen an private Haushalte lagen in der Honorarreform für niedergelassene Ärzte, die Berücksichtigung der anteiligen Erhöhungsrate für Tarifsteigerungen im Preissystem für Krankenhäuser sowie in der Erhöhung des Kindergeldes.

Der Anstieg der Subventionen um 16,8 % im Jahr 2009 im Vergleich zum Vorjahr ist auf die Erstattungen der Bundesagentur für Arbeit für die von den Unternehmen bei Kurzarbeitern zu tragenden Sozialversicherungsbeiträge zurückzuführen.

Aufgrund der Konjunkturpakete I und II sind die sonstigen laufenden Transfers (+12,4 %) und die Bruttoinvestitionen (+7,5 %) ebenfalls stark gestiegen.

Durch die staatlichen Finanzmarktstabilisierungsmaßnahmen zugunsten einiger Banken haben sich die Vermögenstransfers im Jahr 2009 gegenüber dem Vorjahr um 0,9 % erhöht.[150]

149 Vgl. Aktuelle Tabellen der Homepage vom Statistischen Bundesamt.
150 Vgl. Statistisches Bundesamt (2010), S. 28.

Abbildung 33: Ausgaben des Staates

Staatsausgaben	2007	2008	2009	Veränderung 2009 gegenüber 2008
	in Mrd. €			in %
Vorleistungen	101,2	106,6	112,6	5,6
Arbeitnehmerentgelt	168,4	172,1	177,0	2,8
sonstige Produktionsabgaben	0,1	0,1	0,1	0,0
Vermögenseinkommen	67,3	67,1	63,8	-4,9
Subventionen	27,6	28,0	32,7	16,8
soziale Sachleistungen	178,2	185,8	196,3	5,7
monetäre Sozialleistungen	418,6	421,6	444,6	5,5
sonstige laufende Transfers	36,5	40,3	45,3	12,4
Vermögenstransfers	29,9	33,2	33,5	0,9
Bruttoinvestitionen	34,3	37,4	40,2	7,5
Nettoinvestitionen an nicht produzierten	-1,4	-1,4	-1,2	-14,3
Summe der Ausgaben des Staates	**1.060,7**	**1.090,8**	**1.144,9**	**5,0**
Finanzierungssaldo = Staatseinnahmen - Staatsausgaben	4,7	1,0	-77,2	-7.820,0

Ich bedanke mich für Ihre Aufmerksamkeit.

11.4 Staatshaushalt

1. Einleitung

Sehr geehrte Damen und Herren. Das Thema meines Vortrages lautet „Staatshaushalt". Wenn die Ausgabeneinheit größer ist als der zusätzliche Nutzenentgang (die Grenzkosten) der dafür notwendig werdenden zusätzlichen Steuerzahlung, dann sollte das Budgetvolumen erhöht werden. Bei dieser Kalkulation geht man davon aus, dass der Grenznutzen zusätzlicher Staatsausgaben mit steigendem Ausgabevolumen abnimmt und die Grenzkosten einer zusätzlichen Besteuerung mit steigender Steuerzahlung zunehmen. Die gesamtgesellschaftliche Wohlfahrt ist dann bei dem Budgetumfang maximiert, bei der der zusätzliche gesellschaftliche Nutzen einer weiteren Ausgabeeinheit gerade dem Nutzenentgang entspricht, der entsteht, wenn die zusätzliche Ausgabe durch Steuern finanziert wird. Damit ergibt sich eine Begrenzung des Budgetvolumens durch die abnehmende Bereitschaft der Steuerzahler, auf Teile ihres Einkommens und damit auf private Befriedigungsmöglichkeiten zu verzichten.

Weil man aber von einer konzeptionellen Einheit der Steuerzahler nicht ausgehen kann, lassen sich solche gesellschaftlichen Nutzenkurven nicht ableiten. Man müsste dazu interpersonelle Nutzenvergleiche anstellen können, was aber unmöglich ist. Die Grundidee, eine Kosten-Nutzen-Analyse des Budgets vorzunehmen und zu prüfen, ob die Kosten staatlicher Besteuerung auch durch den Nutzen staatlicher Ausgaben aufgewogen werden, ist aber richtig und entspricht ökonomischem Denken und der verfassungsökonomischen Vorstellung vom Staat.

Faktisch werden Volumen und Struktur des Budgets aber durch das Parlament und Regierungsparteien festgelegt. Die ökonomische Theorie der Politik geht davon aus, dass die Abgeordneten der Parteien vor allem danach streben, (wieder) gewählt zu werden und ihre Wählerstimmen zu maximieren. Das Budget wird nach diesem Ansatz dann so festgelegt, dass es zu einer maximalen Wählerstimmenzahl führt. Die wahlpolitische Zielsetzung besteht also nach der ökonomischen Theorie der Politik in der Maximierung der Wählerstimmen.

Überträgt man diesen Ansatz auf die Haushaltspolitik, so lautet die Maxime: Die Ausgaben werden so lange gesteigert, bis der durch die letzte ausgegebene Geldeinheit erreichte Stimmengewinn dem Stimmenverlust gleich ist, der durch die letzte, aus den staatlichen Finanzquellen entnommene Geldeinheit verursacht wird. Um möglichst viele Stimmen zu gewinnen, empfehlen sich bei den Ausgaben merkliche Posten, z. B. Sozialausgaben, und um möglichst wenig Stimmen durch die Besteuerung zu verlieren, empfehlen sich bei der Finanzierung dagegen unmerkliche Posten, z. B. allgemeine Verbrauchssteuern oder insbesondere Kredite. Für diese Theorie sprechen die von den politischen Parteien gemachten Wahlversprechen und Wahlgeschenke sowie die stets zunehmende Staatsverschuldung.

In den Gliederungspunkten 2 bis 4 werde ich die Haushaltsgrundsätze, den Haushaltskreislauf und die Haushaltssystematik der öffentlichen Haushalte vorstellen. Zum Abschluss wird im 5. Gliederungspunkt die mittelfristige Finanzplanung von Bund, Ländern und Gemeinden dargestellt

2. Haushaltsgrundsätze

Jenseits der Fragen nach Umfang und Struktur des Budgets sind in der langjährigen Praxis der Aufstellung öffentlicher Haushalte eine Reihe von überwiegend formalen Grundsätzen aufgestellt worden, deren Einhaltung verpflichtend ist.

Der Grundsatz der Spezialität ist von besonderer Bedeutung. Danach dürfen die bewilligten Ausgaben grundsätzlich nur in der bewilligten Höhe, nur für den vorgesehenen Zweck und nur in der vorgesehenen Periode ausgegeben werden. So dürfen z. B. nicht verbrauchte Ausgabenansätze grundsätzlich nicht in das folgende Haushaltsjahr übertragen werden. Dies führt dann zum Jahresende regelmäßig zu einer ausgedehnten Bestellungspraxis in den Behörden („Dezemberfieber").

Der Sinn des Grundsatzes der Spezialität ist es, die Entscheidungsgewalt des Parlaments über Volumen und Struktur der staatlichen Ausgaben zu erhalten. Das Recht, über den Haushalt zu bestimmen, gehört zu den zentralen Rechten des Parlaments und das Parlament will sich diese Entscheidungsgewalt nicht nehmen lassen.

Allerdings gibt es Ausnahmen vom Grundsatz der Spezialität, um einen sonst zu starren Haushaltsvollzug zu flexibilisieren:

- die Übertragbarkeitserklärung, nämlich die Ermächtigung, nicht verbrauchte Ausgaben in das Folgejahr zu übertragen und
- die Möglichkeit der gegenseitigen Deckungsfähigkeit von Ausgabeansätzen.

Diese Ausnahmen müssen aber im Haushaltsplan beschlossen worden sein, sie gelten nicht automatisch. Die Ansätze einer Flexibilisierung des Haushaltsvollzugs sind bislang allerdings relativ klein. Beispielsweise betrug für den Bundeshaushalt 2001 das flexibel zu handhabende Haushaltsvolumen 14,5 Milliarden DM, das sind rund drei Prozent der gesamten Ausgaben.

Die Grundsätze von Wahrheit und Klarheit und Vollständigkeit sprechen für sich. Sie sollen das Prinzip der Öffentlichkeit des Haushalts materiell sichern: Jeder Bürger soll sich ein Bild vom Staatshaushalt machen können, es darf nichts verschleiert oder versteckt werden. Diesem Ziel dient auch der Grundsatz der Einheit des Haushalts, der das Aufstellen von Sonderhaushalten verbietet (diese sind nur für Bundesbetriebe und Sondervermögen zugelassen) und das Bruttoprinzip, das eine Saldierung von Einnahmen und Ausgaben nicht erlaubt. Daneben gilt das Prinzip der Jährlichkeit, das heißt, ein Haushaltsplan wird immer für ein Jahr festgestellt, und das Prinzip der Vorherigkeit, das heißt, ein Haushaltsplan wird vor Beginn des Haushaltsjahres festgestellt. Schließlich gilt der Grundsatz der Wirtschaftlichkeit und Sparsamkeit, der aber eher nur formal zu interpretieren ist, und es gilt der Grundsatz des Haushaltsausgleichs, der verlangt, dass alle geplanten Ausgaben formal gedeckt sind, ggf. auch durch Kredite.

3. Haushaltskreislauf

Als Haushaltskreislauf bezeichnet man den gesetzlich vorgeschriebenen Weg des Haushalts. Drei Phasen können hierbei unterschieden werden:

1. Aufstellung des Haushaltsplans,
2. Vollzug des Haushalts sowie
3. Kontrolle und Entlastung.

In der ersten Phase der Aufstellung leiten zunächst die einzelnen Ministerien ihre Anforderungen an das Finanzministerium. Der Finanzminister prüft diese Vorschläge und erstellt unter Berücksichtigung seiner finanziellen Möglichkeiten, die wesentlich durch Steuerschätzungen bestimmt sind, den Haushaltsplanentwurf, der dem Kabinett vorgelegt wird. Das Bundeskabinett prüft den Entwurf, nimmt ggf. Korrekturen vor (wobei der Finanzminister nur durch den Bundeskanzler überstimmt werden kann) und gibt den Entwurf als Gesetzesvorlage an die gesetzgebenden Organe, also an den Bundestag und den Bundesrat. Allerdings hat der Bundesrat nur ein aufschiebendes Einspruchsrecht, letztlich bedarf das Haushaltsgesetz nicht der Zustimmung des Bundesrates. Durch den Beschluss des Bundestages, nach der dritten Lesung, erlangt die Vorlage Gesetzeskraft. Dann tritt der Haushaltsplan zum 1. Januar des Haushaltsjahres in seine zweite Phase ein.

Beim Vollzug des Haushaltsplans hat die Bundesregierung grundsätzlich die Aufgabe, den Beschluss des Gesetzgebers zu erfüllen, die Verwaltung ist also an die Beschlüsse der Legislative gebunden, und ist ermächtigt, die bewilligten Ausgaben zu leisten. Allerdings werden durch den Haushalt keine Ansprüche Dritter begründet. Die Regierung muss die vorgesehenen Ausgaben nur dann tätigen, wenn besondere andere Gesetze, z. B. Besoldungsgesetze, sie dazu verpflichten. Haushaltsüberschreitungen bedürfen einer besonderen Zustimmung des Bundesministers der Finanzen (Art. 112 GG), die auch nur bei unabweisbaren Bedürfnissen erteilt werden darf.

Die Kontrolle des Haushaltsplans erfolgt als begleitende Kontrolle und als nachfolgende Kontrolle. Von besonderer Bedeutung ist die nachfolgende Kontrolle, die in erster Instanz vom Bundesrechnungshof durchgeführt wird, der einen Prüfungsbericht erstellt. Auf der Grundlage dieses Berichtes erfolgt die parlamentarische Kontrolle. Der Haushaltskreislauf endet dann mit der Entlastung der Regierung durch Bundestag und Bundesrat.

Eine wichtige Rolle für die Aufstellung des Haushaltsplans spielt die Steuerschätzung. Diese wird zweimal jährlich erstellt. Im Mai wird die „große" Steuerschätzung für die mittelfristige Finanzplanung erstellt und im November erfolgt die „kleine" Steuerschätzung mit der Prognose der voraussichtlichen Steuereinnahmen des kommenden Jahres. Diese Steuerschätzung wird vom „Arbeitskreis Steuerschätzung" erstellt. Die Mitglieder dieses Expertengremiums, das unter der Federführung des Bundesfinanzministeriums tagt, rekrutieren sich aus dem Bundesfinanz- und dem Bundeswirtschaftsministerium, aus allen 16 Länder-Finanzministerien, dem Sachverständigenrat, dem Statistischen Bundesamt und der Deutschen Bundesbank, aus den sechs großen Wirtschaftsforschungsinstituten und aus den kommunalen Spitzenverbänden.

Der Arbeitskreis stützt seine Schätzungen auf gesamtwirtschaftliche Eckdaten der Bundesregierung, insbesondere auf die von der Bundesregierung erstellte Prognose zur Wachstumsrate des BIP. Daher ist diese Prognose von großer materieller Bedeutung. Ein festes Prognosemodell wird vom Arbeitskreis nicht angewendet, vielmehr erörtern die Mitglieder des Arbeitskreises ihre Berechnungen so lange, bis ein Prognosekonsens erzielt ist. Die Ergebnisse dieser Steuerschätzung bestimmen die Eckdaten der Haushaltsplanung und die anschließende öffentliche Diskussion.

4. Haushaltssystematik

Der umfangreiche Gesamthaushaltsplan wird detailliert gegliedert. Zunächst wird in Einzelpläne gegliedert. Diese Einzelpläne werden überwiegend nach dem Ministerialprinzip aufgestellt, das heißt, jedem Ministerium wird ein Einzelplan zugewiesen. Daneben erhalten die oberen Bundesbehörden wie Bundesverfassungsgericht oder der Bundespräsident ebenfalls einen Einzelplan.

Neben den Ausgaben werden auch die Einnahmen veranschlagt, die naturgemäß vor allem bei der allgemeinen Finanzverwaltung anfallen, also bei den Finanzämtern. Daneben werden Verpflichtungsermächtigungen ausgewiesen (diese ermächtigen die Verwaltung, Verträge einzugehen, die in künftigen Haushaltsjahren zu Ausgaben führen) sowie Planstellen und Stellen. Zusätzlich gibt es Haushaltsvermerke, die vor allem eine mögliche Übertragbarkeit und eine mögliche gegenseitige Deckungsfähigkeit beinhalten. Berühmt geworden ist der Haushaltsvermerk. Diesen Vermerk erhalten Planstellen, die in späteren Haushaltsjahren nicht mehr benötigt werden (= künftig wegfallend).

Nach der Gliederung in Einzelpläne erfolgt die Gliederung nach Kapitel, Titelgruppe und Titel. Kapitel gliedern grob nach Ministerium/Behörde oder großen Sachgebietskomplexen, Titelgruppen erfassen Titel mit einer übergeordneten Zweckbestimmung und Titel stellen dann die unterste Stufe der Haushaltsgliederung dar. Ergänzend erhalten die Posten dreistellige Funktionenkennziffern, die eine Zuordnung der Einnahmen und Ausgaben zu übergeordneten Funktionen erlauben. So fasst z. B. die Kennziffer 142 die Fördermaßnahmen für Studierende zusammen oder die Kennziffer 741 die Maßnahmen für den öffentlichen Personennahverkehr, egal in welchem Ministerium sie anfallen.

5. Mittelfristige Finanzplanung

Um die Haushaltswirtschaft von Bund, Ländern und Gemeinden nicht nur auf tagespolitische Unwägbarkeiten und Notwendigkeiten auszurichten, wird hier eine fünfjährige Finanzplanung zugrunde gelegt. In diesem Rechenwerk müssen für einen jeweils fünfjährigen Zeitraum der Umfang und die Zusammensetzung der voraussichtlichen Ausgaben, gegliedert nach Aufgabenbereichen, und ihre Finanzierung unter Berücksichtigung der Steuerschätzung dargestellt werden. Als Unterlagen für die mittelfristige Finanzplanung dienen die in den einzelnen Ministerien erarbeiteten Ausgaben- und Investitionsprojekte, die nach Dringlichkeit und Jahresabschnitten gegliedert sind. Für den Bund wird der Finanzplan vom Bundesminister der Finanzen aufgestellt und begründet. Die Bundesregierung beschließt ihn. Er stellt ein Handlungsprogramm der Regierung dar, das aber keine Vollzugsverbindlichkeit besitzt. Im Übrigen ist der Finanzplan jährlich der Entwicklung anzupassen und fortzuschreiben, das heißt, dass die Zahlen für das abgelaufene Haushaltsjahr gestrichen werden und dass eine Ergänzung um ein weiteres Jahr vorgenommen wird. Es ist also ein gleitender Finanzplan.

Entsprechendes gilt für die Länder und die Gemeinden. Damit ist die mittelfristige Finanzplanung Orientierungsgrundlage für das Parlament und für die private Wirtschaft. Man kann erkennen, wo die Regierung sachliche und zeitliche Prioritäten setzen will.

Das erste Planungsjahr ist das laufende Haushaltsjahr, das zweite Planungsjahr wird durch den Haushaltsentwurf für das kommende Jahr abgedeckt und dann folgen jeweils drei „echte" Planungsjahre. Eckdaten der Finanzplanung sind die Ausgaben, die erwarteten Einnahmen und die meist resultierende Nettokreditaufnahme; wichtig ist auch der Ausweis der Ausgaben für Investitionen.

Ich bedanke mich für Ihre Aufmerksamkeit.

11.5 Staatsverschuldung

1. Einleitung

Sehr geehrte Damen und Herren. Das Thema meines Vortrages lautet „Staatsverschuldung". Bei der Planung der Staatseinnahmen und -ausgaben wird es nur selten zu einem in Einnahmen und Ausgaben ausgeglichenen Budget kommen. Ende der 50er-Jahre wurden in den Bundeshaushalten noch Überschüsse erzielt, die auf Konten bei der Zentralbank gehalten wurden. Heute nimmt der Staat dagegen in der Regel Kredite auf, um seinen Haushalt auszugleichen.

Zunächst wird im 2. Gliederungspunkt die Entwicklung der Staatsverschuldung in Deutschland beschrieben. Der Umfang und die bislang ungebremste Zunahme der Staatsverschuldung spielen in der öffentlichen Diskussion und in der Diskussion der Politik und der Wissenschaft eine große Rolle. Daher werden unter Punkt 3 die rechtlichen Grenzen der Staatsverschuldung erläutert. Zum Abschluss werden im 4. Gliederungspunkt die ökonomischen Grenzen der Staatsverschuldung vorgestellt. Ökonomische Grenzen der Staatsverschuldung resultieren aus den als nachteilig zu bewertenden ökonomischen Folgen der Staatsverschuldung.

2. Entwicklung der Staatsverschuldung

Die Entwicklung der Staatsverschuldung zeigt einen beachtlichen Anstieg im Zeitraum von 1950 bis 2009.

In drei Zeiträumen ist die Staatsverschuldung dabei besonders stark angestiegen. In den Jahren von 1970 bis 1980 gab es eine annähernde Vervierfachung und in den Jahren 1990 bis 2000 gab es im Zuge der Wiedervereinigung eine annähernde Verdopplung der Staatsverschuldung. Im Zuge der aktuellen Wirtschafts- und Finanzmarktkrise hat es im Jahr 2009 ein Finanzierungssaldo (Staatseinnahmen-Staatsausgaben) in

Höhe von -77,2 Mrd. Euro gegeben und in den kommenden Jahren ist mit einem weiteren exponentiellen Anstieg der Staatsverschuldung zu rechnen.

Der Anteil des Bundes an der Gesamtverschuldung hat von 35 Prozent im Jahr 1950 auf ca. 60 Prozent im Jahr 2009 zugenommen.

Die Aufgabenverteilung und -verlagerung spiegelt sich auch in den Zahlen für die Länder wider. Ihr Anteilswert sank bis Mitte der 60er-Jahre relativ stark, um dann wieder leicht anzusteigen.

Abbildung 34: Die Staatsverschuldung in Deutschland

Jahr	Staatsverschuldung (in Mrd. Euro)	Bruttoinlandsprodukt (in Mrd. Euro)	Staatsverschuldung (in % vom BIP)
2009	1.720	2.407	71,5
2006	1.534	2.259	67,9
2002	1.278	2.119	60,3
1998	1.133	1.860	60,9
1992	688	1.574	43,7
1986	410	986	41,6
1980	240	755	31,8
1974	98	500	19,6
1968	60	273	22,0
1962	31	186	16,7
1956	22	104	21,1
1950	11	52	21,2

Die Verschuldung der Gemeinden hat Anfang der 70er-Jahre ihren relativen Höhepunkt erreicht. Seitdem ist ihr Anteil auf aktuell knapp 8 Prozent der Gesamtverschuldung zurückgegangen. Die sprichwörtliche Finanznot der Gemeinden, die die von den Länderregierungen festgelegten Verschuldungsgrenzen nicht überspringen können, kommt mit diesen Zahlen allerdings nur bedingt zum Ausdruck.

Hinzugekommen sind zeitweise zwei neue Schuldenkategorien: der Fonds_ „Deutsche Einheit“ und der Erblastentilgungsfonds (Übernahme von Schulden aus dem früheren DDR-Staatshaushalt sowie von Verbindlichkeiten gegenüber dem Ausgleichsfonds „Währungsumstellung“) einschließlich der Verschuldung der Treuhand. Auch sie wird dem Bund zugerechnet. Im Übrigen reduzieren sich dadurch die Prozentanteile für Länder und Gemeinden.

Die Staatsverschuldung der Bundesrepublik Deutschland ist also kontinuierlich gestiegen, wie in den meisten Ländern der Welt. Im Jahr 2004 beträgt die Gesamtverschuldung des Staates in Deutschland rund 1.430 Milliarden Euro, das sind 63,2 Prozent des Bruttoinlandsproduktes, und die Verschuldung pro Kopf beläuft sich auf 16.902 Euro. Das ist die so genannte explizite Verschuldung, die offizielle ausgewiesene Verschuldung des Staates. Hinzu kommt die implizite Verschuldung. Diese resultiert aus der Verpflichtung des Staates, seine Zusagen zur Finanzierung der Ansprüche aus der gesetzlichen Rentenversicherung, der gesetzlichen Krankenversicherung und der Beamtenpensionen zu erfüllen. Der Sachverständigenrat schätzt die implizite Verschuldung des Staates für das Jahr 2002 auf 270,5 Prozent des Bruttoinlandsproduktes (Jahresgutachten des Sachverständigenrates 2003/04, S. 276); insgesamt erreicht die Staatsverschuldung also rund 330 Prozent des BIP.

Vom Schuldenstand ist die jährliche Neuverschuldung zu unterscheiden. Diese kann brutto erfasst werden oder netto, nach Abzug der Schuldentilgung. Üblich ist der Ausweis der Nettoneuverschuldung, oft auch Nettokreditaufnahme oder Defizit genannt. Aus der Nettokreditaufnahme lässt sich dann auch die Kreditfinanzierungsquote berechnen, das ist der Anteil der Ausgaben der Gebietskörperschaften, der durch Kredite finanziert wird. Knapp 10 Prozent der Ausgaben der Gebietskörperschaften werden mittlerweile durch Kredite finanziert, und die Verzinsung dieser Kredite verschlingt seit Mitte der 90er-Jahre regelmäßig gut 10 Prozent der Ausgaben der Gebietskörperschaften.

Schließlich ist für die weitere Diskussion der Staatsverschuldung wichtig, wer die Gläubiger der Staatsschulden in Höhe von rund 1.430 Milliarden Euro (Stand Ende 2004) sind. Nach Angaben der deutschen Bundesbank sind das im Wesentlichen drei Gruppen: inländische Kreditinstitute, das Ausland und Sonstige, im Wesentlichen Private Haushalte und Unternehmen. Zu rund 57 Prozent ist der deutsche Staat also bei seinen eigenen Bürgern verschuldet, zu immerhin gut 43 Prozent aber gegenüber dem Ausland. Die Verschuldung gegenüber der Bundesbank besteht nur aus formalen Gründen und kann wegen ihres ganz geringen Umfangs vernachlässigt werden.

3. Rechtliche Grenzen der Staatsverschuldung

Der Umfang und die bislang ungebremste Zunahme der Staatsverschuldung spielen in der öffentlichen Diskussion und in der Diskussion der Politik und der Wissenschaft eine große Rolle. Daher werden im Folgenden die möglichen Grenzen und vor allem die Problematik der Staatsverschuldung diskutiert. Die Staatsverschuldung hat rechtliche Grenzen, die eine Begrenzung der Staatsverschuldung nahe legen.

3.1. Grenze nach Art. 115 GG

Artikel 115, Abs. 1 Grundgesetz lautet: „Die Aufnahme von Krediten sowie die Übernahme von Bürgschaften .., die zu Ausgaben in künftigen Rechnungsjahren führen können, bedürfen einer ... Ermächtigung durch Bundesgesetz. Die Einnahmen aus

Krediten dürfen die Summe der im Haushaltsplan veranschlagten Ausgaben für Investitionen nicht überschreiten; Ausnahmen sind nur zulässig zur Abwehr einer Störung des gesamtwirtschaftlichen Gleichgewichts ..."

Kredite bedürfen also einer gesetzlichen Ermächtigung, und die Neuverschuldung darf grundsätzlich nicht höher sein als die Summe der geplanten Investitionen. Diese Formulierung geht auf die alte Überlegung zurück, dass Investitionen in der Regel Erträge bringen, die dann zur Verzinsung und Tilgung der Kredite verwendet werden können. Dies ist allerdings bei staatlichen Investitionen unsicher. Der Ausnahmefall „zur Abwehr einer Störung des gesamtwirtschaftlichen Gleichgewichts" bezieht sich auf § 1 des Stabilitätsgesetzes. Dies kann so interpretiert werden, dass eine solche Störung des gesamtwirtschaftlichen Gleichgewichts, die dann eine Kreditfinanzierung über das Volumen der Investitionen hinaus zulässt, vor allem bei hoher Arbeitslosigkeit zu vermuten ist. Insgesamt kann man sagen, dass die rechtlichen Grenzen der Staatsverschuldung nach dem Grundgesetz (und entsprechenden Länderverfassungen) nicht eindeutig gezogen werden können, sondern einem Interpretationsspielraum unterliegen, den letztlich nur das Bundesverfassungsgericht ausloten kann.

3.2. Grenze nach Art. 104 EGV

Dies ist ein wenig anders im EG-Vertrag (Artikel 104 EGV) und in dem ihn verschärfenden Stabilitäts- und Wachstumspakt der EU geregelt. Hier ist das Ziel, ein übermäßiges Defizit zu vermeiden, quantifiziert worden. Es gilt als verletzt bei der Überschreitung folgender Referenzwerte:

Der Referenzwert für die Neuverschuldung, das jährliche Defizit, beträgt drei Prozent des BIP (Defizitquote) und für den Schuldenstand insgesamt 60 Prozent des BIP (Schuldenquote).

Zahlreiche Ausnahmen weichen diese klaren Grenzwerte indes erheblich auf. Auch hier gibt es also erhebliche Interpretationsspielräume, die letztlich nur der EuGH ausloten kann. Deutschland z. B. hat seit 2002 sowohl die Defizitquote als auch die Schuldenquote überschritten, ohne dass dies bislang als Vertragsverletzung interpretiert worden ist.

4. Ökonomische Grenzen der Staatsverschuldung

Ökonomische Grenzen der Staatsverschuldung resultieren aus den als nachteilig zu bewertenden ökonomischen Folgen der Staatsverschuldung.

4.1. Beschränkung des Handlungsspielraums der Budgetgestaltung

Die Entwicklung der Staatsverschuldung zeigt, dass die Ausgaben des Staates für Zinsen auf die Staatsschuld seit 1995 auf mittlerweile einen Anteil von gut zehn Prozent angewachsen sind. Das ist mehr als der Staat z.B. für Bildung und Forschung ausgibt und ist mittlerweile, nach dem Ausgabenblock für soziale Sicherung, der zweitgrößte Ausgabenblock des Staates. Die Verzinsung und ggf. die Tilgung der Staatsschulden schränken die Freiheit der Budgetgestaltung ein - wenn man diesen Zustand mit einem Zustand der Schuldenfreiheit vergleicht. Wenn dagegen Schulden und Schuldendienst sich in gleichem Maße entwickeln wie die Steuereinnahmen und das BIP, so könnte der Handlungsspielraum theoretisch auch gleich bleiben. Der Handlungsspielraum reduziert sich aber immer dann, wenn die Neuverschuldung reduziert wird und/oder wenn der Zinssatz höher ist als die Wachstumsrate des BIP. Das ist mittlerweile der Regelfall. Daher kann man davon ausgehen, dass die Staatsverschuldung den Handlungsspielraum der Finanzpolitik einschränkt.

4.2. Folgen für Wachstum und Beschäftigung

Wir unterstellen, dass der Staat auf dem Kapitalmarkt zusätzliche Kredite nachfragt und damit zusätzliche Ausgaben in gleicher Höhe finanziert. Eine solche kreditfinanzierte Erhöhung der Staatsausgaben führt einerseits über den Multiplikatoreffekt zu einer Erhöhung des Gleichgewichtsinlandsproduktes, erhöht also Wachstum und Beschäftigung. Andererseits muss aber berücksichtigt werden, dass die zusätzliche staatliche Kreditnachfrage den Marktzins für Kredite erhöhen kann. Diese Zinserhöhung vermindert dann die private Investitionstätigkeit insbesondere im Bereich der zinsempfindlichen Investitionen wie Wohnungsbau oder Industrieanlagen. Dieser Rückgang der privaten Investitionen aufgrund staatlicher Kreditnachfrage wird Crowding-out (Verdrängung) genannt. Weil Staatsausgaben in der Regel weniger produktiv sind als private Investitionen - ein kommunales Schwimmbad ist weniger produktiv als eine private Automobilfabrik - resultiert ein Effizienzverlust für die gesamte Volkswirtschaft mit negativen Folgen für Wachstum und Beschäftigung.

Dieser Crowding-out-Effekt ist prinzipiell nicht strittig, aber seine Wirkungen lassen sich leider nicht allgemeingültig quantifizieren. Entscheidend für die Reichweite des Crowding-out-Effekts ist zum einen die Reagibilität des Zinssatzes auf einen Anstieg der Kreditnachfrage und zum anderen die Zinsempfindlichkeit privater Investoren. Beide Reaktionsmuster sind Schwankungen unterworfen, die nicht allgemein darstellbar sind. Es kommt also, wie so häufig, darauf an, wie Wirtschaftssubjekte im konkreten Fall reagieren. Generell und in langer Sicht überwiegt in der Ökonomie aber die Skepsis bzgl. der positiven Effekte der Staatsverschuldung auf Wachstum und Beschäftigung. Dies liegt daran, dass die Staatsverschuldung im Prinzip und langfristig die Staatsquote, den Anteil des Staates am BIP, erhöht und damit die größere Effizienz des privaten Sektors zurückdrängt.

4.3. Folgen für die Preisstabilität

Die Folgen für die Preisstabilität sind einfach zu beschreiben. Wenn die zusätzlichen Staatsschulden für zusätzliche Staatsausgaben verwendet werden, steigt ceteris paribus die gesamtwirtschaftliche Nachfrage und in aller Regel resultiert ein Preisanstieg. Wenn aber der Crowding-out-Effekt eintritt, wird sich die Gesamtnachfrage nicht verändern, es kommt lediglich zu einer Veränderung der Nachfragestruktur. Eine deutliche Inflationsgefahr besteht nur dann, wenn der Staat die zusätzlichen Kredite nicht auf dem Kapitalmarkt, sondern bei seiner Zentralbank aufnimmt, wie dies im Zuge der Finanzierung der beiden Weltkriege in Deutschland geschehen ist. In diesem Fall erhöhen sich die Geldmenge und die Nachfrage, und beides wirkt preissteigernd. Mittlerweise ist die Kreditaufnahme des Staates bei der Zentralbank im Rahmen der Bestimmungen des EG-Vertrages (Art. 101 EGV) aber verboten.

4.4. Folgen für die Einkommensverteilung

Zum einen werden die Auswirkungen auf die Einkommensverteilung innerhalb der gleichen Generation analysiert. Argumentiert wird wie folgt: Innerhalb einer gegebenen Generation zahlen die Steuerzahler die Zinsen der Staatsschulden und diese Zinsen fließen den Gläubigern der Staatsschulden zu, vor allem also den Banken, privaten Haushalten und dem Ausland. Man kann nun vermuten, dass die Bezieher höherer Einkommen auf Grund ihrer größeren Ersparnisse mehr Staatspapiere erwerben als die Bezieher niedriger Einkommen. Von den staatlichen Zinszahlungen werden also insbesondere die Bezieher hoher Einkommen profitieren (die Banken und das Ausland werden hier nicht betrachtet). Jetzt müsste man wissen, wie die Steuerlast insgesamt auf „arm" und „reich" verteilt ist, ob also die Belastung progressiv ansteigt oder proportional verteilt ist. Leider weiß man dies nicht genau. Daher bleibt nur die Vermutung, dass die Bezieher niedriger Einkommen über ihre Steuern die Zinserträge der Einkommensreichen mitfinanzieren. Man spricht von der unsozialen Verteilungswirkung der steuerfinanzierten Zinszahlungen auf Staatsschulden.

Zum anderen, und diese Frage steht im Zentrum der politischen Diskussion zur Staatsverschuldung, ist zu prüfen, welche Auswirkungen auf die Lastenverteilung zwischen den Generationen resultieren. Das Schlagwort von der „Erblast der Enkel" wird hier gerne bemüht, aber es ist überwiegend falsch.

Um dies zu verdeutlichen, führe man sich vor Augen, wer die zusätzliche Steuerlast des Staates in der Zukunft für die Erbringung seiner Zins- und Tilgungsverpflichtung zu tragen habe. Das sind in der Tat die Steuerzahler der Zukunft. Aber zugleich erhalten die Steuerzahler der Zukunft auch die Zins- und Tilgungsleistungen des Staates, so dass von einer allgemeinen Belastung der Zukunftsgeneration nicht gesprochen werden kann. Anders formuliert: Die Käufer der Staatsschuldverschreibungen in der Gegenwart vererben der nachfolgenden Generation auch diese Forderungen gegenüber dem Staat, so dass eine intertemporale Lastverschiebung nicht eintritt. Die jeweils gleiche Generation zahlt Steuern und erhält Zinsen (und es resultiert allenfalls die oben beschriebene intragenerationelle Umverteilung).

Nur wenn die Staatsverschuldung reduziert wird, wenn also per Saldo Staatskredite zurückgezahlt werden, ergibt sich eine Belastung der „Enkel". Sie zahlen dann höhere Steuern, während sich ihr Vermögen der Höhe nach nicht verändert (Staatsschuldpapiere werden in Geld umgewandelt). Eine Belastung der Enkel bei einer Reduktion der Staatsverschuldung ergibt sich in besonderer Form bei einer Verschuldung gegenüber dem Ausland. Während bei der Verschuldung gegenüber dem Inland der Schuldendienst in inländischer Währung geleistet wird, muss die Verzinsung und Tilgung von Auslandsschulden in der Regel in Devisen geleistet werden, die die Zentralbank des betreffenden Landes nicht selbst schaffen kann. Vielmehr muss dieser Schuldendienst erst durch Exportüberschüsse des Landes verdient werden. Vor einer solchen schwierigen Situation stehen viele Entwicklungsländer und insbesondere die großen Schuldnerländer Argentinien, Brasilien und die Türkei; für Deutschland erscheint die Verschuldung gegenüber dem Ausland noch als tragbar.

Eine Rückzahlung von Staatsschulden wäre also in der Tat eine „Last der Enkel". Aber diese Last ergibt sich, um es zu wiederholen, immer nur dann, wenn der Stand der Staatsverschuldung reduziert wird, wenn per Saldo also Kredite zurückgezahlt werden. Dies ist aber bislang nicht der Normalfall. Normal sind immer wieder neu aufgelegte Kredite, die immer wieder zur Rückzahlung alter Kredite verwendet werden.

4.5. Vertrauensverlust

Eine hohe und/oder schnell zunehmende Staatsverschuldung kann zu einem Vertrauensverlust der Bürger und der Kapitalmärkte führen. Die Anleger sind dann nicht mehr bereit Anleihen eines solchen Staates zu zeichnen und die Grenze der Staatsverschuldung wäre sehr abrupt erreicht. Meist ist der Vertrauensverlust aber ein sehr schleichender Prozess, der durch das unterschiedliche „Rating" der Staaten erkennbar wird. Spezialisierte Rating-Agenturen wie „Standard & Poor's" oder „Moody's" beurteilen die Bonität, also die Vertrauenswürdigkeit auch von Staaten. Und je größer die Bonität, desto geringer ist die Risikoprämie, die die Schuldner als Zinsaufschlag zahlen müssen. Die Schweiz muss für ihre Staatsanleihen auf dem Kapitalmarkt weniger Zinsen zahlen als z. B. Argentinien. Steigende Risikoprämien sind vermutlich recht wirksame Grenzen der Staatsverschuldung.

Ich bedanke mich für Ihre Aufmerksamkeit.

11.6 Stabilisierungspolitik und Fiskalpolitik

1. Konzeption der Fiskalpolitik

Sehr geehrte Damen und Herren. Das Thema meines Vortrages lautet „Stabilisierungspolitik und Fiskalpolitik". Seit Keynes bestand die Vorstellung, dass der Staat gesamtwirtschaftliche Fehlentwicklungen, insbesondere Arbeitslosigkeit und Konjunkturkrisen, aber auch inflationäre Überhitzung der Konjunktur korrigieren kann und muss. Konjunkturzyklen sollen durch Beeinflussung der gesamtwirtschaftlichen Nachfrage geglättet werden. Es handelt sich also um eine nachfrageorientierte antizyklische Politik. Und diese Politik beschränkt sich auf die Steuerung globaler ökonomischer Aggregate wie Konsum und Investition, es ist also eine Politik der Globalsteuerung. Diese antizyklische nachfrageorientierte Globalsteuerung setzt in keynesianischer Tradition auf die Instrumente der Fiskalpolitik und der Geldpolitik.

In aller Regel führt eine Erhöhung (Senkung) der Staatsausgaben zu einer Erhöhung (Senkung) von Produktion und Beschäftigung und in aller Regel führt eine Senkung (Erhöhung) der Steuern über eine Erhöhung (Senkung) des verfügbaren Einkommens zu einer Zunahme (Abnahme) von Produktion und Beschäftigung. Im Folgenden sollen die praktischen Einsatzbedingungen und die Umsetzungsprobleme der Fiskalpolitik näher erörtert werden.

Die Fiskalpolitik gehört zu den wenigen Bereichen der Wirtschaftspolitik, die eine gewisse nationale Eigenständigkeit im Rahmen einer ansonsten weitgehend vereinheitlichten EU-Wirtschaftspolitik bewahrt haben. Aber auch die Fiskalpolitik muss eine gewisse Koordinierung im Rahmen der EU beachten und insbesondere übermäßige Haushaltsdefizite vermeiden.

2. Fiskalpolitik durch Steuerpolitik

Die Grundidee der Fiskalpolitik durch Besteuerung ist einfach: Durch Veränderung der Besteuerung verändert sich das verfügbare Einkommen der privaten Haushalte, wodurch sich Wirkungen auf den privaten Konsum ergeben können und/oder es verändern sich die Gewinne der Unternehmen, wodurch sich Wirkungen auf die privaten Investitionen ergeben können. Zur Belebung der Konjunktur müssten Steuern gesenkt werden und zur Dämpfung der Konjunktur müssten Steuern erhöht werden (antizyklische Steuerpolitik).

Voraussetzung für einen deutlichen konjunkturellen Impuls ist dabei, dass die dem Wirtschaftskreislauf durch eine Steueränderung zugeführten bzw. entzogenen Mittel nicht durch eine gegenläufige Veränderung der Staatsausgaben dem Kreislauf wieder entzogen bzw. zugeführt werden. Der Staat darf also eine durch eine Steuererhöhung erzielte Mehreinnahme nicht zur Finanzierung zusätzlicher Staatsausgaben verwenden, sondern muss die Mehreinnahme stilllegen - etwa auf einem Sonderkonto bei der Deutschen Bundesbank.

Die durch eine Steuersenkung bewirkte Mindereinnahme des Staates darf nicht gleichzeitig zur Kürzung von Staatsausgaben führen, die Einnahmelücke müsste vielmehr durch Kredite gedeckt werden. Dahinter steckt die Idee eines langfristig ausgeglichenen Staatshaushalts: Die in Zeiten konjunktureller Überhitzung angesammelten Überschüsse des Staates sollen in der konjunkturellen Krise wieder dem Kreislauf zugeführt werden.

Zum Bereich einer antizyklischen Steuerpolitik gehört auch eine auf Beeinflussung der Investitionen zielende Veränderung der steuerlichen Abschreibungsmöglichkeiten. Wenn es um konjunkturbelebende Maßnahmen geht, können Sonderabschreibungen oder zuvor nicht gestattete degressive Abschreibungen (d.h. Abschreibungen mit zunächst hohen und dann fallenden Jahresraten) zugelassen werden. Da Abschreibungen für die Unternehmen Kosten darstellen, lässt sich auf diese Weise eine zeitliche Verschiebung des Gewinns erreichen, der in diesem Falle in den ersten Jahren niedriger würde, woraus sich für die Unternehmen in den betreffenden Perioden eine geringere Steuerbelastung ergäbe.

Die Wirkung dieser Steuerpolitik ist aber nicht allgemeingültig darstellbar. Für die letztendliche Wirkung einer Steueränderung ist nämlich die Reaktion des privaten Sektors, also der privaten Haushalte und der Unternehmen, von entscheidender Bedeutung, da Steueränderungen die Ausgabenentscheidungen der Privaten nur indirekt beeinflussen können. So ist es z. B. bei einer Steuersenkung denkbar, dass die in Unternehmen und Haushalten zusätzlich verfügbaren Gewinne bzw. Einkommen nicht zu einer Erhöhung der Investitions- und Konsumnachfrage verwendet, sondern zur Rückzahlung von Krediten oder zur Bildung von finanziellen Reserven verwendet werden. Gerade im Falle von Steuersenkungen kann der Staat immer nur Verhaltensanreize geben, nicht aber Verhaltenszwänge ausüben. Aber auch durch eine Steuererhöhung muss sich kein spürbarer konjunktureller Effekt einstellen. Er bleibt aus, wenn die Haushalte ihr Konsumniveau, zumindest zeitweise, aufrechterhalten, indem sie Erspartes auflösen oder Kredite aufnehmen, und wenn die Unternehmungen wegen günstiger Gewinnaussichten trotz der Steuererhöhung ihre Investitionen nicht einschränken.

Diese Unsicherheit bezüglich der Reaktion der Wirtschaftssubjekte kann man aber auch positiv sehen. Den Bürgern bleibt ein Entscheidungsspielraum in der Verwendung ihrer Mittel, sie entscheiden über Umfang und Struktur ihrer Ausgaben. Das wäre bei einer Variation der Staatsausgaben anders, weil dort der Staat entscheidet, ob eine „zusätzliche Autobahn" gebaut wird oder nicht.

Zum Problem der Unsicherheit tritt in der steuerpolitischen Praxis das Problem der Zeitverzögerung hinzu. Es vergeht immer eine gewisse Zeit, bis Steueränderungen beschlossen, administrativ umgesetzt werden und schließlich ihre Wirkung entfalten. Hier gibt es Unterschiede in der Schnelligkeit des Wirksamwerdens. Die Lohnsteuer, die im Quellenabzugsverfahren erhoben wird, lässt den betroffenen Steuerschuldner die Steueränderung zeitlich am ehesten bemerken. Bei der verlangten Einkommensteuer kann es dagegen Jahr dauern, bis die Steueränderung fühlbar geworden ist, weil das Verfahren der Abgabe der Steuererklärung bis zum endgültigen Steuerbescheid erhebliche Zeit beansprucht.

Schließlich kann die ökonomische Theorie der Politik begründen, warum eine antizyklische Steuerpolitik kaum durchgeführt werden dürfte. Steuersenkungen zur Ankurbelung der Konjunktur mögen zunächst durchaus populär sein, aber sie werden weniger empfunden als die nachfolgend notwendigen Steuererhöhungen zur Bekämpfung einer inflationären Überhitzung der Konjunktur. Per Saldo dürfte eine antizyklische Steuerpolitik also eher Wählerstimmen kosten als einbringen.

Zusammenfassend kann man festhalten, dass die Aussichten für eine erfolgreiche antizyklische Steuerpolitik gering sind. Die Wirkungen sind indirekt und unsicher, die Zeitverzögerungen sind kaum kalkulierbar und kaum steuerbar, und die Akzeptanz beim Bürger ist vermutlich gering.

Daher wird eine antizyklische Steuerpolitik auch nicht mehr durchgeführt. Die Steuerpolitik soll die Investitionen der Unternehmen und das Wirtschaftswachstum des Landes erhöhen. Darüber hinaus soll die Leistungsbereitschaft der Bürger erhöht werden. Zugleich wird Steuerpolitik im Standortwettbewerb der Länder und Regionen eingesetzt, um die Attraktivität von Standorten zu verbessern. Das ist dann eine Politik, die auf die Verbesserung der Angebotsbedingungen zielt, eine angebotsorientierte Steuerpolitik.

3. Fiskalpolitik durch Ausgabenpolitik

Die Grundidee der Fiskalpolitik durch Ausgabenpolitik ist ebenfalls sehr einfach. Zur Belebung der Konjunktur werden die Staatsausgaben erhöht und dies erhöht die Produktion und die Beschäftigung; zur Dämpfung einer konjunkturellen Überhitzung werden die Staatsausgaben gesenkt und dies senkt die Produktion und die Beschäftigung (antizyklische Ausgabenpolitik). Voraussetzung für einen merklichen konjunkturellen Impuls ist auch hier, dass die Veränderung der Staatsausgaben nicht von einer gleich gerichteten Veränderung der Steuereinnahmen begleitet ist. Zur Dämpfung einer konjunkturellen Überhitzung müssen die Staatsausgaben also gesenkt werden und gleichzeitig müssen die nicht verbrauchten Steuereinnahmen stillgelegt werden. Zur Ankurbelung der Konjunktur müssen die Staatsausgaben erhöht werden, ohne die Steuern zu erhöhen. Die Mehrausgaben müssten also durch Kredite oder früher angesammelte Steuereinnahmen finanziert werden. Es wirken dann die beschriebenen Multiplikator- und Akzeleratoreffekte. Diese Wirkungen ergeben sich hier direkt, fast mechanisch-hydraulisch, und nicht indirekt, wie bei der antizyklischen Steuerpolitik.

Auf den ersten Blick erscheint die antizyklische Ausgabenpolitik des Staates also als ein einfaches und geeignetes Instrument der Konjunktursteuerung. Auf den zweiten Blick erscheinen indes fundamentale Probleme.

Zunächst müssen die verschiedenen möglichen Formen eines Crowding-out berücksichtigt werden. Es ist möglich, wenngleich nicht sehr wahrscheinlich, dass kreditfinanzierte zusätzliche Staatsausgaben private Ausgaben in gleicher Höhe zurückdrängen (vollständiges Crowding-out). Im Regelfall dürften private Ausgaben aber nicht in gleicher Höhe zurückgedrängt werden, im Regelfall verbleibt ein konjunktureller Impuls. Dies gilt umgekehrt auch für eine Senkung der Staatsausgaben; auch diese wird im Regelfall nicht vollständig durch eine Erhöhung privater Ausgaben kompensiert.

Weiterhin muss berücksichtigt werden, dass Staatsausgaben nur beschränkt variiert werden können:

Zum größten Teil sind die staatlichen Ausgaben durch gesetzliche Verpflichtungen festgelegt (z. B. die Gehälter von Beamten). Man schätzt die eigentliche Manövriermasse auf etwa 10 bis 20 Prozent der staatlichen Gesamtausgaben. Darunter fallen vor allem staatliche Investitionsausgaben, die sich für einen konjunkturpolitischen Einsatz insofern besonders eigenen, als sie durch geeignetes Timing (Vorziehen oder Verschieben aus konjunkturellen Gründen) variiert werden könnten.

Der größte Teil konjunkturpolitisch bedeutsamer Investitionen wird von den Gemeinden durchgeführt, auf deren Entscheidungen die Länder und der Bund nur indirekte Einflüsse ausüben können (meist über finanzielle Hilfen). Dabei kann die Befriedigung der kommunalen Bedürfnisse, z. B. der Bau eines Bürgerhauses oder die Ausbesserung einer dringend reparaturbedürftigen Straße, von der Kommune als unaufschiebbar angesehen werden, sodass Konflikte zwischen konjunkturpolitischen Erfordernissen und gemeindlichem Bedarf nicht ausgeschlossen sind.

Von den Investitionen der öffentlichen Hand, die oft Infrastrukturinvestitionen sind, hängt in starkem Maße das zukünftige wirtschaftliche Wachstum der Volkswirtschaft oder der betreffenden Region ab. Durch Verschieben oder gar durch Verhinderung von Investitionen kann sich langfristig eine unerwünschte Einengung der Wachstumsmöglichkeiten ergeben.

Zusammenfassend kann man festhalten, dass auch die antizyklische Ausgabenpolitik weitgehend aus der angewandten Wirtschaftspolitik verschwunden ist. Es verbleibt aber eine gewisse automatische Stabilisierung der Konjunktur durch die so genannten automatischen Stabilisatoren.

4. Automatische Stabilisatoren

Wenn auch diskretionäre Eingriffe des Staates mit dem Ziel, die konjunkturelle Entwicklung eines Landes durch antizyklische Fiskalpolitik zu stabilisieren, mittlerweile in den Hintergrund der Wirtschaftspolitik getreten sind, so verbleiben doch automatische Stabilisatoren, die in gewissem Umfang konjunkturelle Schwankungen selbsttätig stabilisieren.

Bei Steuern liegt eine solche Stabilisierungswirkung immer dann vor, wenn die Steuererträge wegen des Steuertarifs auf Schwankungen des Inlandsproduktes reagieren, ohne dass das Steuergesetz geändert wird. Besonders deutlich wird dies, wenn wir uns vergegenwärtigen, dass bei einem progressiven Steuertarif die Steuereinnahmen mit wachsender Bemessungsgrundlage überproportional steigen. Auf den wichtigen Fall der Einkommensteuer bezogen heißt dies, dass der Nettozuwachs beim Einkommen immer weniger stark ausfällt als der Bruttozuwachs. Aus konjunkturpolitischen Gründen ist diese Wirkung positiv zu beurteilen. Für den Fall eines Konjunkturabschwungs, der von sinkenden Einnahmen begleitet wird, gilt, dass die Nettoabnahme des Einkommens kleiner ist als die Bruttoabnahme. Weil der Konsum eher vom Nettoeinkommen als vom Bruttoeinkommen abhängt, glättet die Progression der Besteuerung ein wenig die zyklischen Schwankungen der Konjunktur.

Auch bei Staatsausgaben sind automatische Stabilisierungswirkungen dann möglich, wenn sie in der Hochkonjunktur zurückgehen und in Zeiten des Konjunkturabschwungs ansteigen, ohne dass dazu besondere gesetzliche Maßnahmen erforderlich werden. In diesem Zusammenhang wird immer wieder auf die antizyklischen Wirkungen hingewiesen, die von bestimmten Teilen unseres Sozialversicherungssystems (Transferausgaben) ausgehen. Beispielsweise würden in der Rezession oder gar in einer Depression die Unterstützungszahlungen aus der Arbeitslosenversicherung einer Verschärfung des wirtschaftlichen Abschwungs tendenziell entgegenwirken, da die Unterstützungsempfänger weiterhin eine kaufkräftige Nachfrage ausüben können. In Zeiten guter Beschäftigung werden dagegen kaum Zahlungen aus der Versicherung geleistet, vielmehr zahlen die Beschäftigten regelmäßig Versicherungsbeiträge ein.

Man darf die genannten automatischen Stabilisatoren allerdings nicht überschätzen. Sie reichen nach keynesianischer Auffassung allein nicht aus, um Fehlentwicklungen im Konjunkturverlauf eines marktwirtschaftlichen Systems zu verhindern.

5. Das Stabilitätsgesetz

Die auf der Grundlage der Theorie gewonnene Erkenntnis, dass der Wirtschaftsablauf durch Veränderung der Staatseinnahmen und -ausgaben im Sinne bestimmter wirtschaftspolitischer Zielsetzungen beeinflusst werden kann und soll, ist in der Bundesrepublik Deutschland 1967 mit dem so genannten Stabilitätsgesetz (Gesetz zur Förderung der Stabilität und des Wachstums der Wirtschaft, StWG) in politisch verbindliche Handlungsnormen umgesetzt worden. Mit dem Vordringen monetaristischen Gedankenguts sind die Grundideen des Stabilitätsgesetzes dann weitgehend verdrängt worden, und seine praktische Anwendung ist zzt. in den Hintergrund gerückt. Von Bedeutung sind heute aber noch die Formulierung des „magischen Vierecks" als Ziel der Wirtschaftspolitik und Institutionen wie der Jahreswirtschaftsbericht, der Konjunkturrat, die mittelfristige Finanzplanung und immer wieder der Versuch einer Konzertierten Aktion.

In § 1 des Stabilitätsgesetzes ist die oft als magisches Viereck bezeichnete Zielsetzung der Wirtschaftspolitik festgelegt:

„Bund und Länder haben bei ihren wirtschafts- und finanzpolitischen Maßnahmen die Erfordernisse des gesamtwirtschaftlichen Gleichgewichtes zu beachten. Die Maßnahmen sind so zu treffen, dass sie im Rahmen der marktwirtschaftlichen Ordnung gleichzeitig zur Stabilität des Preisniveaus, zu einem hohen Beschäftigungsgrad und außenwirtschaftlichem Gleichgewicht bei stetigem und angemessenem Wirtschaftswachstum beitragen (§ 1 StWG).

Zur Einhaltung bzw. Erreichung der in § 1 aufgeführten Ziele sind Bund und Länder direkt verpflichtet, ein wirtschaftspolitisch wichtiger Tatbestand, weil die Bundesländer bis dato in der Regel eher eine Parallelpolitik als eine antizyklische Fiskalpolitik betrieben hatten. Auch die Gemeinden und Gemeindeverbände sind nach dem StWG (§ 16) auf die Ziele Preisstabilität, Vollbeschäftigung, Wachstum und außenwirtschaftliches Gleichgewicht festgelegt.

Der Jahreswirtschaftsbericht (§ 2 StWG) wird jährlich erstellt und im Januar vorgelegt. Er enthält eine Stellungnahme zum Jahresgutachten des Sachverständigenrates, eine Darlegung der von der Bundesregierung angestrebten wirtschafts- und finanzpolitischen Ziele (Jahresprojektion) und eine Darlegung der für das laufende Jahr geplanten Wirtschafts- und Finanzpolitik.

Dieser Jahreswirtschaftsbericht ist auch Grundlage der mittelfristigen Finanzplanung und der im Rahmen der EU zu erstellenden Stabilitätsprogramme.

Der Konjunkturrat (§§ 18, 22 StWG) dient der Abstimmung von Bund und Ländern. Diese ist notwendig, weil aufgrund des Förderativprinzips Bund und Länder in ihrer Haushaltswirtschaft selbstständig und voneinander unabhängig sind (Art. 109 GG). Den Vorsitz führt der Bundesminister für Wirtschaft. Außerdem sind der Bundesfinanzminister, je ein Vertreter der Bundesländer und vier Vertreter der Gemeinden Mitglied. Die Bundesbank hat das Recht auf Teilnahme an den Sitzungen und übt dies regelmäßig aus. Aus dem Konjunkturrat ist zusätzlich ein Ausschuss für Kreditfragen der öffentlichen Hand als eigenständiges Gremium hervorgegangen. Er beschäftigt sich mit dem Kreditbedarf und der Planung der Kreditaufnahme der öffentlichen Hände unter Beachtung der allgemeinen Kapitalmarktentwicklung. Der Konjunkturrat hat Beratungs- und Empfehlungsbefugnis, aber keine Entscheidungsbefugnis.

Als Konzertierte Aktion bezeichnet man das gleichzeitige, aufeinander abgestimmte Verhalten der Gebietskörperschaften und der Tarifparteien, abzustimmen, also der Gewerkschaften und Unternehmensverbände. Zu diesem Zweck stellt die Bundesregierung Orientierungsdaten des Jahreswirtschaftsberichts zur Verfügung, die insbesondere eine Darstellung des gesamtwirtschaftlichen Zusammenhangs im Hinblick auf die jeweils gegebene Situation enthalten sollen. Der Grundgedanke der Konzertierten Aktion beruht auf der Absicht, dass die beteiligten Gruppen ihre wechselseitige Abhängigkeit erkennen sowie ihre Ziele erläutern und insbesondere ihr preis- und lohnpolitisches Verhalten aufeinander abstimmen.

Die Idee dabei ist, die Ansprüche an das Sozialprodukt, die in Form von Lohnforderungen und Gewinnvorstellungen gestellt werden, vorab so zu kanalisieren, dass inflationäre Preissteigerungen vermieden werden. Grundlage der Konzertierten Aktion war lange Zeit das Konzept der produktivitätsorientierten Lohnpolitik. Nach diesem Konzept sollten die Löhne (maximal) im Umfang des Anstiegs der Arbeitsproduktivität steigen. Dies ließe die Lohnstückkosten konstant, sodass jedenfalls von der Lohnseite kein Kosten- und Preisdruck ausgehen würde. Dieses eigentlich richtige Konzept ist gescheitert, weil die grundgesetzlich garantierte Tarifautonomie der Tarifparteien eine staatliche Beeinflussung der Löhne letztlich nicht zulässt, wenn die Tarifparteien dies nicht wollen.

Nachfolgend ist immer wieder der Versuch unternommen worden, eine Konzentration über die Arbeitsmarkt- und Beschäftigungspolitik durch ein so genanntes Bündnis für Arbeit herbeizuführen. In diesem Gesprächskreis sind sowohl die Gewerkschaften wie auch die Arbeitgeberverbände vertreten, wobei die Moderation von der Bundesregierung übernommen wird. Von der Zusammensetzung und den gesteckten Zielen erinnert das Bündnis für Arbeit an die Konzertierte Aktion. Indes bleiben die seinerzeit erkennbaren Probleme bestehen: Man kann zwar stabilitäts- und beschäftigungspolitische Erfordernisse erörtern, die Umsetzung von Empfehlungen kann indes nur von den Unternehmen im Rahmen der praktischen Betriebspolitik erfolgen, und hier können Umsetzungen nicht erzwungen werden.

6. Probleme der Fiskalpolitik

Die Fiskalpolitik wird aus verschiedensten Gründen skeptisch beurteilt. Verschiedene Ebenen der Kritik sollten dabei unterschieden werden:

Eine grundsätzliche Ablehnung der Fiskalpolitik ergibt sich, wenn man an die Stabilität des privaten Sektors der Volkswirtschaft glaubt, wie es die Klassiker taten und wie es auch die Neoklassik tut. Wir können diesen Dissens zwischen Keynesianismus und (Neo-)Klassik nicht auflösen, aber in der Tat scheinen die früher beobachtbaren deutlichen Konjunkturzyklen mittlerweile eher der Vergangenheit anzugehören. Eine antizyklische Fiskalpolitik ist dann bestenfalls nicht notwendig; schlimmeren Falls wird von solchen diskretionären staatlichen Interventionen sogar eine Destabilisierung konjunktureller Entwicklungen erwartet.

Grundsätzlich nicht zielführend ist eine Fiskalpolitik zur Bekämpfung von Arbeitslosigkeit und/oder Inflation, wenn die Ursache des Ungleichgewichts nicht Nachfragemangel oder Nachfrageüberschuss ist, sondern z. B. in den Bedingungen des Angebots zu sehen ist. Wenn die Ursache der Arbeitslosigkeit z. B. darin liegt, dass das Reallohnniveau einer Volkswirtschaft zu hoch ist und/oder international nicht wettbewerbsfähig ist, dann wäre eine expansive Fiskalpolitik nicht sinnvoll. Sie würde nur die Staatsquote und die Staatsverschuldung weiter erhöhen und die Effizienz der privaten Wirtschaft lähmen.

Zwecklos ist Fiskalpolitik auch, wenn man die Crowding-out-Hypothese akzeptiert, also davon ausgeht, dass eine durch Ausgabe zusätzlicher Staatsschuldtitel finanzierte Staatsausgabenerhöhung letztendlich das Inlandsprodukt nicht signifikant erhöht oder sogar senkt.

Problematisch wird eine antizyklische Fiskalpolitik, wenn aus politischen Gründen eine symmetrische Durchführung dieser Politik, also eine kreditfinanzierte Erhöhung der Staatsausgaben (bzw. Senkung der Steuersätze) in der Rezession und eine Schuldentilgung des Staates bei Senkung der Staatsausgaben (bzw. Erhöhung der Steuersätze) in der Hochkonjunktur nicht durchgesetzt werden kann (Asymmetrie der antizyklischen Fiskalpolitik). So sind Erhöhungen der Staatsausgaben und Steuersenkungen politisch sehr leicht durchzusetzen, Sparmaßnahmen aber nicht. Eine solche, politisch begründete Asymmetrie der antizyklischen Fiskalpolitik führt dann langfristig zu einer steigenden Staatsverschuldung und zu einer steigenden Staatsquote - mit den beschriebenen negativen Folgen für die Effizienz der privaten Wirtschaft.

Die Gefahr einer prozyklischen Wirkung einer antizyklisch gedachten Fiskalpolitik ergibt sich, wenn die Zeitverzögerungen bei ihrem Einsatz lang und unkontrollierbar sind. Solche Zeitverzögerungen ergeben sich vor allem aus drei Gründen:

- Es vergeht Zeit, bis das Auseinanderdriften zwischen der wirtschaftspolitischen Situation und der Zielvorstellung erkannt wird (Erkennungs-Lag).
- Es vergeht Zeit, bis nach dem Erkennen der Handlungsnotwendigkeit die entsprechenden Maßnahmen geplant, beschlossen und durchgeführt werden (Handlungs-Lag).
- Es vergeht Zeit, bis die ergriffenen Maßnahmen auf die Zielgrößen wirken, z. B. die Arbeitslosenquote und die Preissteigerungsrate (Wirkungs-Lag).

Aus diesen Gründen gilt das Konzept der nachfrageorientierten antizyklischen Fiskalpolitik mittlerweile als überholt. Es bietet nicht die richtige Antwort auf die wirtschaftlichen Probleme alternder Industrienationen. Wichtiger erscheint eine Politik, die die Wettbewerbsfähigkeit der Angebotsbedingungen verbessert und die Probleme einer alternden und schrumpfenden Bevölkerung meistert. Dazu gehört z. B. eine nachhaltige Sozialpolitik, eine langfristig orientierte Geldpolitik, die eine dauerhafte Preisstabilität garantieren kann, eine geordnete Integration in die EU und in die Weltwirtschaft und eine Politik zur langfristigen Sicherung von Wachstum und Beschäftigung.

Ich bedanke mich für Ihre Aufmerksamkeit.

Literaturliste

Alisch, K./Arentzen, U./Winter, E.: Gabler Wirtschaftslexikon, 16. Auflage, Wiesbaden 2004.

Bamberg, G./Coenenberg, A. G.: Betriebswirtschaftliche Entscheidungslehre, 9. Auflage, München 1996.

Bankhofer, U.: Industrielles Standortmanagement - Aufgabenbereiche, Entwicklungstendenzen und problemorientierte Lösungsansätze, Wiesbaden 2001.

Bartling, H./Luzius, F.: Grundzüge der Volkswirtschaftslehre, Einführung in die Wirtschaftstheorie und Wirtschaftspolitik, 16. Auflage, München 2008.

Baßeler, U./Heinrich, J./Utecht, B.: Grundlagen und Probleme der Volkswirtschaft, 19. Auflage, Stuttgart 2010.

Becker, F. G.: Einführung in die Betriebswirtschaftslehre, Berlin 2006.

Berg, H.: Wettbewerbspolitik, in: Vahlens Kompentium der Wirtschaftstheorie und Wirtschaftspolitik, Band 2, 8. Auflage, München 2003.

Berens, W./Delfmann, W./Schmitting/W.: Quantitative Planung, 4. Auflage, Stuttgart 2004.

Bleicher, K.: Organisation, Strategien, Strukturen, Kulturen, 2. Auflage, Wiesbaden 1991

Bühner, R.: Betriebswirtschaftliche Organisationslehre, 10. Auflage, München 2004.

BMBF (Hrsg.): Bundesbericht Forschung 1996, Bonn 1996.

Coenenberg, A. G.: Kostenrechnung und Kostenanalyse, 5. Auflage, Stuttgart 2003.

Corsten, H.: Produktionswirtschaft, 6. Auflage, München, Wien 1996.

Fandel, G.: Produktions- und Kostentheorie, Berlin 1989.

Financial Executives Institute (Hrsg.): Controllership and Treasurership Functions defined by FEI, in: The Controller (30) 1962, S. 289.

Frantzke, A.: Grundlagen der Volkswirtschaftslehre, Mikroökonomische Theorie und Aufgaben des Staates in der Marktwirtschaft, Stuttgart 1999.

Fränznick, T./Endlich, A./Endlich, G./Grobshäuser, U./Radeisen, R.-R./Pientka, K./Hellmer, J. W./Trabold, R./Zbanyszek: Der Kurzvortrag in der mündlichen Steuerberaterprüfung 2009/2010, Weil im Schönbuch 2009.

Füss, R.: Emerging Markets im internationalen Portfoliomanagement - Entwicklungsstand, Integrationsgrad und Rendite-Risiko-Verhalten von Aktienmärkten in Schwellenländern, Dissertation, Bad Soden/Ts 2004.

Füss, R./Herrmann, F.: Long-Term Interdependence between Hedge Fund Strategy and Stock Market Indices, in: Managerial Finance, Vol. 31 (2005), No. 12, S. 29-45.

Gerpott, T. J.: Strategisches Technologie- und Innovationsmanagement, 2. Auflage, Stuttgart 2005.

Grobshäuser, U./Fränznick, T./Endlich, A./Endlich, G./Radeisen, R.-R./Wellmann, A./Barzen, A./Hellmer, J. W.: Die mündliche Steuerberaterprüfung 2009/2010, 2. Auflage, Weil im Schönbuch 2009.

Günther, P./Schittenhelm, F. A.: Investition und Finanzierung - Eine Einführung in das Finanz- und Risikomanagement, Stuttgart 2003.

Gutenberg, E.: Grundlagen der Betriebswirtschaftslehre, Erster Band: Die Produktion, 2. Auflage, Berlin et al. 1955.

Herrmann, F.: Integration und Volatilität bei Emerging Markets, Dissertation, Wiesbaden 2005.

Heubes, I.: Markwirtschaft, Eine problemorientierte und systematische Einführung in die Volkswirtschaftslehre, München 1992.

Hohmeister, F.: Grundzüge des Arbeitsrechts, Lehr- und Studienbuch für Studierende der Rechts- und Wirtschaftswissenschaften, Stuttgart 1998.

Hopfenbeck, W.: Allgemeine Betriebswirtschafts- und Managementlehre, Das Unternehmen im Spannungsfeld zwischen ökonomischen, sozialen und ökologischen Interessen, 12. Auflage, Landsberg/Lech 1998.

Horváth, P.: Controlling, 11. Auflage, München 2008.

Hummel, S./Männel, W.: Kostenrechnung, Band 1, 4. Auflage, Wiesbaden 1995.

Ihde, G.B.: Standortdynamik als strategische Antwort auf wirtschaftliche Strukturveränderungen, in: Gaugler, E. et al. (Hrsg.): Strategische Unternehmensführung und Rechnungslegung, Stuttgart 1984, S. 83-96.

Jandura, D.: Integration internationaler Finanzmärkte – Definition, Meßkonzepte, empirische Analysen, Dissertation, Bad Soden/TS 2000.

Jórasz, W.: Kosten- und Leistungsrechnung, 3. Auflage, Stuttgart 2003.

Jung, H.: Allgmeine Betriebswirtschaftslehre, 9. Auflage, München, Wien 2004.

Kispert, O./Reinheldt, G.: Recht in der mündlichen Steuerberaterprüfung, Band 8, Stuttgart 2008.

Klunzinger, E.: Grundzüge des Gesellschaftsrechts, 13. Auflage, München 2004.

Kreuzer, C.: BWL kompakt, Wien 2005.

Krieg, H.-J./Ehrlich, H.: Personal, Lehrbuch mit Beispielen und Kontrollfragen, Stuttgart 1998.

Kromer, R.: Smart Clothes - Ideengenerierung, Bewertung und Markteinführung, Dissertation, Wiesbaden 2008.

Lau, H.: Entscheidungstheorie, 4. Auflage, Berlin et al. 1998.

Laux, H./Liermann, F.: Grundlagen der Organisation, Die Steuerung von Entscheidungen als Grundproblem der Betriebswirtschaftslehre, 4. Auflage, Berlin et al. 1997.

Lüder, K./Küpper, W.: Unternehmerische Standortplanung und regionale Wirtschaftsförderung: Eine empirische Analyse des Standortverhaltens industrieller Großunternehmen, Göttingen 1983.

Macharzina, K.: Unternehmensführung, Das internationale Managementwissen: Konzepte, Methoden, Praxis, 4. Auflage, Wiesbaden 2003.

Meffert, H.: Marketing - Grundlagen der Absatzpolitik, 9. Auflage, Wiesbaden 2000.

Nieschlag, R./Dichtl, E./Hörschgen, H.: Marketing, 18. Auflage, Berlin 1997.

Ott, A. E.: Grundzüge der Preistheorie, 3. Auflage, Göttingen 1979.

Rehkugler, H./Schindel, V.: Entscheidungstheorie, Erklärung und Gestaltung betrieblicher Entscheidungen, 5. Auflage, München 1990.

Rüegg-Stürm, J.: Das neue St. Galler Management-Modell, 2. Auflage, Bern et al. 2002.

Ruile, H./Stettin, A.: Beschaffung, Marktleistungserstellung und Distribution, in: *Hugentobler, W./Schaufelbühl, K./Blattner M. (Hrsg.)*: Integrale Betriebswirtschaftslehre, Zürich 2005.

Perridon, L./Steiner, M.: Finanzwirtschaft der Unternehmung, 6. Auflage, München 1991.

Picot, A./Dietl, H./Franck, E.: Organisation. Eine ökonomische Perspektive, 4. Auflage, Stuttgart 2005.

Riebel, P.: Einzelkosten- und Deckungsbeitragsrechnung, 7. Auflage, Wiesbaden 1994.

Pfohl, H.-C.: Logistiksysteme, 5. Auflage, Berlin 1996.

Schanz, G.: Personalwirtschaftslehre, Lebendige Arbeit in verhaltenswissenschaftlicher Perspektive, 2. Auflage, München 1993.

Schäfer-Kunz, J.: Strategische Allianzen im deutschen und europäischen Kartellrecht, Frankfurt et al. 1995.

Schierenbeck, H.: Grundzüge der Betriebswirtschaftslehre, 16. Auflage, München et al. 2003.

Schildbach, T.: Entscheidung, in: Vahlens Kompendium der Betriebswirtschaftslehre, hrsg. von Bitz, M. et al., Bd. 2, 3. Auflage, München 1993, S. 59-99.

Schmidt, R. H.: Grundzüge der Investitions- und Finanzierungstheorie, 2. Auflage, Wiesbaden 1990.

Schneider, D.: Allgemeine Betriebswirtschaftslehre, 3. Auflage, München et al. 1987.

Scholz, C.: Personalmanagement, Informationsorientierte und verhaltenstheoretische Grundlagen, 4. Auflage, München 1994.

Schreyögg, G.: Grundlagen moderner Organisationsgestaltung, 4. Auflage, Wiesbaden 2003.

Specht, G./Beckmann, C./Amelingmeyer, J.: F&F-Management, 2. Auflage, Stuttgart 2002.

Steiner, M.: Konstituierende Entscheidungen, in: Vahlens Kompendium der Betriebswirtschaftslehre, Bd. 1, 3. Auflage, hrsg. von Bitz, M. et al., München 1993, S. 115-169.

Tesch, P.: Die Bestimmungsgründe des internationalen Handels und der Direktinvestition, Berlin 1980.

Thommen, J.-P./Achleitner, A.-K.: Allgemeine Betriebswirtschaftslehre, 4. Auflage, Wiesbaden 2003.

Ulrich, P./Fluri, E.: Management - Eine konzentrierte Einführung, 7. Auflage, Bern 1995.

Vahs, D.: Organisation, 5. Auflage, Stuttgart 2005.

Vahs, D./Burmester, R.: Innovationsmanagement, 3. Auflage, Stuttgart 2005.

Vahs, D./Schäfer-Kunz, J: Einführung in die Betriebswirtschaftslehre, 5. Auflage, Stuttgart 2007.

v. Campenhausen, K./v. Campenhausen, O./Liebelt, O./Sommerfeld, D.: Der mündliche Kurzvortrag, Band 5, 7. Auflage, Stuttgart 2008.

Warnecke, H.-J.: Der Produktionsbetrieb 2, 3. Auflage, Berlin et al. 1995.

Weber, J.: Einführung in das Controlling, 11. Auflage, Stuttgart 2006.

Wöhe, G.: Einführung in die allgemeine Betriebswirtschaftslehre, 23. Auflage, München 2008.

8095820R00150

Printed in Germany
by Amazon Distribution
GmbH, Leipzig